건축의 일곱 등불

마로니에북스 시각문화 총서 02

건축의 일곱 등불
The Seven Lamps of Architecture

지은이. 존 러스킨
옮긴이. 현미정
초판 인쇄일. 2012.3.19
초판 발행일. 2012.3.26

발행인. 이상만
기획편집. 류동현 · 윤현아
디자인. 워크룸
마케팅. 임철우 · 남무현 · 안상현

발행처. 마로니에북스
등록. 2003년 4월 14일 제2003-71호
주소. (413-756) 경기도 파주시 문발동
파주출판도시 521-2
마케팅. 02-741-9191
팩스. 02-3673-0260
편집부. 031-955-4919
팩스. 031-955-4921
홈페이지. www.maroniebooks.com
ISBN 978-89-6053-224-3 (04600)

이 책은 마로니에북스가 저작권자와의
계약에 따라 발행한 것이므로 본사의
서면 허락 없이는 어떠한 형태나 수단으로도
이 책의 내용을 이용하지 못합니다.

책값은 뒤표지에 있습니다.
잘못된 책은 구입하신 서점에서 바꾸어 드립니다.

존 러스킨 지음 · 현미정 옮김

건축의 일곱 등불

마로니에북스

1880년 개정판 서문

나는 이 책을 다시 출판할 생각이 전혀 없었다. 이 글은 내가 지금껏 쓴 것 중 가장 쓸모없는 것이 되었기 때문이다. 내가 열렬한 찬사를 보내며 묘사했던 건물들은 이제 없어졌거나 말쑥하게 다듬어졌다. 이는 완전히 폐허가 되어버린 것보다 더 비극적이다.

그럼에도 나는 대중들이 아직 이 책을 좋아하며 그들이 정말로 유용한 자료를 구하지 못할 때 이것을 읽으리라는 것을 알고 있다. 이 책은 내가 처음에 쓴 그대로다. 금박을 씌운 것 같고 때론 흙탕물이 튀는 것 같은 갖가지 비유가 끝없이 쏟아지는 과장된 언어로 뒤덮여 있음에도 이 책을 다시 출판하기로 했다. 개신교 교리 중 과격하고 아주 잘못된 몇몇을 본문과 부록에서 삭제한 것을 제외하면 전부 예전과 동일하다. 책을 수집하는 사람들이나 또는 실수를 찾아내려고 혈안이 되어 있는 사람들(현대의 평론가들 대부분이 이익을 챙기려고 그러하듯이)에겐 예전 판본이 다시 나오는 것이 그런대로 가치가 있을 것이다.

원본 도판들이 포함된 초판은 시장에서 항상 높은 가격을 유지할 것이라 감히 말할 수 있다. 왜냐면 그 에칭화는 내가 직접 그렸으며, 조야한 솜씨지만 내 손으로 부식시킨 것이기 때문이다(그중 마지막 것은 디종Dijong "라 클로시la Cloche" 호텔의 세면대에서 했다). 나는 그때나 지금이나 손으로 성실하게 그린 정직한 선이 아니라 얼룩이나 쇠거스러미[역주1], 또는 어떤 다른 "가공process"에 의존하는 모든 종류의 예술을 경멸한다. 그 덕분에 거친 솜씨에도 불구하고 몇몇 도판들은 목적에 부합하는 효과를 발휘했고, 앞으로도 계속 가치를 지닐 것이다.

그 도판의 복사본이 이번 인쇄에 사용되었는데 이는 개정판을 위해 커프Cuff 씨가 만든 것이다. 이 도판들은 실제 예시로 쓰기에 좋을 뿐만 아니라 세심하고 남다른 솜씨를 가진 여느 판화가의 작품보다도 뛰어나다. 왜냐면 간단한 판화기술로는 에칭의 고유한 방식을 흉내 낼 수 없기 때문이다. 바늘 끝을 철판에 곧장 대고 작업을 하면서도 나는 쇠거스러미가 올라오거나 질감이 독특해 보이지 않게 하려고 애쓴다(내가 작업한 『근대 화가론Modern Painters』의 도판을 확인하라). 그러나 건축적으로 주목해야 할 그림자 부분에서 나는 우울한 공간을 좀 더 손쉽게 표현하고 싶었다. 그래서 내가 알고 있던 과정을 사용했는데, (내 생각으론 독일의 어느 판화가가 발명한 것인데 누군지 기억이 나지 않는다) 판을 부드러운 바닥에 놓고 그 위에 얇은 종이를 펼친 다음 단단한 연필로 누르듯 그림을 그린 후, 종이를 들어내면 그림자가 생긴 것이 보인다. 점을 찍어 왁스가 종이에 묻어나오면 판의 표면이 그만큼 산에 노출되는 것이다. 그렇게 메조틴트―에칭―석판이 혼합된 방식의 효과가 얻어진다. 이는 커프 씨가 가진 특별한 수준의 솜씨가 아니고서는 어떤 방식으로도 모방될 수 없다. 그리고 속표지 그림은 아미티지Armytage 씨의 뛰어난 작품이다. 『근대 화가론』에 있는 삽화들이 극도의 정교함과 영구성을 갖춘 최고의 작품이 된 것도 그의 솜씨 덕이다. 나는 이 책과는 별도로 그가 만든 도판을 출간하려고 한다. 주제별로 묶어 배치하여 보니 어떤 목적으로 사용하더라도 훌륭한 자료가 된다는 것을 확인할 수 있었기 때문이다.

 그러나 내가 갖고 있는 도판들은 일정 기간이 지나면 모두 사용하지 못하도록 할 것이다. 때문에 이 개정판도 결코 가격이 내려갈 수가 없다. 그렇더라도 조만간 모두가 충분히 이 책을 접할 수 있게 되리라 믿는다.

 지금 이 개정판에는 짧은 주석들이 추가되었다. 하지만 본문 자체는 (앞에서 언급한 부분들만 생략하였다) 단어 하나에서 마침표

하나까지 예전과 동일하다. 이 문제에 대해서는 확신을 가져도 좋을 것이다. 심지어 교정 보는 일도 내가 하지 않았으며, 훌륭한 발행인인 앨런Allen 씨와 그를 돕는 아이들이 맡아 수고해 주었다. 독자들이 좋은 책을 손에 넣었다고 감사해 한다면 그것은 나의 사의와 더불어 모두 그들의 몫이다.

브랜트우드BRANTWOOD에서
1880년 2월 25일

1849년 초판 서문

이 글의 토대가 된 기록들은 『근대 화가론』 3권의 일부분을 준비하면서 모은 것이다.[1] 나는 언젠가 그 내용을 좀 더 확장된 형태로 만들 계획이었다. 그러나 출판이 지금보다 미뤄진다면 좀 더 정교해지기야 하겠지만, 그나마 있는 약간의 쓸모마저 줄어들지 모를 일이었다. 모두 개인적인 관찰로 얻은 것들이지만 그래도 일부 디테일은 경험 많은 건축가에게도 가치가 있을 것이다. 하지만 그와 관련해 내가 피력한 의견들에 대해서는 주제넘다는 소리를 들을 준비가 되어있

---

[1] 이 증보판의 출판이 과도하게 늦어지는 이유는 사실 노르망디와 이탈리아의 중세 건축에 관한 기록들을 되도록 많이 손에 넣어야 한다는 절실함 때문이었다. 지금 파괴되고 있는 그 건축물들이 복원기술자나 혁명가들의 손에 넘어가기 전에 기록을 남겨야 하기 때문이다. 나는 요즘 석공들이 저쪽 면을 허물고 있는 동안 이쪽 면을 그리면서 모든 시간을 보내고 있다. 그래서 『근대 화가론』의 결말부를 출간하기 위해 시간을 낼 수 없으나, 다만 게으름을 피워 지연되는 일은 없을 것이라 약속한다.

다. 그것은 실무경험이 전혀 없는 자가 예술에 대해 독단적인 목소리를 낼 때 피해갈 수 없는 평판일 것이다. 그럼에도 너무 예민하게 느낀 것이기에 침묵할 수 없고, 너무 강렬하게 느낀 것이기에 틀릴 수 없는 경우들이 있다. 그래서 나는 이렇게 주제넘은 짓을 하게 되었다. 내가 가장 사랑하는 건축물이 파괴되거나 무시되고, 내가 사랑할 수 없는 건축물이 세워지는 것을 보면서 너무나 고통스러웠다. 그래서 항간에 긍정되거나 부정되는 견해들에 대해 얼마만큼 겸손하게 반대 의견을 말해야 할지 신중히 고민할 수가 없었다. 그리고 나의 의견에 확신이 있다면 신중하지 못한 것도 그리 나쁘지 않다고 생각한다. 왜냐면 우리 건축 체계가 불확실성과 저항에 직면하고 있는 상황에서, 여러 가지 오류가 있더라도 *분명한* 의견을 개진한다면 그것은 모래 제방에 피는 잡초처럼 쓸모가 있으리라 생각하기 때문이다.

그러나 성급하게 그린 미비한 도판들에 대해서는 독자들에게 용서를 구한다. 당시 훨씬 중요한 작업을 하고 있었고, 그림 자체보다는 그것을 통해 나의 의도를 좀 더 분명히 보여주고 싶은 욕심 때문에 그 소박한 목표에 이르지 못하고 말았다. 대부분 삽화가 완성되기 전에 본문을 써서 때로 도판에는 엉망으로 표현된 것이 글에는 아름답고 숭고한 것으로 묘사되어 있기도 하다. 그러한 경우 삽화가 아니라 건축을 칭찬한 것이라고 이해해 준다면 좋겠다.

비록 조야하고 미숙하긴 하지만 그 도판들은 나름대로 가치가 있을 것이다. 이들은 현장에서 바로 기록한 것들을 복제한 것이거나, 도판 9와 11처럼 내 감독 하에서 만든 다게레오타입daguerreotype 역주2을 확대 또는 조정한 것이다. 불행히도 도판 9의 경우는 거리가 너무 멀었기 때문에 다게레오타입으로도 뚜렷하게 담아내지 못했다. 특히 창 주위의 모자이크 디테일은 원래 돋을새김이라 짐작되긴 하지만 그 정확도에 대해서는 확신할 수 없다. 하지만 전반적인 비례는 지키려고 애썼다. 샤프트의 나선螺線 개수를 세어 보여주는 등 전체 효과는 예시 목적에 필요한 만큼의 역할은 한다고 할 수 있다.

또한 나는 이 도판들이 돌의 균열뿐 아니라 심지어 그 균열의 개수까지도 정확하다고 확신한다. 드로잉이 엉성하긴 해도 픽처레스크picturesque 역주3한 성질이 있다. 오래된 건물을 그릴 때는 반드시 필요한 속성으로, 그런 건물들은 실제로 그렇게 보이기 때문이다. 어쩌면 이 속성이 건축의 진실을 왜곡할지도 모르지만 부당하게도 사실이 그러하다.

몇 개의 그림에서 보이는 단면에 쓰인 활자는 참고자료용으론 약간 흐릿하지만 전체적으로 유용하다. 단면을 표시하는 선은 그 단면이 대칭이라면, 예를 들어 입면에는 a라고 하나의 문자로 표기하고 단면에는 같은 문자 위에 선을 하나 그어 ā로 표기했다. 하지만 단면이 비대칭이라면, 입면에 두 문자 a_1, a_2를 양끝에 표기하고 단면에는 같은 문자 위에 선을 그어 $ā_1$, $ā_2$로 양끝에 표기했다.

독자들은 아마도 참고자료로 예시된 건물의 수가 적다는 데 놀랄 것이다. 그러나 이 책은 원칙을 진술하는 데 주력한 글로서 유럽 건축에 관한 에세이가 아니며, 그래서 각 장마다 한두 개의 예시를 보여주는 데 그쳤다는 것을 기억해 주기 바란다. 예시로 선택한 건물들은 대체로 내가 가장 좋아하는 것들이거나, 내가 보기에 건축학교에서 마땅히 받아야 할 관심과 평가를 받지 못하는 것들이다. 개인적인 관찰에서 나온 것인 만큼 정확성이나 확실성 면에서는 충분하지 못한 원칙일지라도, 나는 이것을 이집트, 인도, 스페인의 건축에서부터 독자들의 관심을 끌 만한 이탈리아의 로마네스크와 고딕에까지 적용해 이야기를 할 수도 있었다. 그러나 경험으로 보나 애정으로 보나 나는 아무래도 풍부한 다양성과 훌륭한 지성을 소유했던 학파에 이끌렸고, 그래서 아드리아 해Adriatic Seas에서 노섬브리아 해Northumbrian Seas에 걸친 기독교 건축의 분수령에 도달하였다. 그 건축은 한 편은 스페인의, 그리고 다른 한 편은 독일의 순수하지 못한 학파와 접해 있다. 내가 생각하기로 이 사슬의 최고봉에서도 으뜸가는 것은 순수한 이탈리아의 로마네스크와 고딕을 대표하는 발 다르노Val D'Arno 주변 도시들이다. 그 다음은 비잔틴의 색깔이 들어간 이탈리아 고딕을 대표하는 베네치아와 베로나이며, 마지막으로 루앙Rouen은 이웃한 캉Caen, 바이외Bayeux, 쿠탕스Coutances 등의 노르망디 도시들과 더불어 로마네스크에서 플랑부아양flamboyant에 이르는 북방건축의 전 영역을 대표한다.

　나는 영국의 초기 고딕 건축에서 좀 더 많은 예를 찾아 제시하고 싶었다. 그러나 우리 성당의 냉랭한 내부 공간을 경험할 때마다 그것이 불가능한 일임을 깨달았다. 반면 유럽 대륙의 성당에서는 매일 등과 향이 켜지고 예배가 행해지기 때문에 편안히 그 일을 수행할 수 있었다. 지난여름 나는 영국에서 성지순례를 했다. 솔즈베리에서 시작했는데 며칠 후 건강이 나빠져 그곳에서 몸져눕고 말았다. 이를 평계로 이 책이 완전하거나 철저하지 못하다고 변명하는 것을 용인해주기 바란다.

일러두기

1. 이 책은 영국의 사상가 존 러스킨John Ruskin의
『건축의 일곱 등불The Seven Lamps of Architecture』을
우리말로 옮긴 것이다.

2. 이 번역은 1880년 조지 앨런George Allen이
발간한 개정판을 1989년 그대로 재발행한
도버Dover 출판사판을 대본으로 삼았으며,
빌헬름 소엘러만Wilhelm Schoelermann이 번역하고
하렌베르크 에디치온Harenberg Edition 출판사가
발행한 독일어판을 참조했다. 1880년 개정판은
1849년 초판에서 러스킨 스스로 몇몇 부분을
삭제하여 재발간한 것이다.

3. 저자의 주(1, 2, 3,…)는 초판에 쓴 것도 있으나
대부분은 개정판을 내며 추가한 것이며, 역자의
주(역주1, 역주2,…)는 본문 마지막에 실었다.

4. 영문과 한문을 병기할 경우 그 단어의 맨 처음에
국한하였고, 모든 고유명사는 해당 국가에서
통용되는 이름을 음역하고 병기하는 것을 원칙으로
했다.

5. 성당이나 교회는 정식 명칭이 너무 길 경우
포함된 도시 명칭만으로 표기했다. 다만 피렌체의
산타마리아델피오레 대성당Santa Maria del Fiore과
종탑은 여러 가지 이름으로 불리므로 여기서는
러스킨이 사용한 명칭을 그대로 옮겨 적었다.

6. 독자의 이해를 돕기 위해 188~189페이지에
주요 건축 용어와 관련한 도면을 실었다.

머리말 13

1 희생의 등불 THE LAMP OF SACRIFICE 21
2 진실의 등불 THE LAMP OF TRUTH 45
3 힘의 등불 THE LAMP OF POWER 89
4 아름다움의 등불 THE LAMP OF BEAUTY 127

도판, 참고도면 180

5 생명의 등불 THE LAMP OF LIFE 197
6 기억의 등불 THE LAMP OF MEMORY 229
7 복종의 등불 THE LAMP OF OBEDIENCE 255

부록 1 273
부록 2 279
부록 3 281
부록 4 284
부록 5 285

역주 290
역자의 말 299

머리말

몇 년 전 한 화가[1]와 대담을 한 적이 있는데, 그는 아마도 현존하는 작가들 가운데 드로잉과 색의 광채를 완벽하게 결합해내는 유일한 사람일 것이다. 나는 그 화가에게 색의 광채를 얻는 일반적인 방법이 무엇인지 물었다. 대답은 간결한 만큼 포괄적이었다. "당신이 해야 하는 것이 무엇인지 알고, 그것을 하면 된다". 이 대답은 해당 예술 분야와 관련 있는 것이지만, 또한 인간이 노력을 쏟는 어느 분야에서라도 성공의 원칙으로서 간주될 수 있는 것이다. 왜냐면 실패는 미숙한 방법이나 성급한 일처리보다는 해야 할 일이 무엇인지 제대로 이해하지 못하는 것에서 비롯되는 경우가 많기 때문이다. 이때 완벽함을 바라게 되면 비웃음거리나 비난거리가 될 수도 있다. 냉정하게 판단해볼 때 완벽한 성취란 인간이 그 어떤 수단을 사용하더라도 불가능한 것이다. 하지만 그보다 더욱 치명적인 실수는 구상을 방해하는 수단을 소심하게 붙들고 있거나, 간혹 본연의 선함과 완벽함을 인지하지 못하게 하는 수단을 선택하는 것이다. 그래서 좀 더 신중히 기억할 필요가 있는 것은, 진정으로 옳은 것이 무엇인지 깨닫기를 바란다면 인간의 상식과 양심 그리고 신의 계시가 더해지는 것으로 족하다. 하지만 가능한 것이 무엇인지 결정하는 것은 인간의 상식, 양심, 감정만으로는 충분치 않다. 그것들은 그 목적에 적합한 능력이 아니다. 인간은 자신과 동료들의 역량을 모를뿐더러, 자기편이 의존하고 있는 것이 정확히 무엇인지 그리고 반대편에서 있을 법한 저항이 무엇인지도 알지 못한다. 인간이 내린 결정

> **아포리즘 1**
>
> 무엇이 옳은지는 항상 알 수 있다. 그러나 무엇이 가능한지에 대해선 항상 알 수 있는 것이 아니다.

---

[1] 윌리엄 멀레디 William Mulready. 역주 4

은 열정으로 인해 틀어지고 무지로 인해 제한된다. 그러나 자신의 의무를 이해하지 못하고 권리를 인식하지 못한다면 그것은 그의 잘못이다. 그로 인해 지성인들은 노력은 하지만 많은 실패를 겪으며 특히 정치적인 문제에 있어서 더욱 그렇다. 내가 보기에 그 실패는 다른 무엇보다 한 가지 실수에서 야기되는 것이다. 즉 특정한 상황에서 처세를 어떻게 할 것이며 기회는 어떻게 얻어내야 할지, 또 어떤 반대와 불이익이 있을지 확실치도 않는 물음을 계속해서 던지는 것이다. 비록 이러한 생각을 완전히 끊어낼 수는 없겠지만, 절대적으로 바람직하고 정당한 것이 무엇인지 판단하기에 앞서 지나치게 계산을 차리는 것이다. 그래서 우리는 때로 자신이 가진 능력을 냉정하게 판단하고 스스로가 가진 단점과 너무 쉽게 타협한다. 또는 우리는 자신이 가진 힘을 가능한 최대치까지 확장하는 것을 무작정 긍정하는, 다른 말로 하자면 일종의 가해加害를 피할 수 없는 상황이라면 그것은 가해가 아닐 것이라고 믿어버리는 치명적인 오류를 범하게 된다.

　인간의 정치술은 건축의 정치술과도 별반 다르지 않은 듯하다. 나는 건축이 진보하기 위해서는 몇 가지 결정적인 노력이 필요하다는 사실을 오랫동안 확신해왔다. 맥락 없는 관행이 지속적으로 우리를 억누르게 되면서 전통과 교리는 이제 편파적인 사고가 한데 뭉친 거추장스러운 존재가 되어버렸다. 우리는 거기에서 모든 건축양식과 건축단계에 적용할 수 있는 올바른 대원칙을 다시 뽑아내는 노력을 해야 한다. 인간이 영혼과 신체의 결합으로 이루어져 있듯이, 기술과 상상의 요소를 결합하는 것은 건축에 있어 본질적인 것이다. 하지만 동시에 이 둘이 견고한 균형을 이루지 못할 경우, 저급한 것이 고결한 것을 밀어내고, 구조적 요소가 순수하고 명료한 정신적 요소를 방해하는 일이 벌어진다. 이러한 경향은 다른 모든 형태의 물질주의와 마찬가지로 시간의 흐름에 따라 계속 증가하고 있다. 이를 막아내는 유일한 법이라 주장되는 것들은 편파적인 선례에 기초한 것들로, 이미

노쇠한 것으로 경시되거나 전제적인 것으로 치부되는 것들뿐이다. 그런 규범들은 분명 이 시대가 요구하는 새로운 형태와 목적에 적절치 않다. 이러한 요구는 얼마나 더 늘어날지 예측할 수 없을 정도로 현대적 변화의 그늘에서 매번 괴이하고 성급하게 떠오른다. 건축예술의 본질적인 성격을 버리지 않고 그 요구를 타당하게 수용하는 것이 얼마나 가능할지는 특별한 계산이나 관찰로 결정할 수 있는 일이 아니다. 지난 선례에 기초한 법칙도 원칙도 없고, 그 선례가 새로운 조건이나 재료의 발명으로 한순간에 뒤집어질 수 있는 것도 아니다. 체계적이고 지속적으로 우리가 행했던 것, 아주 오래전부터 우리의 판단 기준이었던 것들이 완전히 해체되는 위험을 방지할 수 있는 유일한 방법은 아니더라도 가장 합리적인 방법은, 점점 증식하고 있는 온갖 종류의 악습과 속박과 요구와의 거래를 잠시나마 중단하는 것이다. 대신 모든 인간 활동의 안내자로서 지속적이고 보편적이며 부정할 수 없는 올바른 법칙들을 만들기 위해 노력하는 것이다. 인간의 지식이 아니라 인간의 본성에 기초하며, 지식이 늘거나 혹은 거기에 결함이 있다 할지라도 공격이나 제거를 당하지 않는 불변성을 가진 법칙이다.

    아마도 어느 한 예술 분야에만 국한되는 고유한 법칙은 없을 것이다. 그 영향력의 범위는 인간 행위의 전 지평을 포괄할 수밖에 없다. 그럼에도 그 법칙들은 각 분야에 맞는 다양한 형식과 운용으로 조정되므로, 적용 범위가 넓다고 해서 권위가 떨어진다고는 할 수 없다. 지금부터 추적하려고 하는 것은 예술이 시초에 해당하는 그 법칙들이 건축에서 어떤 특유의 모습들로 드러나는가이다. 그 법칙들은 진정 온갖 종류의 오류를 피하게 해줄 뿐 아니라 어떤 목표를 좇건 성공의 원천이 되어줄 것이기에, 이를 건축의 등불[2]이라 칭하는

---

2   "그 법은 빛이다." (잠언 6장 23절)
    "그 말씀은 내 발밑을 밝히는 등불이다." (시편 119장 105절)

것이 지나치다고 생각하지 않는다. 또한 그 불빛의 진정한 본성과 고귀함을 확인하고자 그 빛을 왜곡하고 제압하는 수도 없이 많은 장애물들을 일일이 따져보지 않는 일을 나태함이라 생각하지도 않는다.

만일 이와 같은 검토가 더 진행되었더라면 지금처럼 단순한 구성에선 나오지 않을 실수를 범했을 것이며, 그래서 악감정을 더 불러일으키고 쓸모가 줄어드는 결과를 낳았을 것이다. 또한 비록 구성은 단순할지라도 이 글이 다루는 범위는 매우 넓어서, 앞서 하고 있던 여러 연구들을 아쉽지만 중단하고 그 시간을 다 바쳤기 때문에 적절한 성과를 이룰 수 있었다. 순서나 명명은 체계의 문제라기보다는 모두 편리의 문제다. 순서는 임의적이며 명명은 비논리적이다. 예술의 안녕을 위한 필수적인 원칙들 전부 혹은 대다수가 이 연구에 들어 있다고 사칭하지는 않겠다. 그러나 내가 주로 다룬 것들로부터 상당히 중요한 내용들이 자연스럽게 드러날 것이다.

명백하게 중대한 실수를 했다면 그에 상응하는 용서를 구해야 할 것이다. 하지만 앞서 말한 바와 같이 인간의 노동이 행해지는 분야에는 불변하는 법칙이 있으며, 그 법칙은 인간 활동을 지배하는 다른 모든 분야의 법칙과도 밀접한 유사성을 갖는다는 것이다. 그러나 이보다 더 중요한 사실은 우리가 어떤 한 분야의 실제적인 법칙을 아주 단순하고 확실하게 압축한다면 그것은 각각의 법칙들과의 상호 유사성과 일치성을 넘어서서, 도덕적 세계를 관장하는 저 강력한 법칙의 중추신경과 관절을 실제적으로 보여주게 된다는 것이다. 하찮고 사소한 행위일지라도 그것을 잘 수행하기 위해서는 인간의 덕성 중 가장 고귀한 것과 교우하는 일이 필요하다. 그것은 진실, 결단 그리고 절제다. 이는 정신적 존재의 특징으로서 우리가 경외하고 영예로워하는 것이며, 작업하는 손, 몸의 움직임 그리고 지성의 활동을 이끌거나 유도하는 영향력을 갖는다.

아포리즘 2

현실의 법칙은 모두 도덕 법칙의 대변자다.

머리말

    그래서 선 하나를 그리거나 음 하나를 발음하는 것과 같은 사소한 활동들도 모두 그 방식대로 하면 특별한 위엄을 가질 수 있다. 예를 들어 말로 무엇인가를 표현할 때, 그 방식을 진실로 행하면(선이나 음이 진실인 것처럼) 그 동기는 훨씬 더 높은 위엄을 가질 수 있다. 사소하거나 하찮은 행위는 없으며 모든 것이 위대한 목적을 가질 수 있고 그래서 고귀해질 수 있다. 사소한 행위로 뒷받침하지 않아도 될 만큼 위대한 목적이란 없으며, 뒷받침한 만큼 그 목적은 위대해질 수 있다. 특히 모든 목적의 으뜸은 신을 기쁘게 하는 것이다. 조지 허버트George Herbert[3]는 다음과 같이 말했다.

> "규정을 따르는 하인은
> 노역을 신성하게 만들고,
> 법칙을 위해 방을 청소하는 자는,
> 그 법칙과 행위를 아름답게 만든다."

그러므로 어떤 행동을 하라고 재촉하거나 행동의 방식을 충고할 때 우리는 서로 다른 두 가지 논조를 택한다. 하나는 그 행위의 유익함이나 잠재적 가치를 강조하는 것으로 사소한 일일 경우가 많고 항상 논쟁의 여지가 있다. 다른 하나는 보다 높은 질서에 속한 인간의 덕을 증명하는 것으로 그것은 곧 덕의 근원인 신을 받아들이는 것을 입증하는 일이 된다. 전자가 대개 더 섣부른 있는 방법이라면, 후자는 확실히 더 결정적인 방법이다. 그러나 사소한 세속의 문제를 다루면서 이렇게 무거운 고민을 하는 것은 신성을 모독하는 것 같아서

---

[3] 조지 허버트는 너무도 영국적인 사람(그것도 엘리자베스시대의 기질을 가진 영국적인 사람)인 나머지, 노동은 그 자체로 신성하다고 인정할 수 없었던 모양이다. 그래서 그는 자발적인 노역보다 강제적인 노역이 더 신성하다고 생각했다. 예컨대 존 녹스John Knox가 갤리선에서 노예로 일했던 것처럼.역주5

불쾌하다고 주장하는 이들이 있다. 이보다 분별없는 착각은 없다. 신을 모독한다는 것은 우리의 생각에서 신을 몰아내는 일이지, 가벼운 일에 신의 의지를 언급하는 것이 아니다. 신의 의지는 사소한 것과 충돌할 수 없는 유한한 권위나 지성이 아니다. 신의 안내를 청하는 것이 허락되지 않을 만큼 사소한 일이란 있을 수 없으며, 또한 그 일을 우리 손으로 직접 처리한다고 해서 신을 모독하게 되는 것도 아니다. 신이 진리라면 그의 계시 또한 진리다. 계시는 습관적으로 수행할 때 가장 경건하게 수행하는 것이라 할 수 있다. 계시에 근거하지 않고 성급하게 행동하는 것이 오만이며, 그것을 어디에나 적용하는 것이 진정한 경배라 할 수 있다. 성스러운 말씀을 이렇게 허물없이 소개하는 것이 부끄러우며, 이 행동이 누군가에게 고통을 준다면 나는 몹시 슬플 것이다. 그러나 변명을 하자면 신의 말씀이 모든 논거의 토대가 되고 모든 행위의 기준이 되기를 바라는 마음에서다. 우리는 그 말씀을 입에 자주 올리지 않으며, 기억 속에 깊게 새기지 않으며, 생활 속에서 충분히 이행하지 않는다. 오히려 눈과 안개와 태풍이 그 말씀을 실현한다. 우리의 행동과 생각은 이보다 더 가볍고 거칠어서 — 그 말씀을 잊을 수밖에 없는 것인가?

그런 까닭에 나는 몇몇 단락에서 불경해 보이는 위험을 무릅쓰고라도 몇몇 단락에서 명백히 추적할 수 있다면 더 높은 수준의 논거를 제시하려고 했다. 그리고 내가 독자들에게 이 부분을 유심히 관찰해달라고 요청하는 이유는 단순히 그것이 최종적인 진리에 다가가는 최선의 방법이라고 생각해서일 뿐만 아니라 다른 여러 문제들보다 더 중요한 주제이기도 하고, 지금 같은 시대에는 모든 주제가 신의 의지에서 시작되거나 아니면 아예 시작도 하지 말아야 하기 때문이다. 우리에게 다가오는 세기의 전망은 어둡지만 신비에 차있기도 하다. 그리고 우리가 대항해야 할 악의 무게는 마치 물이 새는 것처럼 빠르게 증가하고 있다. 지금은 형이상학을 하며 게으름을 피우

머리말

아포리즘 3

오늘날 예술은 사치스러워서도 안 되지만, 형이상학을 하며 빈둥거려서도 안 된다.

거나 예술을 하며 노닥거릴 때가 아니다. 지구상에서 신을 모독하는 소리는 점점 높아만 가고 있으며 그로 인한 고통 역시 날로 심해지고 있다. 선한 사람들을 모두 불러 모아 그 소리를 진압하고 고통을 덜기 위해 있는 힘을 다해야 할 때다. 그래서 한순간이라도 손을 모아 어떠한 생각을 요청하는 것이 정당하다면, 우리가 불러 모은 그들에게 당장 눈앞에 당면해 있는 거역할 수 없는 생존의 문제를 내려놓고 이 사안에 접근하도록 하는 것이 적어도 우리의 의무일 것이다. 그들이 자신들의 선한 심성을 닮은 정신과 만나고 자신들의 열정과 쓸모가 한순간도 버려지지 않기를 바란다면, 기계적이고 냉담하며 나아가 경멸스러운 것들조차도 그것들이 완성되기 위해서는 믿음, 진실, 복종이라는 신성한 원칙을 얼마나 인정해야 하는 것인지 묻고, 또한 그 원칙과 다투는 것이 그들 인생의 업業이 되어야 함을 보여주는 것이다.

1 희생의 등불 The Lamp of Sacrifice

아포리즘 4

모든 건축은 인간 정신에 영향을 미치는 것을 목표로 하지, 단순히 인간의 몸을 보호하는 역할에 그치려 하지 않는다.

1. 건축은 인간이 세운 구조체edifice를 배열하고 장식하는 예술로서, 사용목적이 무엇이건 간에 그 모습이 인간 정신의 건강, 힘 그리고 즐거움에 기여하도록 하는 것이다.

연구를 시작하기 전에 건축Architecture과 건물 Building을 신중하게 구별하는 일이 반드시 필요하다.[1]

건물을 짓는 것은 정의하자면 어떤 크기의 구조체 혹은 공간을 담는 용기receptacle의 조각들을 보편적 합의에 따라 조합하고 맞추는 행위다. 그렇게 우리는 교회건물, 주거건물, 선박건물, 마차건물을 짓는다. 그 건물이 서있건, 떠있건, 용수철 위에 얹혀있건, 이렇게 말해도 된다면 건물 혹은 축성edification의 예술이 갖는 본성에는 차이가 없다. 이 예술을 직업으로 삼는 사람들이 건설자들인데 각각 교회 건설자, 배 건설자, 혹은 그들의 노동을 규정하는 어떤 다른 이름으로 불린다. 그러나 건물이 단순히 안정적으로 서 있다고 해서 건축이 되는 것은 아니다. 넓고 편리한 마차를 만들거나 빠른 배를 만드는 것이 건축이 아니듯이, 요구인원을 충분히 수용하기에 적합한 종교사무실이 곧 교회라는 건축이 되는 것은 아니다. 물론 나는 건축이라는 단어가 이러한 의미(해양건축naval architecture이라고 말하는 것처럼)로 자주 사용되지 않는다거나 또는 그것이 합당하지 않다고 말하

---

1   이 구분은 표현상 약간 딱딱하고 어색하지만 의미에 있어선 그렇지 않다. 그리고 딱딱할지라도 언어적으로 매우 정확하다. 정신적인 원리ἀρχή — 플라톤이 『법률Laws』에서 사용하는 의미다 — 가 더해질 때 비로소 건축은 벌집, 쥐구멍, 철도역 등과 구별된다.

려는 것이 아니라, 그와 같은 의미로 사용한다면 건축이 순수예술의 하나이기를 포기하는 것이며 그러므로 느슨한 명칭으로 인해 초래될 혼란의 위험을 사전에 차단하는 것이 더 좋다는 말이다. 그런 혼란은 생길 수도 있고 종종 생기기도 했는데, 전적으로 건물에 속하는 원칙들을 마치 건축의 범주에도 타당한 것처럼 확장시켰기 때문이다.

그러므로 이제 건축예술의 이름을 이렇게 한정하자. 건축은 필요와 사용목적을 전제로 하기 때문에 그 과제를 고려하고 해결하면서 형태에 존귀하고 아름다운, 어쩌면 불필요할 어떤 성격을 부여하는 것이라고. 상상컨대 그 누구도 옹벽의 높이나 요새의 위치를 결정하는 법칙을 건축적이라 부르지 않을 것이다. 하지만 그 요새의 돌표면을 단장하기 위해 줄무늬장식과 같이 불필요한 형상을 더하는 것, *그것은* 건축이다. 마찬가지로 총안이 있는 흉벽이나 돌출총안을 건축적 형상이라고 부르는 것도 이치에 맞지 않는 일일 것이다. 공격을 위해 띄엄띄엄 구멍이 나있으며 삼각받침의 구조물로 지지되는 돌출된 노대에 불과하다면 말이다. 그러나 이 튀어나온 구조물 아래에 비록 쓸모없는 것일지라도 띠를 두르고, 총구의 머리부분을 아치와 세잎장식으로 꾸민다면, *그것은* 건축이다. 항상 선명하게 이 경계를 나누기가 쉽지는 않다. 건축이기를 흉내 내거나 그 빛깔을 어느 정도 갖고 있지 않은 건물은 거의 없기 때문이다. 또한 건물에 기반을 두지 않는 건축은 있을 수 없으며, 좋은 건물에 기반을 두지 않은 좋은 건축도 있을 수 없다. 그러나 건축은 우리가 익히 알고 있는 건물의 사용성 외에도, 그 사용성 너머와 상위에 있는 것과 관련된 개념이다. 이 개념을 분명히 지키고 완벽히 이해하는 것은 굉장히 쉬운 일이며 또한 매우 필요한 일이다. 나는 익히 알고 있는 것이라고 했다. 특별한 것이 아니다. 왜냐하면 신을 숭배하거나 인간을 추모하기 위해 세워진 건물이라 하더라도 분명 어떤 사용성을 가지며 건축 장식 또한 그 사용에 맞출 것이기 때문이다. 그러나 꼭 필요하다는 이

유로 특별한 조건을 들어 그 건물의 도면이나 디테일을 제한할 수는 없다.역주6

2. 그래서 참된 건축이라 할 수 있는 것은 자연스럽게 다섯 가지로 정리된다.

> 종교적인 것: 신을 찬미하고 섬기기 위해 세워진 건물 모두를 포함한다.
> 추모하는 것: 기념비와 묘비를 포함한다.
> 시민적인 것: 국가나 사회에 의해 보편적인 행정과 오락을 목적으로 축조된 모든 것을 포함한다.
> 군사적인 것: 방어를 위해 만들어진 모든 사적 건축과 공적 건축을 포함한다.
> 가정적인 것: 모든 부류와 계층의 거주지를 포함한다.

지금부터 내가 발전시키고자 하는 몇 가지 원칙들이 있다. 이 원칙들은 건축예술의 모든 단계와 양식에 적용할 수 있어야 하지만, 특히 이 몇 가지는 다른 무엇보다 종교적인 건축과 추모하는 건축에 좀 더 필요한 준거로서 특정한 방향을 지시하기보다는 그것을 일깨우는 것들이다. 바로 건설을 위해 값진 물건을 제공하는 정신이다. 건물에 직접적으로 필요한 것은 아니더라도 단지 그것이 값진 것이기에 우리가 소유하고 싶어 할 만한 것들을 제공하고 양도하며 희생하는 것이다. 그러나 내가 보기에 이 감성은 최근 신성한 건물들을 지으려고 추진하는 사람들 대부분에게 완전히 결여되어 있을 뿐 아니라[2], 심

---

[2] 특히 이기적이고 불경한 과시욕은 유리 제조업자들이 부추긴 것이다. 그들은 구매를 자극하기 위해 보편적인 종교 대신 개인적인 애정행각을 담은

지어 우리 대다수는 이를 위험한 또는 범죄적인 원칙이라고 여긴다. 나는 그렇지 않다고 주장하는 이런저런 반대 의견과 논쟁할 마음이 없다. 그런 주장은 넘쳐나고 또한 그럴듯하다. 허나 이 감성은 선량하고 올바른 것이며, 신을 기쁘게 하고 인간을 고결하게 하는 것으로서 앞으로 우리가 주목해볼 종류의 위대한 건축을 행하기 위해선 의심의 여지없이 필수적인 감성이다. 내가 이렇게 생각하게 된 아주 단순한 이유들을 설명하는 동안 독자들은 아마도 인내심이 필요할 것이다.

3. 첫 번째 할 일은 이 희생의 등불 또는 희생의 정신을 명확하게 정의하는 것이다. 이 정신은 값진 것을 바치도록 우리를 이끄는 것이라고 말했다. 그것이 유용하고 필요해서가 아니라 단순히 값이 나가기 때문이다. 예를 들면 똑같이 아름답고 적절하며 내구성이 좋은 2개의 대리석 중 더 값진 것을 선택하는 정신이다. 똑같이 효과적인 2종류의 장식 중에서 더 공들여 만든 것을 선택하는 정신이기도 하다. 왜냐면 그것이 같은 범위에서 더 많은 비용과 더 많은 고민을 쏟은 것이기 때문이다. 그래서 이 희생의 정신을 아주 부정적으로 정의한다면, 최소의 비용으로 최대의 결과를 생산하고자 하는 현시대의 지배적인 정신과 정반대되는 가장 터무니없고 광신적인 감성이라 할 수 있을 것이다.

그런데 이러한 감성에는 뚜렷이 구별되는 두 가지 형태가 있다. 첫 번째는 단지 자기수양을 목적으로 자기부정을 연습하고자 하는 바람인데, 이는 자신이 사랑하고 원하는 것을 포기하는 행위로 나타난다. 이러한 행위는 직접적인 사명이나 목적과 결부되어 있는 것이 아니다. 두 번째는 그 희생의 대가로 나 외의 누군가를 찬미하고 기

채색창을 만들기 시작했다. 이 시대에 행해지는 온갖 가식들 가운데서도 가장 그럴듯하고 오만하기 때문에 가장 나쁘다.

쁘게 하려는 욕구다. 첫 번째 경우에 그 실천은 사적인 것일 수도 공적인 것일 수도 있지만 대부분은 사적인 경우일 수밖에 없으리라 생각된다. 후자의 경우는 그 행위가 대개 공공의 목적에 매우 이로운 것이다. 그런데 만일 현재 실천되고 있는 것보다 훨씬 더 많은 자기부정이 날마다 요구된다면, 자신만을 위해 자기부정의 유익함을 주장하는 행위는 쓸데없는 일로 비칠 수도 있다. 그러나 내가 보기에 그것은 우리가 그것을 선함 그 자체로 인식하거나 응시하지 못하기 때문이고, 이렇게 자기부정을 강요당하면 이내 피하고 싶은 의무로 변질되게 된다. 또 한편으로는 희생의 기회를 나 개인의 이익으로서 즐겁게 받아들이는 대신, 다른 사람에게 부과되는 선행이 우리에게 부과된 고충의 양과 맞먹는지 졸렬하게 계산하게 되고 그것이 정당한지 따지기도 한다. 여기서 이 문제를 논할 수도 있겠지만 그럴 필요는 없으리라 본다. 왜냐면 자기희생을 행하기로 마음먹은 사람은 예술과 무관하면서도 매우 유용하고 고귀한 희생의 분야를 얼마든지 선택할 수 있기 때문이다.

두 번째 맥락은 특히 예술과 관련 있는 것으로, 그 감정의 정당성을 판단하기가 훨씬 어렵다. 이는 우리가 다음의 거대한 질문에 어떻게 대답하느냐에 달려 있다. 가치 있는 어떤 물질을 신에게 바치는 것으로, 혹은 인류에게 직접적으로 유익하지 않은 어떤 열정이나 지혜로써 진정 신성이 찬미될 수 있는가?

보라, 이는 어떤 건물의 아름다움이나 위엄이 어떤 도덕적 목적에 부합하느냐 안 하느냐의 문제가 아니다. 우리가 지금 말하고 있는 것은 노동의 *결과*가 아니라 다만 그 비용 즉 물질, 노동, 시간이다. 이것들이 결과와 무관하게 신에게 바치는 헌납이 될 수 있으며 신을 찬미하는 것이 될 수 있는지 묻고 있는 것이다. 우리가 이 질문을 감정이나 양심, 단순한 이성의 결정에 맡기는 한 모순적이거나 불완전한 대답이 나올 수밖에 없다. 온전한 대답을 얻으려면 우리는 전혀 다른 물음과 대면해야 한다. 성경은 실제 한 권인지 두 권인지, 신의 성격은 신약과 구약에서 달리 드러나는지 등이 그것이다.

4. 분명한 진실은 이렇다. 인간의 역사에서 어느 시기에 특정 목적을 위해 신성하게 지명된 특별한 정례는 또 다른 시기에는 다시 신성의 권위로 폐기될 수도 있다. 허나 그렇다고 해서 이로 인해 과거나 현재의 정례가 보여주고 묘사하는 신의 본성이 언젠가 변할 수 있으며, 변했다고 이해할 수는 없는 것이다. 신은 하나이고 동일자이며, 영원히 한결같은 것들로 기뻐하고 불쾌해한다. 신의 기쁨이 일면 이 순간보다는 저 순간에 나타나고, 신의 기쁨을 살피는 방식이 인간의 환경에 맞게 신의 아량으로 친절하게 수정되었지만 말이다. 그래서 예를 들면 인간에게 구원의 체계를 이해시키기 위해, 그것은 태초부터 피의 희생이라는 유형으로 나타날 필요가 있었다. 그러나 모세의 시대에도 그리고 지금도 신은 그러한 희생을 좋아하지 않고, 신을 계속해서 유일자로 받아들이는 것 외에는 그 어떤 것도 속죄로서 인정하지 않았다. 그리고 전형적인 희생이 매우 명령적으로 강요되던 바로 그 때, 우리가 신을 유일자로 섬기는 것 외의 다른 희생은 전혀 가치가 없다는 사실을 의심할 수 없는 것이다. 매일 전형적이고 물질적인 예배와 헌납이 요구되던 때나, 지금처럼 신이 마음 외에는 아무것도 바라지 않는 때나 언제나 신은 유일의 정신이었고 오로지 마음과 진실을 다해서만 숭배될 수 있었다.

그리하여 가장 안전하고 확실한 원칙이 있다. 어느 시대에 수행했던 의례의 환경이 신께 *기쁨을 드렸다고* 우리가 듣거나 혹은 그것이 정당하다고 판단할 수 있다면, 그와 동일한 환경을 접목한 의식과 절차는 항상 신을 기쁘게 할 것이라는 원칙이다. 특별한 목적을 위해 그 환경을 철회하라는 신의 의지가 드러나지 않는다면 말이다. 하지만 이 조건들이 의례를 완벽하게 행하는 데 본질적인 것은 아니다. 오직 그들 스스로 신을 기쁘게 하고자 하는 마음이 우선이며 그에 이 조건들이 더해질 때 원칙은 더욱 탄력을 받을 것이다.

5. 하나의 전형으로서의 레위의 희생 같은 완벽함을 위해 또는 신의 의도를 설명하기에 효과적이라는 이유로 남을 돕기 위해 헌납하는 것들이 반드시 값어치 있어야 할 필요가 있었을까? 거꾸로 생각하면 모범적인 헌납은 결국 신이 우리들에게 나눠주는 선물이어야 할 것이다. 갖기 어렵고 비싼 것이 희생의 전형이라면, 그것은 신이 마침내 모든 사람에게 돌려줄 헌납을 다소 애매하고 불분명하게 만들 수 있다. 그럼에도 불구하고 값비쌈은 *일반적*으로 희생을 인정할 수 있는 하나의 조건이다. "나는 나의 주인이신 신에게 내가 아무 비용도 치르지 않은 것을 바칠 수는 없소."[3] 그러므로 값비쌈이란 모든 시대 모든 헌납에서 인정받을 수 있는 조건일 수밖에 없었다. 이를 통해 신께 한 번 기쁨을 드렸다면, 항상 그럴 것이기 때문이다. 나중에 신이 직접 그것을 금하지만 않는다면 말이다. 그러나 그런 일은 일어나지 않았다.

다시, 레위의 봉헌이 그 완벽함을 대표하기 위해 가장 좋은 양털이 필요했을까? 의심할 바 없이 흠잡을 데 없는 희생이 그리스도의 마음에 더 뚜렷이 전해질 것이다. 하지만 그렇다고 해서 신이 노골적으로 그리고 실제로 그와 같은 것을 요구한 적이 있었는가? 결코 아니다. 분명 신이 요구한 것은 시상의 지도자가 존경의 증거로서 요구했을 법한 그런 것이었다. "그것을 이제 그 지도자에게 바쳐 보아라."[4] 이때 별 가치가 없는 것은 거부되었는데, 이는 예수 그리스도를 떠올리지 않았다거나 희생의 목적을 완수하지 않았기 때문이

---

3   사무엘하 24장 24절, 신명기 16장 16~17절.
4   말라기 1장 8절.

아니고, 자신의 소유물 중 가장 좋은 것을 그것을 내어준 신께 바치기 싫어하는 감정을 드러냈기 때문이었다. 그리고 이는 인간의 시각에서 볼 때 신에 대한 대담한 불경이었다. 이로써 확실히 결론지을 수 있는 바는 봉헌하는 것이 무엇이건 우리가 그것을 신에게 바치는 (동기가 있는 것만으로는 불충분하고) 동기를 알아볼 수 있어야 하며, 그 수용 조건은 예나 지금이나 앞으로나 자신이 가진 것 가운데 가장 좋은 것이어야 한다는 것이다.

6. 그러나 더 나아가, 모세의 원칙을 수행하기 위해 예배당이나 신전과 같은 건물과 시설에 예술품이나 웅장하고 화려한 뭔가가 있어야만 했던가? 그들의 전형적인 의식을 완성하기 위해 파랑색, 자주색, 주홍색을 늘어뜨려야만 했는가? 황동걸쇠나 은 소켓을? 침엽수로 만들고 금으로 씌운 것을? 적어도 한 가지는 분명하다. 거기에는 깊고 무서운 위험이 도사리고 있었다. 그들이 그렇게 숭배했던 신이 이집트 노예들의 마음속에 있던 신들과 섞여버릴지도 모를 위험이었다. 그 신들에게 그들도 유사한 선물들을 바치고 유사한 영광을 돌렸던 것이다. 우리 시대에도 우상을 숭배했던 로마인들의 감정을 따를 개연성이 있지만, 당시 우상을 숭배하는 이집트인에게 공감했던 이스라엘인들이 처한 위험과 비교한다면 정말 아무것도 아니다. 예측도 증명도 할 수 없는 위험이었지만, 그들이 의지를 잃고 한 달간 이집트의 우상을 숭배하자 그 위험은 치명적인 것으로 판명되었다. 가장 노예적인 우상숭배로 떨어져, 심지어 유대의 신학자가 신에게 바쳤던 헌납과 유사한 것을 그 우상에게 바치며 경배했다. 이 위험은 언제든 닥쳐올 가장 무서운 위협이었고, 신이 마련한 것에 대한 도전이었다. 명령, 위협, 약속으로 아주 집요하게 반복해서 강압적으로 밀어붙이는가 하면, 아주 가혹한 일시적 율법으로 사람들의 눈을 멀게 하여 신의 은총을 한동안 보지 못하도록 만들기도 했다. 신권정치

가 제정한 모든 법의 목적과 그 법을 정당화하기 위해 선포된 모든 판결의 목적은 우상숭배에 대한 신의 증오를 사람들에게 각인시키는 것이었다. 그러한 신의 증오는 가나안 사람들이 방랑하는 동안 그들의 핏속에, 나아가 그들의 절망적인 상황 속에 한층 굳건히 뿌리내린다. 아이들과 젖먹이들이 예루살렘의 거리에서 죽어가고 사자가 사마리아의 사막에서 자신의 전리품을 좇을 때이다.[5] 그럼에도 불구하고 이 치명적인 위험에 대한 규정은 전혀 마련되지 않았다. 왜냐면 (인간의 생각으로는 가장 단순하고, 자연스러우며, 가장 효과적으로) 신에 대한 숭배를 벗어던지는 것, 즉 감각을 흥분시키거나 상상력을 자극하는 것은 무엇이든 함으로써 신성의 개념이 들어설 자리를 제한했기 때문이다. 신을 거부하는 유일한 방법은 우리가 스스로를 위해 화려함을 요구하고 공간을 허용하는 것인데, 이는 이교도들이 그들의 우상에게 행하고 바쳤던 방식이다. 그렇다면 무슨 이유로? 신의 사람들이 그들 마음속에 신의 존엄을 인식하기 위해 예배당의 화려함이 필요했다고? 뭐! 신의 노여움으로 이집트의 커다란 강이 바다를 붉게 물들이는 것을 본 사람들에겐 자주색과 주홍색이 필요했다고? 뭐! 시나이산Mount Sinai 위에 피의 장막이 펼쳐지듯 하늘에서 불꽃이 떨어지는 것을 보았고, 그들의 유한有限한 입법자를 받아들이기 위해 황금 재판정을 열었던 사람들에겐 황금의 등과 케루빔이 필요했다고? 뭐! 홍해의 은빛 파도가 그들의 말과 기수의 시체를 삼키는 것을 본 사람들에겐 은빛 자물쇠와 고리가 필요했다고? 아니, 그렇지 않다.[6] 오직 하나의 이유가 있었을 뿐이며, 그 이유는 영원하다. 신은 인간과 맺은 계약을 기억하며, 그래서 그 계약이 유효하다

---

5 애가 2장, 열왕기하 17장 25절.
6 그렇다, 매우 그렇다. 일시적인 환상은 다음 날이면 모두 사람들의 마음에서 사라진다. 그들에게는 지속적인 광채가 필요하며 이는 유익하다. 그래서 하늘에 바치는 희생은 쓸모없지 않다.

는 외적 표시가 있어야 했기 때문이다. 그렇게 인간은 신에 대한 사랑과 복종을 그리고 그들 자신과 그들의 소유물을 신의 뜻에 맡긴다는 것을 외적인 기호로 표시하면서 그 계약을 수락할 수 있었다. 또한 신에 대한 그들의 감사와 기억을 신이 볼 수 있도록 영구적인 의식으로 표현했는데, 짐승 중에서 맏배를 바치고 땅의 열매들과 시간의 십일조를 바치는 것은 물론 지혜와 아름다움이 들어있는 모든 보물을 바쳤다. 창조하는 머리와 노동하는 손을, 귀중한 나무와 무거운 돌, 강한 철과 빛나는 금을 바쳤다.

  우리 이제 축소되거나 훼손될 수 없는 이 원칙을 외면하지 말자. 요컨대 인간이 이 땅에서 신에게 선물을 받아야 하는 한 그들이 갖고 있는 것에서 신의 몫인 십일조를 갚지 않는다면 이는 그만큼 신을 저버리는 행위이다. 솜씨와 재물로, 힘과 마음으로, 시간과 노동으로 봉헌은 경건하게 행해져야 한다. 레위와 그리스도의 헌신에 차이가 있다면, 후자가 전형적이지 않은 만큼 훨씬 넓은 범위를 포용하며, 희생이라기 보단 감사의 행위라는 것이다. 오늘날 신전에 신성이 시각적으로 드러나지 않는다고 해서 용서를 구할 필요는 없다. 신이 보이지 않는다면 우리의 믿음이 부족해서다. 혹은 다른 부름이 더 절박하고 신성하기 때문이므로 어떤 변명도 소용없다. 이것은 해야만 하는 것이고, 하지 않아도 되는 뭔가가 아니다. 그럼에도 이러한 이의는 허약한 의지만큼이나 자주 제기되는 것이기 때문에 특히 더 반박되어야 한다.

7. 전해져 오듯이 — 이는 진리이기 때문에 항상 말해야만 한다. 가난한 사람에게 자애를 베풀고, 신의 이름을 널리 알리며, 그의 이름이 높아지도록 덕을 행하는 것이 신전에 물질을 바치는 것보다 더 고귀한 헌납이라는 것이다. 확실히 그렇다. 다른 종류와 방법의 헌납이 이를 대신할 수 있다고 생각하는 모든 이에게 저주를! 사람들은

기도할 장소와 신의 말씀을 들을 사명을 필요로 하는가? 그렇다면 기둥을 매끈하게 갈고 교단을 세공할 시간은 없다. 우선 벽과 지붕만이라도 충분히 마련하도록 하자. 사람들은 집집마다 가르침을 필요로 하고, 날마다 빵을 필요로 하는가? 그렇다면 우리가 원하는 이들은 목사나 신부지 건축가가 아니다. 나는 이렇게 되기를 주장하고 간청한다. 그러나 이것이 실제로 수준 낮은 노동으로 퇴보하는 이유인지 우리 스스로를 검증해보자. 문제는 신의 거처와 가난한 자들 사이에, 신의 거처와 그의 복음 사이에 있는 것이 아니라, 신의 거처와 우리의 거처 사이에 있다. 우리는 우리 집 마루에 바둑판무늬를 칠하지 않는가? 우리 집 지붕에 프레스코 장식을 하지 않는가? 우리 집 복도엔 조각상이 없는가? 우리 방에 금박의 가구가 없는가? 우리 장식장에 값비싼 돌이 없는가? 그것에서 십일조를 바친 적이 있는가? 그 조각과 가구들은 우리가 위대한 목적의 책무를 충분히 이행할 수 있고 나아가 사치를 부릴 수도 있다는 표시이고, 표시일 수밖에 없다. 그러나 그러한 이기적인 사치보다 더 위대하고 자랑스러운 사치가 있다. 우리에게 힘과 상을 주신 신을 기억하는 것으로, 우리의 수고와 기쁨 또한 성스러워졌음을 기념하기[7] 위해 그중 일부를 신에게 봉헌하는 것이다. 그렇게 하지 않고 어떻게 그 소유물을 행복한 마음으로 간직할 수 있는지 모르겠다. 교회의 좁은 문과 닳아빠진 문턱은 방치하면서 우리의 문을 아치로 장식하고 문지방을 포장하는 감정을, 신전의 빌거벗은 벽과 초라한 공간은 견뎌내면서 우리 방은 온갖 사치로 치장하는 감정을 나는 이해하지 못한다. 이는 여간해서는 할 수 없는 냉혹한 선택이며, 여간해서는 실천할 수 없는 자기부정이다. 이는 매우 드문 경우로서, 인간의 행복과 영혼의 활기가 그들이 집에 들인 사치의 정도에 좌우되는 것이다. 그래서 느끼고, 맛보고, 유익

---

7   민수기 31장 54절. 시편 126장 2절

한 자극을 얻는 진정한 사치이기도 하다. 대다수는 이런 종류의 사치를 시도하지도 않고 즐기지도 못한다. 보통 수준의 재력으로는 할 수 없고, *감당할 수 있는* 정도로는 전혀 기쁨을 얻지 못하므로 안 하느니만 못하기 때문이다. 다음 장에서 다뤄지겠지만, 나는 개인의 거처가 보잘것없어야 한다고 주장하는 것이 아니다. 나는 그 안에 할 수 있는 모든 웅장함과 섬세함, 아름다움을 기꺼이 소개하고 싶다. 그러나 나는 별 볼일 없는 장식품이나 겉치레에 쓸데없는 비용을 지불하지 않을 것이다. 천정의 코니스cornice라든지 문의 울퉁불퉁한 장식, 커튼의 주렁주렁한 테두리 등 그런 것은 수없이 많다. 이는 무심결에 습관화되어 버린 어리석은 것들로 — 모든 상거래를 좌지우지 할 만큼 일반적인 품목들이지만 거기에는 진정한 기쁨이 주는 축복의 빛이 없다. 전혀 있을 법하지 않은 용도나 아주 한심한 사용에 어울리는 것들이다 — 인생의 반을 허비해서 안락과 존엄, 품위, 생기와 편의를 반 이상 파괴하는 것들이다. 내 경험에서 말하자면 나는 전나무 마루와 지붕 그리고 운모슬레이트 난로가 있는 오두막에 사는 것이 어떤 것인지를 안다. 그리고 나는 그것이 여러 견지에서 터키 양탄자와 금박 천정, 더불어 반짝이는 난로 철망과 그 부속품을 끼고 사는 것보다 더 건강하고 행복하다는 것을 안다. 나는 그런 것들이 분수에 넘친다거나 우리의 가정에 있을 것들이 아니라고 말하는 것이 아니라, 허영심으로 인해 버려지는 비용의 10분의 1을 아무 의미 없이 가정에 불편함을 더하는 장애물을 만드는 데 쓰지 않고 모아서 좀 더 현명하게 쓴다면 영국의 모든 마을에 대리석 교회를 지을 수 있다는 것을 힘주어 주장하는 것이다. 그런 교회는 우리가 날마다 지나가는 거리와 산책로에 즐거움과 축복을 주는 것은 물론 검소한 자줏빛 지붕들 사이로 아름답게 솟아올라 등대와 같이 멀리서도 우리의 눈에 빛을 선사하기 때문이다.

아포리즘 5

가정의 사치는 민족의 위대함을 희생한 것이다.

8. 나는 모든 마을이라고 말했다. 그렇다고 모든 동네에 대리석 교회를 지어야 한다는 건 아니다. 아니, 대리석 때문에 대리석 교회를 원하는 것이 아니라 그 교회를 세우려 하는 정신을 위해서 원한다. 교회에는 시각적인 장려함이 필요치 않다. 교회의 힘은 그것과는 별개이며 교회의 순수함은 얼마간 그것과 반대된다. 시골 예배당의 소박함은 도시 신전의 위용보다 사랑스러우며, 그래서 사람들에게 그와 같은 위용이 진정 신앙심을 증가시키는 원천인지 묻게 만든다.[8] 하지만 건설자들에겐 위용이 중요했으며 앞으로도 계속 그럴 것이다. 우리가 원하는 것은 교회가 아니라 희생이다. 감탄의 감정이 아니라 숭배의 행위다. 받는 것이 아니라 주는 것이다. 이를 온전히 이해한다면 본래 적대적 감정을 갖고 있던 계층까지도 많은 자선을 행할 것이며, 그 행위에서 매우 고귀한 정신을 보게 될 것이다. 부담스러운 화려함으로 자화자찬하는 것에 불쾌해 할 필요가 없다. 대신 당신의 선물은 예상치 못한 방법으로 베풀어질 것이다. 반암에서 한두 개의 샤프트shaft 역주7를 뽑아내되, 그것이 값지게 사용되기를 바라는 사람만이 알아볼 만큼 값진 기둥을 뽑아내라. 몇 개의 주두柱頭를 세공하기 위해 또 몇 개월의 노동을 보태되 단지 정교함 때문에 주목 받거나 사랑 받을 주두는 만들지 마라. 아주 단순한 석공의 구조체가 완벽하고 본질적이라는 것을 알라. 그러면 그런 석공을 주목하는 사람들에게 뚜렷하고 깊은 인상을 남길 것이다. 그런 것을 주목하지 않는 사람들에겐 어차피 보는 것이 해가 되지 않는다. 그러니 이 김징 자체가 어리석고, 이 행동 자체가 쓸모없다고 생각하지 마라. 이스라엘 왕이 베들레헴 우물에서 비싼 물을 사서 아둘람Adullam의 먼지를

---

8 그렇다. 물음 이상일지도 모른다. 화를 내며 혹은 슬퍼하며 부정할지도 모른다. 그러나 겸손하고 사려 깊은 사람이라면 그럴 리가 없다. 이는 내가 나의 두 번째 옥스퍼드 취임강연에서 첫 번째 주제로 선택한 것으로, 장로교적 선입견이 전혀 개입되지 않은 순수 이성적 근거에 기초한다.

잠재우는 것이 무슨 소용이 있는가?역주8 차라리 그 물을 마셨더라면 더 좋지 않았을까? 그리스도의 희생과 같은 열정적 행위에 토를 달고 혀를 잘못 놀리는, 이제는 극복되어야 할 투덜거림을 계속 한들 무슨 소용이 있는가?⁹ 그러니 이제 우리의 헌납이 교회에 무슨 쓸모가 있는지 묻지 말도록 하자. 최소한 우리 자신을 위해 간직하는 것보다 *우리를 위해* 더 좋다. 다른 사람들을 위해서도 더 좋을 것이며, 적어도 그럴 가능성이 있다. 물론 신전의 웅장함이 실질적으로 경배의 효과와 성직자의 권력을 강화시킬 수 있다는 생각은 항상 경계하고 멀리해야 한다. 그러나 우리가 무엇을 하든 무엇을 바치든, 누군가의 소박함을 방해하지도 반대로 다른 누군가의 열의에 찬물을 끼얹지도 말아야 한다.¹⁰

9. 선물이 드러내는 정신 외에 선물 자체에 대한 만족이나 쓸모에 대해 논하는 것을 나는 특히 반대한다. 하지만 잘 살펴보면 이를 통해 어떤 추상적인 원칙을 관찰하게 되는 부수적인 장점이 있다. 이스라엘 사람들에게 충성의 증거로서 첫 번째 수확물이 요구되었다고 해서, 이에 대한 대가로 그들에게 소유의 증가가 보장된 것은 결코 아니었다. 풍요, 낮의 길이, 평화가 봉헌의 대가로 약속되고 경험되었다. 물론 그것이 목적은 아니었지만 말이다. 상점에서 십일조를 소비하는 것은 축복을 받을 마음이 없다는 것을 명시적으로 보여주는 것이었다. 그리고 언제나 변치 않는 것은 신은 결코 사랑에서 비롯된 일이나 노동을 잊지 않는다는 것이다. 그래서 신에게 봉헌된 최초이자 최상의 몫과 수고는 그것이 무엇이건 신은 그 7배를 불려줄 것이

---

9 요한복음 12장 5절
10 여기에서 로마 가톨릭에 대한 저속한 공격 열세 줄이 빠졌다. 이 장의 우아함과 진실의 순수함을 위해서다.

다. 종교적인 일에 예술을 바친다고 해서 반드시 신앙심에 기여하는 것은 아니다. 그렇더라도 예술은 그렇게 건축가와 건축주에 의해 봉헌되지 않는 한 결코 융성할 수 없다. 건축가는 양심적이며 진지하고 애정을 담은 설계로, 건축주는 비용을 지불하는 것으로 봉헌을 행한다. 이때 건축주는 적어도 그가 개인적 취향과 만족에 탐닉할 때보다 좀 더 정직하고 좀 덜 계산적이 될 것이다. 이 원칙을 한 번만이라도 기꺼이 인정하자. 그러면 막상 때가 되어 주저하게 되고 그 영향력이 실제 미미하며 신앙심이 허영심과 이기심의 저항을 받을지라도, 단순히 그 원칙을 인정하는 것만으로도 대가는 있을 것이다. 그동안 우리가 축적한 수단과 지식은 13세기 이후 느껴보지 못한 동력과 활기를 예술에 부여할 수도 있다. 이것이 마땅한 결과가 아니라고 주장하진 않겠다. 다만 나는 진정으로 위대한 정신적 능력이 종교적 영역에서 지혜롭게 사용되기를 바란다. 그러나 솔직히 말해 내가 언급한 그 동력은 희생의 정신이 요구하는 두 가지 대전제에 순종할 때 자연스럽고도 확실하게 나타날 것이다. 첫째는 우리가 모든 일에 최선을 다해야 한다는 것이고, 둘째는 노동을 많이 한다고 해서 그것이 곧바로 건물의 아름다움으로 이어지는 것인지 고민해야 한다는 것이다. 이 두 가지 전제조건에서 몇 가지 실천이 연역되는데 이제 그것을 추론해 보겠다.

10. 첫 번째 조건에 대하여: 이것만으로도 성공을 확신하기에 족하며, 우리가 계속해서 실패하는 것은 이를 지키는 데 부족했기 때문이다. 우리 중 누구도 전력을 다하지 않고서는 좋은 건축가가 될 수 없다. 그럼에도 불구하고 내가 아는 한, 최근에 세워진 건물 중에서 건축가나 건설자가 최선을 다했다는 것이 명백히 드러나는 것은 없다. 이것이 현대 건축의 특별한 성격이다. 옛

아포리즘 6

현대의 건설자들은 거의 아무것도 할 수 없다. 그리고 할 수 있는 그 조금마저도 하지 않는다.

건물들은 거의 대부분 각고의 노력으로 만들어낸 작품이었다. 어린아이가, 야만인이, 시골뜨기가 만든 것인지도 모른다. 하지만 그들은 항상 최선을 다했다. 반면 우리가 만든 것은 늘 돈 냄새가 나거나, 뭔가 할 수 있는 바로 그때 그 지점에서 멈춰버리거나, 한심한 상태와 대충 타협하는 꼴이다. 도무지 힘을 끝까지 밀어붙이지 않는다. 우리 이런 식의 작업을 당장 그만두고 그런 모든 유혹에서 벗어나자. 자발적으로 자신을 깎아내린 후 부족함을 한탄하고 불평하지 말자. 그냥 우리가 가난하며 인색하다고 인정하자. 그러나 스스로를 기만하지는 말자. 이는 얼마나 *많은* 일을 해야 하는지에 대한 문제가 아니고 어떻게 해야 하는지에 대한 문제다. 더 많이 하는 것이 아니라 더 잘하는 것에 관한 문제다. 지붕에 조잡하고 어설픈 뭉뚝한 장미무늬를 새기지 말자. 중세 조각상의 뻣뻣한 모조품을 문 옆에 세우지 말자. 이러한 것들은 우리의 공통감각common sense을 모욕할 뿐 아니라 원형을 보게 되었을 때 그 고귀함을 인지하지 못하게 만든다. 장식에 많은 것을 소모해야 한다고 착각한다면 당대 최고의 조각가였던 플랙스먼John Flaxman 역주9에게로 돌아가 보자. 그가 누구였건 간에, 그에게 우리를 위한 조각상이든 프리즈frieze든 주두든 뭔가를 주문해보자. 최선을 다해야 한다는 조건을 붙여서 말이다. 그리고 그것을 가장 중요한 곳, 어울릴 만한 곳에 세워보자. 다른 주두들은 단순한 돌덩어리로 보이고 장식이 들어간 다른 벽감들은 텅 빈 것처럼 느껴질 것이다. 상관없다. 아주 나쁜 것보다는 미완성이 낫다. 고귀한 오더order 역주10의 장식이 아니더라도 무방하다. 좀 미흡한 양식, 괜찮다면 좀 거친 재료를 선택하라. 우리가 힘써서 지켜야 할 법칙은 하는 척, 주는 척하지 않고 나름의 최선을 다하는 것이다. 그러므로 플랙스먼의 대리석 프리즈나 조각상 대신 노르만의 돌을 선택하라. 그러나 최고의 돌이어야 한다. 당신이 대리석을 살 여유가 없다면 캉의 돌역주11을 사용하라. 그러나 최상의 지층에서 구하라. 돌이 없다면 벽돌을, 그러나 최상의 벽돌을 사용하라. 저급한 노동과 재료를 사용하더라도 잘 만드는 것이 고급 재료로 못 만드는 것보다 낫다. 이는 모든 분야의 노동을 향상시키고 모든 재료를 더 잘 사용하는 길일 뿐 아니라 더 정직해지고 거만 떨지 않는 길이며, 정의롭고 올바르고 고결한 다른 원칙들과 조화를 이루는 길이기 때문이다. 그러면 이제 그 원칙의 범위가 어디까지인지 생각해보자.

11. 우리가 언급했던 두 번째 조건은 건축에 드러나는 노동의 가치였다. 나는 전에도 이것에 대해 말했었다.[11] 그리고 실제로 예술이 주는 기쁨은 이를 통해서 가장 빈번하게 맛보게 된다. 허나 항상 어떤 뚜렷한 한계 내에서 그렇다. 이를 설명하기는 그리 쉽지 않다. 우선 값비싼 재료에 뭔가를 표현하기 위해, 잘못된 감각이나 실수를 저지르지 않기 위해 노동력을 허비하는 것은 괜찮지만 그 밖의 다른 노동력의 낭비는 그것이 드러나는 즉시 매우 괴롭게 느껴진다는 것이다. 그렇기 때문에 귀한 재료는 아낌없이 쓰고 거침없이 다룰 때 보기 드문 웅장함을 생산할 수 있을 지라도, 인간의 노동은 순간적인 판단 착오가 아니라면 경솔하고 헛되이 사용해서는 안 된다. 마치 값진 물건을 대할 때는 황금보기를 돌같이 하듯 그 가치와 멀어지는 것이 좋지만, 살아 있는 피조물의 노동력은 결코 헛되이 낭비되지 않도록 창조자가 의도한 듯하다. 그래서 오로지 정확하고 조심스러운 감정만 있을 때보나, 노력이나 열정을 전제하는 것과 그것을 무모하게 낭비하는 것이 절묘한 균형을 이룰 때 더 많은 물음과 대면하게 된다. 일반적으로 단순한 노동의 손실보다는 그러한 손실이 암시하는 판단부족이 우리를 더 불쾌하게 한다. 그래서 사람들이 노

---

11 『근대 화가론』1권 1부 3장

동을 위해 노동하는 것이 분명하고[12] 그들의 노동이 어디에 어떻게 사용되었는지 그리 모호하지 않다면, 우리가 그렇게 지독히 불쾌해하는 일은 없을 것이다. 반대로 원칙을 수행하기 위해 혹은 속임수를 피하기 위해 허비한 노동이라면 우리는 기뻐할 것이다. 이 원칙은 사실 다른 장의 주제에 속하는 것이 옳지만 미리 말해도 좋다면, 건물의 구조상 장식의 일부가 다른 장식과 겹쳐져 어느 순간 눈에 보이지 않게 되더라도 감춰진 부분에서 그 장식을 중단하는 것은 좋지 않다는 말이다. 장식에는 신뢰가 있어야 하며 언제 있었냐는 듯 사라져선 안 된다. 예를 들어 교회 박공벽에 있는 입상의 등처럼 아마도 결코 보이는 일이 없을지라도 미완성으로 남겨두는 것은 여전히 합당하지 않다. 그래서 어둡거나 감춰진 곳에도 애써 장식을 하고 지나치리만큼 최선을 다해 완성하는 것이다. 빙 돌아가는 코니스나 비슷한 종류의 계속 이어지는 장식들이 명백히 통과 불가능한 지점에서 중단되는 것이 아니라, 뚜렷이 구분되는 최종 장식으로서 그것들이 중도에서 끊어진다는 것을 명확하고 용감하게 보여주라는 것이다. 그래서 계속 이어질 것이라고는 결코 상상할 수 없어야 한다. 루앙 대성당Rouen 트랜셉트transept 옆에 붙어 있는 탑들의 아치에서 보이는 세 면의 스팬드럴spandrel 역주12에는 장미문양 장식을 하고, 지붕 쪽 면에는 아무 장식도 하지 않았다. 이것이 정당한가 하는 것이 오히려 좋은 질문이 될 것이다.

12. 그러나 가시성은 방향에 따라 다를 뿐만 아니라, 거리에도 좌우

---

12 애매하게 표현했다. 내 말은 그들이 하는 일에 자부심을 갖고 자신이 할 수 있는 것에 기뻐한다면, 즉 그들이 좋은 것을 만들 수 없을 때라도 불가능한 효과를 생산하거나 관객에게 어떤 나쁜 것을 주려는 의도가 아님을 뜻한다. 다음 문장에 오는 "허비한"이라는 단어는 "희생된"이라고 하는 게 더 나을 듯하다.

된다는 것을 기억해야만 한다. 눈에 보이지 않는 곳을 과도히 정교하게 만들기 위해 노동을 낭비하는 것보다 더 고통스럽고 멍청한 짓은 없다. 여기서 다시 정직의 원칙을 다뤄야겠다. 우리는 건물 전체를 덮는(또는 그 건물에 전면적으로 나타나는) 장식을 눈에 가깝다고 해서 정교하게 만들고, 멀다고 해서 대충 만들어서는 안 된다. 그것은 속임수이며 정직하지 못한 것이다.[13] 우선 가까이 두어야 효과적일 장식과 그렇지 않은 것을 결정한 다음 그것을 분배하라. 자연스럽게 눈에 가까우므로 정교하게 작업할 것과, 저 멀리 꼭대기에 있으므로 대담하고 어림하게 작업할 것이 있을 것이다. 먼 곳과 가까운 곳에 같은 종류가 쓰일 때에는 멀리 있는 곳과 마찬가지로 잘 보이는 곳에도 대담하고 어림하게 세공하도록 신경을 써야 한다. 그래야 보는 이들이 그것이 멀리 있더라도 어떤 의미와 가치가 있는지 정확하게 알 수 있다. 요컨대 체크문양이나 평범한 장인들이 만드는 일반적인 장식들로 건물 전체를 덮을 수도 있지만, 고난이도의 얕은 돋을새김이나 정교한 벽감과 주두들은 절제해서 배치해야 한다. 이러한 공통감각은 완성된 배열에 미숙한 점이나 돌연변이들이 좀 있더라도 건물에 기품을 준다. 그래서 흥미로운 사건들로 가득 차 있는 베로나 산제노 성당San Zeno의 얕은 돋을새김은 포치porch [역주13] 기둥의 주두 높이까지만 그 네모진 벽면을 채우고 있다. 그 위에는 단순하지만 아주 사랑스러운 작은 아케이드가 있다. 그리고 그 위에는 텅 빈 벽이 시각의 벽기둥과 면해 있을 뿐이다. 전체적인 효과는 파사드 전체

---

13 이 책 내내 픽쳐레스크한 효과의 정직성에 대해 너무 강조한 나머지 재료의 구성에 관한 정직성에 대해서는 충분히 다루지 않았다. 예쁜 건물을 지으려는 악당은 없다. 그러나 덕의 뿌리인 공통감각은 섬세한 감성에서보다는 강직한 설계에서 비롯되며, 맡은 일을 성실히 완수하는 것은 조각 방식보다 고결한 감성에 의해 좌우된다. 그러나 이 점에서 이 장의 결말부분은 상당히 정당하며, 훨씬 더 좋은 내용을 쓰기란 어렵다고 본다.

가 형편없는 장식으로 뒤덮여 있는 것보다 10배는 더 웅장하고 훌륭하다. 이는 뭔가 많이 할 여유가 없는 곳엔 거의 아무것도 하지 않는 것이 더 좋다는 것을 보여주는 예다. 다시 루앙의[14] 트랜셉트로 돌아가 보자. 그 출입구는 정교한 얕은 돋을새김(나는 이제 이에 대해 장황하게 말할 것이다)으로 뒤덮여 있는데, 그 높이가 대략 사람 신장의 1.5배에 이르고 그 위에는 평범하지만 좀 더 눈에 띄는 입상과 벽감이 있다. 피렌체 종탑역주14에서도 맨 아래층에만 얕은 돋을새김을 두르고 위에는 입상들을 둔다. 입상들 위에는 온갖 모자이크 문양과 나선기둥들이 나타나는데, 당시의 이탈리아 작품이 모두 그렇듯 아주 정교하게 완성된 것이지만 피렌체 사람들의 눈에는 그 얕은 돋을새김과 비교하면 여전히 거칠고 아주 흔한 것이다. 이렇게 프랑스 고딕에서 가장 정교한 벽감이나 최고의 쇠시리moulding 역주15들은 눈에 잘 띄는 현관이나 낮은 창문에 두는 것이 일반적이다. 물론 때로는 위를 향하여 폭발하거나 하늘을 향하여 거리낌 없이 만개하기도 하는데, 그 양식의 진정한 목적이 다름 아닌 풍부함의 효과에 의지하기 때문이다. 그래서 루앙 서쪽 입면의 박공벽과 벽면에서 뒤로 물러나 있는 장미창에는 아주 공들여 만든 꽃 쇠시리가 있다. 그 쇠시리는 아래에서는 거의 보이지 않지만, 돌출된 박공벽의 샤프트가 만들어내는 깊은 그림자에 풍부함을 더하고 있다. 그러나 바로 이러한 점에서 나쁜 플랑부아양이며, 디테일과 그 사용에서 타락한 르네상스의 특성을 관찰할 수 있다. 반면 먼저 지어진 웅장한 북문과 남문은 거리를 두고 보면 매우 우아한 비례로 되어 있다. 지면에서 약 100피트 높이에 있는 북문의 왕관 노릇을 하는 입상과 벽감은 거대하면서도 단순하다. 아래에서 보아도 거짓된 것이 없고 윗부분도 정직하

---

14 여기서부터 나는 건물을 편의상 이렇게 그 성당이 있는 도시이름으로 칭하겠다. 독자는 내가 그 도시의 성당을 일컫는 것으로 이해해주기 바란다.

게 잘 마무리되어 있어, 기대함직한 모든 것 — 매우 아름다운 자태, 풍부한 표정, 그 시대의 어떤 작품 못지않은 섬세함이 깃들어 있다.

13. 그러나 기억해야 할 것은 내가 알고 있는 한 고대의 훌륭한 건물들은 예외 없이 모두 기단은 가장 정교하게 장식하는 반면, 윗부분은 종종 양量으로 효과를 본다는 것이다. 높은 탑에서 이는 지극히 당연하고 정당한 것으로, 기단부의 견고함은 상부구조의 분할과 투과만큼이나 필수적이다. 그래서 후기 고딕의 탑들에는 가벼운 세공과 구멍이 숭숭 뚫린 왕관이 등장한다. 피렌체 지오토 종탑은 이미 언급했듯이 이 두 원칙을 탁월하게 통합한 경우다. 아래의 육중한 기단은 정교한 얕은 돋을새김으로 장식한 반면, 위의 창들은 구멍 뚫린 트레이서리tracery 역주16가 실처럼 엉켜 시선을 끌고 화려한 코니스가 전체를 감싸고 있다. 이런 배열이 진정 아름다운 경우는 윗부분은 양과 복잡함으로, 아랫부분은 정교함으로 효과를 줄 때다. 그래서 루앙의 뵈르 탑Tour de Beurre은 위로 올라갈수록 화려한 그물망으로 분할되긴 하지만 전반적으로 육중한 디테일을 보여준다. 건물 구조상 안전하다고는 할 수 없는 원칙이지만 그에 대한 논의는 지금 이 주제와는 관련이 없다.

14. 마지막으로, 작업이 재료에 비해 너무 훌륭하거나 노출을 견디기에 너무 섬세하다면 노동이 낭비된 것이다. 이는 일반적으로 후기의 작품들, 특히 르네상스의 특성으로 아마도 가장 나쁜 실수라 할 것이다.역주17 파비아의 체르토자 수도원Certosa di Pavia과 베르가모의 콜레오니 예배당Capella Colleoni 일부와 이런 종류의 다른 건물들은 힘을 완전히 소진시켰을 법한 곰보빵 같은 상아조각장식으로 뒤덮여 있는데 나는 이보다 더 괴롭고 측은한 것을 알지 못한다. 그것을 자세히 들여다보는 일은 고문에 가깝다. 장식이 너무 많아서도 아니고, 이

중 많은 부분이 독창적이고 쓸 만하므로 나쁜 세공 때문이라 할 수도 없다. 하지만 이 장식들은 상감세공한 장이나 벨벳으로 싼 궤 안에 모셔 놓아야 할 것 같고, 소나기나 서리로 인한 부식을 도저히 견디지 못할 것처럼 보인다. 우리는 그래서 초조하고 불안하며 고통스럽다. 육중한 기둥과 대담한 그림자가 그것을 가치 있게 해주리라 생각하지만 그럼에도 불구하고 이와 같은 경우엔 장식이 그 위대한 목적을 달성하느냐에 따라 성패가 갈리게 된다. 장식이 의무를 다한다면, 다시 말해 빛과 그림자의 지점들을 통해 전체적으로 어떤 효과를 내려 했는지 보여주는 진정한 *장식이라면* 장인의 샘솟는 상상력으로 인해 그 조각이 필요 이상의 많은 빛의 지점들을 가지게 되어 형상이 덩어리져 보이게 되었다고 해서 우리가 불쾌해 하지는 않을 것이다. 그러나 장식이 그 목적을 이루지 못한다면, 즉 거리를 두고 볼 때 드러나는 전체적인 효과, 바로 진정한 장식의 힘이 없다면, 그저 일반적으로 보게 되는 단순한 껍데기이며 의미 없는 울퉁불퉁한 뭔가에 불과하다면, 우리가 그것을 가까이서 봤을 때 그 외피가 사실은 수십 년간의 노동을 통해 만들어진 것이며 수많은 인물과 역사를 담고 있어 돋보기로 보는 편이 더 낫다는 것을 알게 되었을 때 얼마나 우울하겠는가. 후기 이탈리아 고딕과 대비되는 북 고딕의 위대함이 여기에 있다. 이 둘은 디테일의 극단성에 있어서는 거의 유사하다. 그러나 북 고딕은 건축적 목적이라는 관점에서 보았을 때도 잃은 것이 없고 장식의 효과 면에서도 전혀 실패하지 않았다. 그것은 인쇄된 전단지 같은 단순한 부조가 아니며 우리에게 말을 걸어오는, 심지어 아득히 먼 곳까지 말을 건네는 부조다. 이런 경우라면 그 사치스러움을 제한할 필요가 없고 이를 위해 바치는 노동은 정당하고 고결하다.

15. 제한 없음. 이는 지나친 장식을 주장하는 건축가들의 허튼소리다. 장식이 좋을 때는 지나치다고 할 수 없지만, 나쁜 경우엔 항상 지나

치다. 도판 1의 그림 1은 루앙 서쪽의 중앙문에 있는 아주 작은 벽감이다. 나는 그 입구가 현존하는 순수한 플랑부아양 작품 중에서 가장 탁월한 것이라 생각한다. 나는 윗부분, 특히 뒤로 물러나 있는 장미창은 타락한 것이라고 말했지만 입구 자체는 순수한 시대의 것으로서 르네상스의 얼룩이 거의 없다. 아치의 시작점에서 꼭짓점까지 중앙문을 감싸는 네 줄의 벽감 중 (각 줄은 아래에 2개의 인물상을 둔다), 안쪽 세 줄이 더 크고 훨씬 정교하다. 그 밖에도 외부 기주outer pier에는 6개의 캐노피가 있어 그 하부 벽감의 수만도 176개에 달하는데, 도판에 그렸듯이 각 구획마다 다른 문양의 트레이서리로 장식되어 있다.[15] 이 많은 장식에도 불구하고 무의미한 커스프cusp나 정식頂飾, finial 역주19은 하나도 없다. 단 한 번의 정도 헛되이 치지 않은 것이다. 이 모든 우아함과 화려함이 무심한 눈에도 보이고 느껴진다. 그리고 이 모든 세세함이 우아하고 연속적인 궁륭의 위엄을 감소시키지 않으며 오히려 신비감을 키운다. 이는 장식을 지탱할 수 없는 양식과는 다른, 장식을 지탱할 수 있는 몇몇 양식의 자랑거리라 아니할 수 없다. 그러나 또한 장식과 대조적인 도도한 간결함을 포함할 때 그 양식들은 유쾌해 질 수 있다. 장식만이 만연할 경우 지루함을 면치 못할 것이라는 점은 충분히 생각지 않는다. 그런 지루한 장식들은 예술의 나머지이고 바탕색일 뿐이다. 그러므로 우리가 다채로운 모자이크로 장식된 아름다운 전면과 한여름 밤의 꿈에 등장했을 법한 무리들보나 너 촘촘하고 진기하게 장식된 화상적인 조각들을 볼 수 있는 것은 그만큼 예술이 훨씬 고매하고 훌륭하게 도약했기 때문이다. 나뭇잎으로 촘촘히 채워진 궁륭의 문들. 꽈배기모양의 트레이서리와 그 사이로 스며드는 별빛이 만드는 창의 미로들. 왕관을 얹은 탑과 무수한 피너클pinnacle 역주20의 흐릿한 무리들. 이는 아마도 우

---

15 부록 2를 참고하라.

리의 선조들이 신에게 믿음과 경외를 표했다는 유일한 증거일 것이다. 건설자가 바쳤던 그 밖의 모든 것은 소멸했다. 그들이 생전에 가졌던 관심이, 목표가, 성취가 소멸했다. 그들이 무엇을 위해 일했는지 우리는 알지 못하고 그들이 지상에서 받은 보상이 무엇인지 우리는 보지 못한다. 승리, 부, 권위, 행복. 이 모든 것이 많은 이들의 쓰라린 희생에도 불구하고 사라져갔다. 하지만 지상에서 일군 그들의 생애와 그들의 노고 중에 하나의 보상이, 하나의 증거가 심혈을 기울여 만든 저 잿빛 몸체 속에 우리를 위해 남겨졌다. 그들은 그들의 힘과, 명예와, 과오를 모두 거두어 무덤으로 가져갔다. 단 하나, 그들에 대한 우리의 경배만을 남겨놓고서.

2 진실의 등불 The Lamp of Truth

1. 인간의 덕德과 인간이 삶을 영위하는 지구의 개명開明, enlightenment 사이에는 닮은 점이 있다. 영역의 경계에 다가갈수록 점차 활력이 떨어지고, 두 요소의 대립으로 인한 근본적인 분리가 일어난다는 점이다. 바로 해질녘의 어스름과 같이 빛과 어둠이 만날 때이다. 세상이 밤으로 말려 들어가는 그곳, 선보다는 넓은 띠와 같은 그것이 덕의 묘한 어스름이다. 어둑어둑해서 분간이 되지 않는 땅, 그곳에서 열정은 조급함이 되고, 절제는 가혹함이 되며, 정의는 잔인함이 되고, 믿음은 맹신이 된다. 그리고 제각기 어둠의 그늘로 모습을 감춘다.

    그럼에도 불구하고 점차 침침함이 더해지면, 우리는 일몰의 순간을 깨닫는다. 그리고 다행히도, 태양이 내려앉던 방식으로 그 그림자를 다시 걷어낸다. 그러나 하나가 되는 곳, 그 지평선은 불규칙하고 명료하지 않다. 허나 이곳이 바로 모든 것의 적도이자 경계다. 진실. 정도를 따질 수 없는 유일한 것임에도 끊임없이 부서지고 찢긴다. 지구의 기둥이지만 흐릿한 기둥이다. 힘과 덕이 머무는 황금의 실이지만 구부러지고 휘어지는 얇은 실이다. 그래서 치밀함과 신중함이 그것을 감추며, 친절과 아첨은 그것을 수정하고, 용기는 자신의 방패로 그것에 그림자를 드리우며, 상상은 자신의 날개로 그것을 덮고, 자애는 자신의 눈물로 그것을 흐릿하게 본다. 진실의 본모습을 유지하기란 얼마나 어려운가! 인류 최악의 주의주장들이 야기하는 분노를 억누르고 최선의 주의주장들이 일으키는 무질서를 막아야 하기 때문이다. 전자에게는 계속 공격당하고, 후자에게는 배신당한다. 하지만 진실의 법칙을 위해하는 것은 경중에 상관없이 단호히 대처해야 한다! 애정 어린 눈에는 사소해 보이는 잘못이 있고, 지혜로운 판단으로는 사소해 보이는 실수가 있다. 그러나 진실은 어떤 훼손도 용서하지 않으며, 어떤 오점도 참지 않는다.

　우리가 이 점을 충분히 생각하지 않기 때문에 소소하게 끊임없이 이 진실을 거스르는 일을 두려워하지 않는 것이다. 우리는 거짓말이 아주 시커먼 속셈을 내포하고 있거나 매우 사악한 의도를 보일 때만 반응하도록 과도하게 길들여져 있다. 확실한 속임수를 보고도 그것이 정말로 악의적일 때만 분개한다. 우리는 중상모략과 위선, 배신에 격분한다. 그것이 거짓이라서가 아니고 우리에게 해를 끼치기 때문이다. 거짓으로 인해 손실과 피해가 생기지 않는다면 별로 괴로워하지 않을 것이다. 심지어 칭찬으로 돌리며 매우 만족해할지도 모른다. 그러나 세상에서 가장 큰 해악을 행하는[1] 것은 중상모략도 배신도 아니다. 그것들은 항상 짓밟고 물리쳐야 할 악이라고 느끼기 때문이다. 가장 큰 해악은 사실 달콤하게 속삭이는 번들거리는 거짓말이자, 친절하게 들리는 그릇된 견해들이다. 애국심에 찬 역사학자들의 거짓말이며, 미래를 준비하는 정치가들의 거짓말이며, 빨치산의 정열적인 거짓말이고, 친구의 애정 어린 거짓말이며, 개개인이 자기 자신에게 하는 생각 없는 거짓말이다. 이는 인간애를 가장한 검은 미스터리다. 이를 돌파하는 누군가가 있다면 우리는 사막에서 우물을 파는 사람에게 그러하듯, 그에게도 감사해야 할 것이다. 다행히도 우리에겐 아직 진실에 대한 목마름이 남아있다. 우

아포리즘 7

친절하고 좋은 의미의 거짓말이 행하는 죄와 해害.

1　이 문장에서 "행하는do"은 초판에 쓴 것인데, 문법적으로는 "does"가 맞다. 그러나 이 책에도 초판에 썼던 것을 그대로 가져왔다. 나는 집에서 나만의 문법을 만들어 쓰는 걸 좋아한다. 그 다음 문장인 "그것들은 항상 짓밟고 물리쳐야 할 악으로 느끼기 때문이다."는 아포리즘에서 빠져야 할 구절이다. 이 글을 썼을 때 나는 보티첼리Botticelli만큼 세상을 알지 못했다. 그럼에도 불구하고 이 아포리즘의 전체 내용은 건전하며 또한 아주 유용하다. 실제로 중상은 칭찬보다 강력하다. 그러나 중상이 가장 악의적일 때도 거짓 칭찬보다 유해하지는 않다. 후자가 훨씬 유해하다.

리가 그 진실의 샘을 의도적으로 떠났을 때조차도 말이다.

윤리학자들이 죄의 경중과 죄의 용서 불가능함을 그렇게 자주 혼동하지만 않았어도 좋았을 것이다. 이 둘의 성격은 극명하게 다르다. 죄의 경중이란 일부는 그것을 당한 사람의 속성과 관련이 있고, 일부는 그 결과의 범위와 관련이 있다. 죄의 용서 가능성은 인간적으로 말하면 유혹의 정도에 따라 좌우된다. 자초지종에 따라 처벌의 무게가 결정되거나 처벌의 면제가 요구된다. 그런데 죄의 상대적 무게를 재는 것이 늘 쉽지도 않거니와 상대적 결과를 아는 것이 항상 가능하지도 않기 때문에, 탁월한 판단을 내리려 애쓰지 말고 그 과실의 다른 그리고 더 명백한 전제로 눈을 돌리는 것이 대체로 현명하다. 가장 사소한 유혹에도 잘못을 저지르는 것이 가장 나쁜 것이라 여기는 것이다. 사악하고 악의적인 죄, 이기적이고 의도적인 속임수가 낫다는 뜻이 아니다. 오히려 내가 보기에 검은 속임수를 저지르는 가장 간단한 방법은, 우리가 일상생활에서 간과하거나 벌하지 않고 통례로 얼버무리는 사소한 거짓에 대해 좀 더 양심을 갖고 반성하는 것이다. 절대로 거짓말하지 말자. 한 번의 거짓은 해롭지 않고, 두 번 정도는 대단치 않으며, 세 번째는 의도하지 않은 것이라고 생각하지 말자. 그런 생각은 모두 버려라. 경미하고 우연한 거짓일 수도 있다. 그렇더라도 그것은 굴뚝에서 나오는 검댕이와 같은 영혼의 검댕이다. 중대한 잘못인지 악의적인 잘못인지 신경을 곤두세우느니, 차라리 마음속에서 그것을 깨끗이 지우는 편이 낫다. 진실을 말하는 것은 좋은 필체와 같이 훈련을 해야 가능한 일이다. 즉 의지의 문제라기보다 습관의 문제다. 그래서 나는 진실을 말하는 버릇을 훈련하고 길들이는 일을 하찮게 생각할 수 없다. 변함없이 신중하게 진실을 말하고 행한다는 것은 위협 속에서 진실을 말하는 것만큼이나 어렵고, 아마도 가치 있는 일일 것이다. 그런 사람이 몇이나 되겠

아포리즘 8

진실은 고통 없이 지속될 수 없다. 그러나 그만한 가치가 있다.

느냐는 물음은 이상하다. 누군가는 자신의 생명과 재산을 바쳐서 이를 행할지도 모르며, 또 다른 누군가는 날마다 사소한 갈등을 일으키며 이를 지키고 있을 수도 있다고 나는 확신한다. 모든 죄를 꼽아보더라도 거짓말하는 죄와 견줄 만한 것은 전능하신 하느님을 무조건 거부하거나 "존재와 덕에 선善이 결여된" 죄 정도일 것이다. 그러므로 유혹이 없는데도, 혹은 약간의 유혹이 있다고 해서 거짓의 구렁텅이에 빠지는 일은 분명 납득하기 어려운 경솔한 행동이다. 인생의 어느 불가피한 과정에서 거짓된 태도와 허위에 대한 믿음을 강요당할지라도 자신의 행동은 변함없이 순수할 것이며, 자신이 선택한 기쁨의 실체 또한 절대 줄어들지 않을 것이라 다짐한다면 그는 분명 고결한 사람이 될 것이다.

2. 진실을 위해 필요한 것은 정직과 지혜인데, 이는 진실이 주는 기쁨을 누리기 위해서 더욱 요구되는 것이다. 내가 인간의 행위와 즐거움에 희생의 정신이 표현되어야 한다고 주장했던 이유는 그 행위가 종교적 동기로 발전할 수 있기 때문이 아니라, 인간 자신이 그 안에서 무한히 고귀해질 수 있다는 것이 매우 확실하기 때문이었다. 그래서 나는 우리 예술가들이나 공예인들의 가슴에 진실의 등불 또는 정신을 밝혀주고 싶다. 진실한 공예가 진실 자체를 드높이기 때문이 아니라, 기사도 정신으로 자신을 다그치는 공예인을 꼭 보고 싶기 때문이다. 이 단순한 원칙에 어느 정도의 힘과 파급력이 있으며, 이 원칙을 얼마나 유념하는지에 따라 인간의 모든 예술과 행위의 흥망성쇠가 좌우됨을 관찰하는 것은 정말 기적과 같은 일이다. 나는 예전에 회화에서 진실의 힘과 효과를 보여주고자 했다. 마찬가지로 건축을 위대하게 하는 모든 것에 영향을 주는 진실의 위상에 대해 쓰고자 한다면, 나는 하나의 장이 아니라 한 권의 책을 써야 할 것이다. 그러나 여기서는 잘 알려진 몇몇 사례들의 힘을 빌리는 것으로 만족

하려 한다. 왜냐면 진실의 참모습이 드러나는 계기는 진실의 개념을 분석하기보다는 진실해지기를 바라는 욕구에 의해 발견되는 것이라 믿기 때문이다.

다만 시작하기에 앞서 망상fancy과 구별되는 착각fallacy의 본질이 무엇인지 명확하게 짚고 넘어가는 일이 필요하다.[2]

아포리즘 9

상상력의 본성과 품격.

3. 왜냐하면 언뜻 상상력의 세계는 전부 속임수라고 생각할지도 모르기 때문이다. 하지만 그렇지 않다. 상상력의 활동은 부재하거나 불가능한 것에 대한 개념들을 자발적으로 호출하는 것이다. 그리고 상상력의 즐거움과 고귀함은 얼마간 그 부재하고 불가능한 것을 그 자체로 인식하고 관망하는 데 있다. 이를테면 뭔가가 명백히 현현하거나 실재하는 순간에도 그것의 현실적인 부재와 불가능성을 아는 것이다. 상상력이 현실이 되어 자신을 기만할 때, 그것은 광기가 된다. 상상력은 비현실성을 고백할 때만 고귀한 능력이 된다. 고백하기를 중지하면 그것은 미친 짓이 되는 것이다. 고백의 여부에 모든 차이가 달려 있으며, 고백한다면 거기에 속임수란 *없다*. 있지 않은 것을 떠올릴 수 있고 볼 수 있다는 사실은 정신적인 창조물로서의 우리의 지위를 위해 필수적이며, 동시에 그것이 있지 않다는 것을 알고 고백하는 것은 도덕적 창조물로서의 지위를 위해 필수적이다.

---

2   "망상fancy"은 예전엔 "상상supposition"이었다. 이 단어는 지독히도 불완전한 단어였다. "fancy"는 "fantasy"에 미치지 못하는 것으로, 여기서는 엄청난 상상력이면서 뭔가를 맹신하는, 좀 바보 같고 병적인 것을 포함한다. 그러나 병적이라는 것을 알고 있는 한, 그것은 건강하면서도 진실하다. 꿈은 현실의 환영이기도 하지만, 실재하는 하나의 사실이기도 하다. 단지 우리가 그것을 꿈으로 인식하지 않을 때 기만적이다.

4. 다시 돌아가서, 회화라는 예술 분야 전체는 현혹시키려는 노력일 뿐이라고 여겨질 수도 있으며 한때는 그렇게 여겨지기도 했었다. 하지만 그렇지 않다. 오히려 그것은 어떤 사실을 가장 확실하게 진술하는 방법이다. 예를 들어 나는 바위나 산을 설명하고 싶다. 그리고 그 모양을 묘사하기 시작한다. 그러나 말은 이를 명확하게 전달하지 못할 것이며, 그래서 나는 그 모양을 그리고 다음처럼 말한다. "이것이 그 형태입니다." 그러자 이제 그것의 색깔을 재현하고 싶다. 그러나 이 또한 말로는 하지 못할 것이며, 그래서 나는 종이에 색을 칠하고 다음처럼 말한다. "이것이 그 색깔입니다." 이러한 과정은 표현하고자 하는 뭔가가 있는 한 계속될 것이며, 그렇게 표현된 것으로부터 상당한 즐거움을 누릴 수도 있다. 이것은 상상력과 교신하는 행위이며 거짓이 아니다. 거짓은 오직 그것의 존재(한순간도 일어나거나 암시되거나 믿어지지 않았던 존재)를 *주장할 때*, 혹은 그 밖에 형태와 색깔을 잘못 진술할 때다(이는 정말로 우리의 커다란 손실로서, 끊임없이 일어나고 있는 일이다). 그래서 어떤 대상을 격하시키는 것은 바로 그것이 실제로 나타나 다가올 것처럼 만드는 속임수이고, 진짜 실재하는 양 보이는 그림은 모두 그런 속임수로 격하된 것이다. 이에 대해 나는 여러 곳에서 재차 강조할 것이다.

5. 진실의 위반, 시와 회화의 명예를 더럽히는 이것은 대부분 다뤄진 대상에만 국한된다. 그러나 건축에서는 또 다른, 그렇게 미묘하진 않지만 더 비열한 진실의 위반이 가능하다. 재료의 본성이나 노동의 양과 관련해서 노골적인 사기를 치는 것이다. 이는 말 그대로 잘못된, 다른 도덕적 과실만큼이나 엄중히 비난받아 마땅한 일이다. 또한 건축가에게나 국민을 위해서나 전혀 가치가 없는 일이다. 이와 같은 속임수가 광범위하게 묵인된 곳에서는 예외 없이 예술의 퇴보가 일어났다. 엄격한 정직성이 전반적으로 결여되는 것보다 더 나쁜 징조는

없다는 것을 이해하려면, 우선 수 세기 동안 예술을 그 밖의 다른 지적 활동과 분리시킨 기이한 현상은 바로 양심의 문제와 관련 있다는 것을 설명해야 한다. 양심을 예술적 능력에 포함시키지 않는 것은 예술 자체를 파괴하는 행위이며, 동시에 국민들이 가진 개성의 씨앗을 틔우지 못하게 하는 것이다. 왜냐면 양심을 키우는 방식에 따라 그들은 저마다의 개성을 드러내기 때문이다. 또 한편으론 올곧음과 성실함으로 이름난 영국이 현재나 과거의 다른 어떤 나라들보다 과도한 가장과 은닉과 사기를 건축에 허용한다는 것은 괴상함을 넘어선 그 무엇이다.

가장, 은닉, 사기가 생각 없이 허용되지만 그렇게 해서 행해진 예술에 돌아오는 결과는 치명적이다. 최근에 있었던 건축적 노력이 거의 매번 실패했다는 것은 다른 이유가 없다면, 자잘한 부정직不正直이 그 모든 것을 설명하기에 충분할 것이다. 그와 같은 부정직을 털어버리는 것이 위대한 예술로 향하는 작지 않은 첫걸음이다. 가장 쉽고 확실한 첫걸음이기도 하다. 우리는 우수하고, 아름답고, 독창적인 건축을 할 능력은 없을지 모르지만 정직한 건축을 할 수는 있다. 가난으로 인해 부족한 것은 용인될 것이며 철저한 합목적성은 존경받을 것이다. 하지만 조악한 속임수라면 비웃음 외에 무엇을 바라겠는가?

6. 건축적 사기는 대략 다음의 세 가지 부류로 나누어 생각해 볼 수 있다.

 1) 거짓된 구조나 지지 방식을 제시하는 것이다. 후기 고딕의 지붕에 달려 있는 펜던트 같은 것이 그 예다.
 2) 표면을 칠해서(목재를 대리석처럼) 본래의 재료와 다른 재료를 재현하거나, 평면의 그림을 입체의 조각처럼 보이도록 거짓으로 재현하는 것이다.

3) 어떤 종류이건 주형으로 뜨거나 기계로 생산한 장식을
   사용하는 것이다.

광범위하게 말하면, 건축의 고귀함은 정확히 이 모든 거짓된 편법을 얼마나 피해갔느냐에 따라 결정된다. 그럼에도 불구하고 편법에는 정도가 있다. 아주 빈번하게 사용된다거나 또는 다른 이유로 사기성을 잃어버렸기에 허용할 수 있는 경우가 있다. 예를 들면 도금과 같은 것인데, 건축에서 도금은 사기가 아니다. 왜냐면 도금은 건축에서 금으로 이해되지 않기 때문이다. 반면 귀금속에선 금으로 이해되기 때문에 사기이며, 그래서 비난받아 마땅하다. 또한 규칙을 엄격히 적용할 때 정당한 많은 예외들이 있고, 그 허용여부를 결정하는 일은 미묘한 양심의 문제를 건드린다. 그것을 가능한 간단히 훑어보자.

7. 1) 구조적 사기.[3] 나는 이를 진실과는 거리가 있는 지지 방식을 의도적이고 계획적으로 제안하는 것이라 규정하겠다. 건축가가 구조를 보여줄 *의무*는 없으며, 그것을 감춘다고 해서 그를 비난해서도 안 된다. 인간의 뼈대 밖에 있는 피부가 해골을 감춘다고 해서 우리가 그것을 유감으로 생각하지 않듯이 말이다. 그럼에도 불구하고 동물의 형태에서 보듯, 무관심한 관찰자에게는 뼈대가 보이지 않을 수 있지만, 지적인 눈에는 그 구조의 위대한 신비가 발견된다. 그리고 그런 건물은 대체로 매우 고귀하다. 고딕의 궁륭 천장에서 하중은 늑골rib을 따라 흐르며, 그것들을 매개하는 면은 그저 껍데기에 불과하다는 데 속임수는 없다. 그와 같은 구조는 지적인 관찰자라면 그 지붕을 처음 보는 순간 예측할 것이다. 그리고 그 늑골들이 만들어내는 나무

---

3 눈과 마음을 속이는 *심미적* 사기가 이 장에서 생각하고자 하는 모든 것이다. 실제의 속임수가 아니다. 1장 주석 13번을 참고하라.

줄기 같은 아름다움은 그 줄기가 주요 하중이 흐르는 선을 암시하고 강조할 때 한층 더해질 것이다. 그러나 늑골들을 매개하는 껍데기를 돌 대신 나무로 만들어 자투리처럼 보이도록 도색한다면, 이는 노골적인 사기로서 결코 용서받지 못할 것이다.

    그러나 고딕 건축에는 부득이하게 속임수를 써야만 하는 경우도 있다. 그것은 지지점이 아니라 지지방식과 관련이 있다. 기둥과 늑골은 나무의 몸통과 가지의 관계와 외적으로 유사성을 갖는다. 그 유사성이 관객으로 하여금 내적인 구조도 그럴 것이라고 믿고 판단하게끔 하지만, 이는 아주 바보 같은 억측일 뿐이다.

    말하자면 뿌리에서부터 사지로 뻗어가는 섬유조직의 지속적인 힘의 흐름과 *위*로 전달되는 탄성이 가지가 갈라져 나가는 부분을 지지하기에 충분하다고 믿는 것이다. 하지만 실제 상태, 즉 지붕의 거대한 무게가 서로 연결된 가는 선 — 이는 부분적으로는 누르고 부분적으로는 분리되면서 밖으로 밀어내는 성질이다 — 위에 얹혀 있다는 개념을 인지하기는 어렵다. 기둥들이 그 무게에 비해 너무 호리호리해서 아무 도움도 되지 않을 것처럼 보이는데, 보베 성당Beauvais의 앱스apse나 비슷한 다른 웅장한 고딕 건물처럼 밖에 있는 플라잉 버트레스flying buttress에 의해 지지되고 있을 때 더욱 그렇다. 여기 양심에 대한 좋은 질문이 있다. 그 대상의 진정한 본성을 알려줬음에도 불구하고, 실수이건 아니건 우리가 그것을 정반대로 이해하고 감동하는 것은 분명 정지하지 못해서가 아니다. 오히려 상상력에 대한 정낭한 호소며, 이를 고려하지 않고 양심의 문제를 해결하기는 어렵다. 예를 들어 구름을 바라보며 느끼는 행복은 그것이 주는 거대하고 밝고 따뜻한 인상과 산과 같은 표면 덕분이다. 그와 더불어 하늘을 보는 즐거움은 종종 그것을 파란 궁륭으로 생각하는 데서 비롯된다. 그러나 반대로 두 경우에서 우리가 알고 있는 사실을 선택한다면, 구름은 증기로 된 안개 또는 떠도는 눈송이고, 하늘은 빛이 없는 구렁텅이라고 쉽게 단정할 것이다. 그러므로 억누를 수 없는 그 인상은 많은 기쁨을 주며 동시에 정직하지 못하다고 할 수 없다. 마찬가지로 우리가 돌과 그 이음새를 보면서 건물 어디서도 지지점에 관해 기만당하지 않았다면, 우리가 그 기둥에 섬유조직이 있고 가지엔 생명력이 있다고 느끼더라도, 그 솜씨 좋은 인공물을 유감스럽게 생각하기보다는 오히려 칭찬해야 할 것이다. 기둥들이 똑똑히 자신의 의무를 다하는 한, 외부 버트레스의 지지를 받는다는 것을 숨기는 것조차 비난받을 일이 아니다. 지붕의 무게는 일반적으로 보는 이들이 전혀 괘념치 않는 주변상황이라서 그에 대한 단서를 주더라도 관객은 결과적으로 그 필요성이나 적용을 이해하지 못하기 때문이다. 그러므로 부득이하게 짊어진 무게를 이해하지 못할 때, 지지방법을 감추고 실제 상상할 수 있는 무게만큼만 인지하게 놔두는 것은 사기가 아니다. 인간이나 다른 생명체가 자신들도 인지하지 못하는 기능들에 대해 역학적인 단서를 제공하지 않듯이, 기둥이 실제로 지지하리라고 상상되는 그 이상의 하중에 대한 구조체계를 드러내지 않는 것은 그래서 양심의 문제가 아니다.

　그러나 하중의 상태가 이해되는 순간에는 건축적 진실과 개인적 느낌 둘 모두의 측면에서 지지의 상태를 이해할 수 있어야 한다. 취향으로 판단하건 양심으로 판단하건, 허세를 부리며 겉과 속이 다른 지지 상태를 보여주는 것보다 나쁜 것은 없다. 공중에 떠있는 것처럼 보이기 또는 그런 류의 속임수나 허영이다.[4]

4　네 줄이 여기서 빠졌다. 호프Hope 씨가 성소피아 성당St. Sopia에 대해서 맹렬히 비난한 부분이다. 나는 성소피아 성당을 본 적이 없기 때문에 그에 대해 이러쿵저러쿵 할 처지가 아니다. 그리고 캠브리지의 킹스 칼리지 예배당King's College Chapel에 대해 내가 비난했던 부분이 빠졌는데, 당시엔 그 실수들 덕분에 생겨난 매력들과 그 양식에 있는 그 밖의 다른 우수성들을 고려하지 않았다.

8. 구조를 거짓되게 감추는 것과 거짓되게 가장하는 것은 한통속이지만, 후자가 훨씬 더 비난받을 일이다. 거짓된 가장은 하는 일이 있는 체하지만 사실은 아무 일도 하지 않는 부재部材를 도입하는 것이다. 가장 일반적인 경우가 후기 고딕에서 나타나는 플라잉 버트레스다. 이 부재는 이 기주基柱, pier에서 저 기주로 하중을 나르는 용도로, 건물의 계획상 구조체가 나뉘는 것이 불가피하거나 바람직할 때 사용한다. 이러한 방식이 가장 빈번하게 필요한 경우는 네이브nave나 성가대석의 벽, 그리고 그 벽을 지탱하는 기주 사이에 채플chapel이나 아일aisle이 다양하게 배치될 때다. 자연스럽고 튼튼하고 아름다운 플라잉 버트레스는 비스듬히 기울어진 석재보인데, 아치와 스팬드럴로 떨어져 있는 외부 기주에 하중을 날라 그 무게가 기주의 수직선을 따라 아래로 내려가게 한다. 이 외부 기주는 물론 독립된 사각형이라기보다는 벽의 일부로서 지지하는 벽과 직각으로 만난다. 그리고 필요하다면, 기주에 좀 더 무게를 싣기 위해 피너클로 왕관을 얹는다. 이러한 배열은 보베의 성가대석에서 훌륭하게 실행되었다. 후기 고딕에서 피너클은 점차 장식적인 부재가 되었고, 모든 곳에서 단지 아름다움을 더하기 위한 용도로 사용되었다. 나는 이에 반대하지 않는다. 탑의 아름다움을 위해 피너클을 얹는 것은 정당하고 당연하다. 그러나 *버트레스가* 장식적 부재가 되었다는 것, 첫째로 필요치 않는 곳에 사용되었고, 둘째로 사용될 수 없는 형태로, 다시 말해 벽과 기둥을 연결하는 것이 아니라 단지 벽과 장식 피너클을 묶어주는 끈으로 추력推力, thrust — 있기나 하다면 — 에 저항할 수 없는 지점에 붙여놓았다. 이러한 야만성 중에서 내가 기억하는 가장 파렴치한 경우는 (유달리 네덜란드의 첨탑에 그런 예가 많지만) 루앙에 있는 생투앙 성당St. Ouen의 채광탑lantern 역주21이다. 거기에는 S자형 아치모양의 버트레스가 추력을 견디기에 충분하다는 듯, 버드나무의 어린 가지처럼 사방을 두리번거리고 있다. 또한 피너클은 거대하고 화려하게

장식되어 분명 하는 일이 없는데도 빈둥거리는 네 명의 하인들처럼 그 교차부탑 주위를 에워싸고 있다. 마치 교차부탑은 텅 빈 왕관이고, 그래서 바구니가 하는 역할 이상의 지지는 필요치 않다는 것을 알리는 전령처럼 보인다. 사실 나는 이 채광탑에 후하게 칭찬을 베푸는 것보다 더 이상하고 어리석은 짓을 알지 못한다. 이는 유럽 고딕에서 가장 미천한 것에 속하고, 그 플랑부아양 트레이서리는 최후이자 최대의 타락한 형태다.[5] 전체적인 설계도 장식과 닮은꼴이어서, 공들여 만든 케이크 위에 설탕 장식을 얹은 정도라 할 수 있겠다. 초기 고딕의 웅장하고 명징한 구조는 거의 찾아볼 수가 없다. 초기 고딕은 시간이 지나도 점점 야위거나 골격을 깎아내는 법이 없었다. 물론 그 골격의 선들이 진정 몸체의 구조를 따라갈 때면, 실제 나뭇잎이 말라서 잎의 섬유조직만 남은 것 같은 착각을 불러일으키기도 하지만, 대개는 야위면 야윌수록 왜곡되어 그저 옛것을 흉내 낸 병든 유령처럼 보인다. 그것은 무장을 하고 다시 살아난 그리스 영웅의 유령과도 같이 진정한 건축으로 행세한다. 심지어 가는 실을 스쳐가는 스산한 바람소리를 고대 건축물의 벽에 부딪치는 웅장한 메아리와 비교하기도 하는데, 이는 유령의 흐느낌을 우렁찬 남자의 목소리로 착각하는 것과 같다.

9. 오늘날 우리가 저항해야 할 이런 종류의 퇴폐가 아마도 가장 많이 생산될 비옥한 텃밭이 있는데, 그럼에도 그 "미심쩍은 모습" 때문에 적절한 법칙과 한계를 결정하기가 쉽지 않은 분야가 있다. 바로 철의 사용이다. 1장에서 건축예술을 정의할 때 재료는 거론하지 않았다. 하지만 건축예술은 현 세기의 초반까지 대부분 점토, 돌, 나무로 수행되었기 때문에 비례의 감각과 구성의 법칙은 그 재료들의 사용에

---

[5] 부록 2를 참고하라.

서 나온 필연적 결과에 기초한다. 비례의 감각은 절대적으로, 구성의 법칙은 대부분이 그렇다. 그러므로 철골구조를 전체적으로 또는 주되게 사용하려면 처음의 법칙들을 버린다고 생각해야 한다. 추상적으로는 철이 나무처럼 사용되지 말아야 할 이유가 드러나지 않는다. 그리고 아마도 멀지 않은 시기에 오로지 철골구조와 연관된 새로운 건축 법칙의 체계가 발전할 것이다. 그럼에도 나는 현재의[6] 모든 공감과 협력의 방향은 비—철골 작업에 관한 건축 개념에 집중되어야 한다고 생각한다. 거기에는 이유가 있다. 예술에서 첫째로 필요한 것이 재료이듯이 건축을 완성하기 위해 철을 사용하려면 가장 먼저 선행되어야 하는 것은, 아무리 야만적인 나라라 하더라도 철을 획득하거나 관리하는 데 필요한 과학을 보유하는 것이다. 그리고 일단 재료로 사용될 수 있는 첫 번째 조건과 법칙은 지구 표면에서 필요한 만큼의 양을 얻을 수 있는가이다. 즉 그와 같은 재료는 점토, 나무, 돌이라 할 수 있다. 건축의 본질적인 특징을 결정하는 것 중 하나가 역사적인 재료의 사용이라는 점에 대해 일반적으로 동의할 것이다. 그리고 양식의 지속성은 일정 부분 역사적 재료에 의존하기 때문에 과학이 진보한 시대에도 가급적 지난 시대의 재료와 원칙을 유지하는 것이 바람직하리라 생각한다.

10. 그러나 나의 생각을 인정하든 안 하든, 우리가 현재에도 늘 행하고 판단하는 크기, 비례, 장식, 구조에 관한 모든 생각들은 ㄱ와 같은 새료틀을 상정하고 이루어진다는 사실이다. 나 또한 이러한 선입견의 영향력을 피해갈 수 없다고 느끼며, 독자들도 그러리라고 믿는

---

6   "현재의present" 는 내가 이 글을 썼던 날을 말한다. 빠르게 성장하리라 예언했지만, 아무튼 당시는 철의 감각과는 거리가 먼 시대였다. 그날 이후 명랑했던 영국인은 용접용 철가면을 쓴 인간으로 변했다.

다. 때문에 철을 구조의 재료로 받아들이는 진정한 건축은 없으며, 그래서 루앙 대성당의 주물로 뜬 교차부탑이나 우리네 철도역과 몇몇 교회들의 철골 지붕 또는 기둥과 같은 작품은 결코 건축이 아니라고 말해도 될 것이다. 그러나 철이 어느 정도까지는 구조에 속할 수 있고 때로 속해야만 한다는 것은 분명하다. 예를 들어 목재 건축에서 못을 박는 것이 적법하다면 돌에 리벳이나 납땜을 하는 것 또한 적법하고, 그래서 고딕 건축에서 입상, 피너클, 트레이서리를 철물로 지지하는 것을 부정할 수도 없다. 우리가 이를 인정한다면, 피렌체의 돔 지붕에 쇠사슬을 감은 브루넬레스키Filippo Brunelleschi 역주22나, 교차부탑을 정교한 철물로 연결한 솔즈베리 성당Salisbury Cathedral의 장인을 어떻게 용서하지 않을 수 있겠는가. 그러나 우리가 곡식더미의 낟알 하나를 가지고 떠드는 구태의연한 궤변에 빠지지 않으려면 어디선가는 선을 그을 수 있는 규칙을 발견해야 한다. 내 생각에 그 규칙이란 금속은 결물cement로는 쓰일 수 있을지언정 구조물support로는 쓰일 수 없다는 것이다. 다른 종류의 결물인 시멘트의 접착력은 돌을 분리하기보다 깨는 것이 더 쉬울 만큼 강해서, 벽이 건축의 성질을 잃어버리지 않고 견고한 매스mass 역주23가 되게 한다. 그러므로 어떤 나라가 철공에 대한 지식과 시공능력을 획득하고 예전에 성립된 건축의 유형과 체계에서 이탈하지 않았음에도, 시멘트만한 혹은 그보다 더 강한 접착력이 없기 때문에 금속 로드나 리벳을 대신 사용하면 안 된다는 것은 정당한 이유라 할 수 없다. 또한 평철이나 쇠막대가 벽체 안에 사용되든 밖에 사용되든, 혹은 철망이나 철대가 사용되든 보기 좋고 나쁨 외에는 아무런 차이가 없다. 사용 목적이 단지 시멘트의 힘을 대신하는 것이 확실하다면 말이다. 예를 들어 평철로 피너클이나 중간 문설주mullion를 지지하거나 연결하듯이, 철물만이 횡력으로 돌이 분리되는 것을 막아준다는 것은 명백하다. 이

아포리즘 10

철의 올바른 구조적 사용.

역할을 하기엔 시멘트가 충분히 강하지 못하기 때문이다. 그러나 철물이 아주 미미하게라도 돌의 자리를 대신하여 위에서 누르는 무게를 받으며 하중을 견디는 순간, 혹은 자신의 무게로 균형추의 역할을 하거나 추력에 저항하는 피너클이나 버트레스를 대신하고 막대나 들보의 형태로 목재보가 했던 역할을 한다면, 곧 그 건물은 금속이 적용된 범위만큼 진정한 건축이라 할 수 없을 것이다.[7]

11. 이 한계가 결정된 최종적인 것이라 할지라도, 우리가 그 허용범위의 최대 한계에 접근할 때는 여러모로 신중을 기하는 것이 좋다. 금속이 한계 내에서 사용되어 건축의 존재와 본성을 파괴하지 않는다 생각되더라도 너무 사치스럽고 빈번하게 쓰인다면 작품의 품위뿐 아니라 (특히 지금 우리가 생각하는 지점인) 정직성 또한 손상시킬 것이다. 사용된 시멘트의 양과 강도에 관해서 아는 바가 없는 사람일지라도 일반적으로 건물의 돌은 분리될 수 있는 것으로 인식하기 때문이다. 그래서 건축가의 능력에 대한 관객의 평가는 대부분 이 상태와 그에 따르는 어려움에 대해 상상하는 정도다. 따라서 돌과 모르타르를 그저 있는 그대로 사용하고 그 무게와 강도에 가능한 만큼만 행하는 것, 그리하여 오히려 때로는 우아함을 버리고 허약함을 고백하는 것이 정직하지 못한 방법으로 우아함을 얻고 허약함을 감추는 것보다 늘 더 명예로운 일이며, 그 건축양식 또한 더 당당하고 과학

---

7   다시 "건축"이라는 단어가 완전한 원리ἀρχή를 내포하면서, 재료 위에 군림하는 권위로 사용되었다. 어떤 장인도 크리스털 같은 철골구조라고 해서 자유자재로 변화를 주거나 부식의 방식을 마음대로 결정할 수는 없다. 아폴로 신전의 신탁에 따르면 철의 정의定義는 "대재앙 중의 대재앙"(모루 위의 쇳덩이처럼)인데, 최근 이를 입증했다. 뱅가드 철선鐵船과 런던 철선이 가라앉고 울위치 부두Woolwich Pier가 산산조각 나는 — 내가 이 주석을 쓰기 이틀 전에 일어났다 — "철의 대혼란"은 이와 관련해서 매우 주목할 만한 사실이다. 부록 3을 보라.

적인 모습으로 다가오게 된다.

그럼에도 불구하고 상당부분 매우 훌륭하고 완벽한 건물에도 미세하고 취약한 부분이 있기 마련인데, 그곳에 금속을 사용하는 것은 그래야만 하는 바람직한 일이다. 건물의 완성도와 안정성 둘 모두가 일정 부분 금속의 사용에 달린 곳이라면, 그 사용을 비난하지 말도록 하자. 그러나 좋은 모르타르와 좋은 석공으로 가능한 것들이 그만큼 이루어졌을 때다. 또한 철의 도움이 필요하다는 것을 확신하더라도 날림으로 하는 작업은 인정할 수 없다. 철을 허용하는 것은 포도주를 허락하는 것과 같은 이치이기 때문이다. 어떤 이가 포도주를 마시는 것은 자신의 병약함을 치유하기 위해서지 거기서 영양분을 얻기 위해서가 아닐 것이다.

12. 이런 자유가 남용되지 않기 위해서는 돌의 이음과 맞춤이 유익하게 응용될 수 있는 다양한 방법들을 고려하는 것이 좋을 것이다. 모르타르를 강화하는 기술이 필요하다면 그것은 분명 금속을 사용하기에 앞서 다뤄져야 한다. 그래야 더 안전하면서 더 정직하기 때문이다. 나는 건축가가 좋아하는 형태로 돌을 맞출 때 누군가 그에 반대하는 것을 보지 못했다. 중국 퍼즐처럼 화려하게 건물을 짜 맞추는 태도는 바람직하지 않겠지만, 어렵더라도 가능한 최대치를 항상 확인할 필요는 있다. 또한 늘 밖으로 드러날 필요는 없더라도 관객이 그 구조를 타당한 지지방법으로 이해할 수 있어야 하며, 중요한 석재들을 도저히 지탱될 수 없을 것 같은 장소에 놓아서도 안 된다. 여기저기 중요하지 않은 모습으로 나타나는 수수께끼 같은 석공이 가끔은 눈길을 끌고 흥미를 유발시키며, 동시에 건축가에게도 일종의 마술 같은 힘을 불어넣는 아주 유쾌한 감각을 줄지라도 말이다. 프라토 대성당Duomo di Prato 옆문의 상인방에는 예쁜 돌이 있다(도판 4의 그림 4). 대리석과 사문석이 교대로 나타나면서 돌들이 떨어져 있는

것처럼 보이는데, 아래에서 보이는 십자형 세공을 보기 전까지는 이해되지 않을 것이다. 각각의 석재는 물론 그림 5와 같다.

아포리즘 11

신법의 불가침성은 필요가 아니라 의무다.

13. 구조적 속임수에 대한 주제를 마치기 전에, 마지막으로 자신의 재료와 예술을 제한하는 내가 쓸데없고 옹졸하다고 생각하는 건축가가 있을 듯하다. 그에게 상기시키고 싶은 것은 그의 재료와 예술이 보여주는 최고의 위대성과 지혜는 스스로 인정한 규제에 복종하는 위대함이고, 그 규제에 사려 깊게 대비하는 지혜라는 것이다. 중심이자 본보기로서 모든 것을 아우르는 최고 권력의 지배를 받는 것보다 더 확실한 것은 없다. 신의 지혜는 우리가 스스로 만든 어려움과 만나고 씨름할 때만 우리에게 보이고, 보일 수 있다. 그래서 그 어려움은 *이러한 투쟁을 위해* 신이 전지전능한 능력으로 허락하신 것이다. 그리고 이 어려움은 자연의 법칙과 규정의 형태로 출현한다. 눈앞의 이익을 위해 이 법칙과 규정을 매번 수도 없이 어겼을 수도 있다. 그러나 아무리 값비싼 구성과 응용이라도 주어진 목적을 성취하기 위해 준수해야 한다면 어길 수가 없다. 현재 우리의 주제에 가장 적절한 예는 동물 뼈대의 구조다. 왜 고등동물의 신체는 *적충류의* 신체처럼 자갈 같이 단단한 뼈를 아예 없애버리지 않고 대신 인산석회나 탄소를 뽑아냄으로써 금강석같이 단단한 뼈를 만들도록 설정되었는지, 내가 아는 한 이유는 없다. 다이아몬드로 만들어졌을 것 같은 코끼리나 코뿔소의 뼈를 메뚜기처럼 날렵하고 가볍게 만들 수도 있었을 테고, 땅 위를 걸어 다니는 동물이 아닌 다른 동물을 더 장대하게 만들 수도 있지 않았겠는가. 어쩌면 다른 세상에 그런 창조물이, 헤아릴 수 없이 많은 요소가 들어간 창조물이 있을지도 모른다. 그러나 *여기 있는 동물의 건축은 자갈건축도 금강석건축도 아닌, 대리석건축이라고* 신이 지명하였다. 이 위대한 제한 아래서 가능한 최대 강도와 크기를 얻기 위

해 온갖 방책이 동원된다. 어룡의 턱에 못과 리벳이 박히고, 거인의 다리는 1피트 두께이며, 괴물의 두개골은 2개다. 그런데 우리는 우리의 지혜로 주저 없이 도마뱀에게 강철 턱을, 괴물에게는 주물의 머리를 주면서, 모든 창조물이 그 증인으로서 입증하는 질서와 체계는 개인의 힘보다 고귀한 것이라는 위대한 원칙을 잊고 있는지도 모른다. 그러나 이상하게 보일 수도 있지만 신은 그 자신을 통해 우리에게 완전한 위엄뿐 아니라 완전한 복종 또한 보여준다. 신 자신의 법칙에 대한 복종이다. 신의 피조물 중 가장 거대한 것들이 엉기적거리며 기어 다니는 것을 볼 때 우리는 바로 신성의 본질인, 인간이라는 피조물의 직립성을 떠올리게 된다. "손해를 보더라도 맹세를 지키는 자이다."역주24

14. 2) 표면의 속임수. 이는 실제로 존재하지 않는 재료를 상상하게끔 하는 것으로 정의될 수 있다. 통상적으로 나무를 그리거나 대리석을 재현하는 것, 혹은 그림 장식을 부조처럼 보이게 하는 것 등이다. 그러나 우리가 주지해야 할 것은 거기서 악덕이란 그 속임수가 확실히 의도적일 때이며, 또한 속임수인지 아닌지를 결정하는 것은 상당히 섬세한 문제라는 것이다.

예를 들어 밀라노 대성당Duomo di Milano의 천장은 표면상 정교하게 만든 부채꼴의 트레이서리 같아 보이지만 충분히 그런 생각이 들도록 하는 그림일 뿐이며, 그래서 부주의한 관찰자를 속이기 위해 어둡고 먼 위치에 두었다. 이는 말할 것도 없이 엄청난 타락으로서, 건물의 나머지 품위마저 망가뜨린다. 이것이 바로 비난받아 마땅한 가장 강력한 조건이다.

반면 시스티나 예배당Cappella Sistina의 천장은 프레스코의 인물들과 그리자유grisaille 역주25를 혼합한 건축디자인으로 품위를 더하는 효과를 보여준다.

이를 구분하게 해주는 특징은 무엇인가?

주로 두 가지 점에서 그렇다. 첫째는 건축이 인물화와 긴밀하게 협력하여, 건축의 형태와 그림자 안에서 장중한 화음을 이루며 일순간 하나가 되는 것이다. 형상이 반드시 그려져야 하며 건축이 그 점을 충분히 인지하고 있을 때이다. 그래서 이는 속임수가 아니다.

둘째로, 미켈란젤로Michelangelo 같은 위대한 화가는 그림의 사소한 부분에 이르면 사실처럼 보이게 하기 위해 필요하다고 알려져 있는 통속적인 표현을 항상 생략했다. 이상하게 들리겠지만, 그는 속임수를 쓸 만큼 형편없이 그린 적이 없었던 것이다.

아포리즘 12

위대한 그림은 결코 속이지 않는다. 이 아포리즘에 이 장 4절을 덧붙이고 비교하라.

그러나 옳고 그름을 정리하면 작품에 따라 정반대로 나타난다. 밀라노 성당의 지붕에서처럼 천박하거나 시스티나 예배당에서처럼 강렬하다. 그렇지만 위대하지도 천박하지도 않은 작품들이 있으며, 거기서 옳음의 경계를 정의하기란 매우 막연하고 그래서 이를 결정하기 위해서는 상당한 주의가 필요하다. 하지만 그 주의란 단지 우리가 제시했던 포괄적 원칙을 정확하게 적용하는 것이다. 즉 형태나 재료를 속임수로 재현해선 안 된다는 원칙이다.

15. 따라서 분명 그림은 그것이 그림임을 자인한다면 속임수가 아니다. 그림 속 재료는 조금도 자기주장을 하지 않는다. 나무에 그려지건 돌에 그려지건, 혹은 당연히 그리리라고 추정되는 석고에 그러시건 문제가 되지 않는다. 바탕재료가 무엇이건 좋은 그림은 그 재료를 더 귀하게 만든다. 그림 속에 바탕에 관한 정보가 주어져 있지 않다고 해서 그것이 우리를 속였다고 말할 수는 없다. 벽돌을 석고로 덮고, 그 석고를 프레스코로 덮는 것은 그래서 완벽하게 정당하다. 이는 위대한 시대에 끊임없이 시도됐던 바람직한 장식의 방법이다. 베로나와 베네치아는 지금 예전의 광채를 절반 이상 빼앗긴 듯이 보인

다. 이 광채는 대리석보다 그곳의 프레스코화에 훨씬 더 기대고 있었다. 이 경우 석고는 패널이나 캔버스 위의 석고바탕과 같은 것으로 생각할 수 있다. 그러나 벽돌을 시멘트로 덮고 그 시멘트를 돌처럼 보이도록 이음새로 나누는 것은 속임수이다. 그래서 앞의 경우가 고귀한 만큼 이것은 경멸 받아 마땅한 방식이다.

그림을 그리는 것이 정당하다면, 어떤 것을 그려도 정당한가? 그림임을 솔직하게 드러내는 한 — 그렇다. 그러나 아주 경미하게라도 그 감각을 잃어버리고, 그래서 그려진 것이 실재처럼 상상된다면 — 그렇지 않다. 몇 가지 경우를 들어보자. 피사의 캄포 산토Campo Santo에 있는 프레스코화는 평평하지만 상당히 우아한 문양의 테두리로 둘러싸여 있다. 어디서도 돋을새김을 시도하지 않았다. 평평한 표면이 확실하게 지켜지면서 사람 크기의 초상임에도 눈속임하려 들지 않는다. 거기서부터 예술가는 자유롭게 자신의 온 힘을 발휘하여 들판으로, 작은 숲으로, 사랑스런 자연의 심연으로 우리를 이끌고, 먼 하늘의 달콤한 청명함으로 우리를 위로한다. 그럼에도 건축 장식이라는 원래의 목적을 엄격하게 지키고 있다.

파르마의 산 로도비코 수도원에 있는 코레조의 방Camera di Correggio of San Lodovico 역주26에는 담쟁이넝쿨이 벽에 그늘을 드리우고 있는 벽화가 있는데 마치 진짜 같다. 그 넝쿨 사이 타원형 구멍으로 엿보고 있는 아이들의 무리는 따뜻한 색과 희미한 빛으로 처리되어, 뒤로 숨을지 튀어나올지를 매 순간 기대하게 만들 만큼 생생하다. 아이들의 우아한 몸가짐과 작품 전체에 흐르는 명백한 위대성은, 얼마간 이것이 그림이라는 것을 표시함으로써 기만의 혐의를 간신히 면하고 있다. 그럼에도 불구하고 이런 그림은 고귀하고 정당한 건축 장식으로 자리매김하기에는 절대적으로 부족하다.

코레조가 파르마 성당Duomo di Parma의 돔 지붕에 그린 성모승천은 우리를 강렬히 사로잡는다. 그는 약 30피트에 달하는 돔의 지름을 천사의 무리가 파도처럼 몰려오는 일곱 번째 천국으로 가는 구름 싸인 입구처럼 만들었다. 이것은 잘못된 것인가? 그렇지 않다. 그 주제가 단번에 속임수일 가능성을 차단했기 때문이다. 진짜 같은 퍼걸러pergola를 위해 덩굴을 그리고, 잊을 수 없는 장면을 만들기 위해 귀여운 아이들을 데려올 수도 있다. 하지만 우리는 멈춰 있는 구름과 움직이지 않는 천사들이 인간의 작품이라는 것을 안다. 화가가 그것에 모든 힘을 쏟아 붓도록 내버려 두자. 그리고 환영하자. 그가 우리를 홀릴 수는 있지만 속일 수는 없기 때문이다.

그래서 일상적인 모습을 그리는 예술과 마찬가지로 신성한 예술에도 그 규정을 적용할 수 있지만, 단순한 장식노동자보다 위대한 화가에게 더 많은 관용을 베풀어야 한다는 것을 늘 기억해야 한다. 위대한 화가는 속임수를 쓰더라도 그렇게 기막히게 우리를 속이지는 않을 것이기 때문이다. 코레조의 예에서 방금 보았듯이, 그가 더 형편없는 화가였더라면 완전히 실재처럼 보이게 그림을 그렸을 것이다. 그러나 방이나 빌라, 정원 장식 등에 적당히 허용할 수 있는 종류의 속임수들이 있다. 오솔길이나 아케이드의 소실점을 잡아 그린 풍경화라든지 하늘을 닮은 천장화 혹은 건물이 계속 위쪽으로 연장되는 것처럼 보이게 그린 벽화 등이다. 이런 것들은 때때로 빈둥거리기 좋은 공간에서 밝고 여유로운 느낌을 주기 때문에 단순한 장난으로 여겨지는 한 충분히 순수하다.

16. 재료의 잘못된 재현이나 모방에 대해 언급하면, 질문은 훨씬 단순해지고 법칙은 더 포괄적이 된다. 그런 모조품들은 완전히 저질로서 결코 용인될 수 없다. 이런 생각을 하면 정말 우울해진다. 런던에서만도 가게 정면을 대리석문양으로 덮는 데 시간과 비용이 엄청나게 낭비되고 있다. 단순한 허영심 때문에 그 누구도 신경 쓰지 않을 것에 우리의 자원을 낭비하는 것이다. 그것은 그저 고통스럽기만 할

뿐 그 어떤 시선도 끌지 못하며, 우리의 안락이나 청결에도, 심지어 상업예술의 중요한 목적인 — 특별히 눈에 띄는 일에도 전혀 도움이 되지 않는다. 그러니 더 상위의 개념인 건축에서 보자면 얼마나 비난받아야 할 일인가! 현시대의 작업들을 비난하기 위해 특별히 이 규정을 만든 것은 아니다. 그러나 나는 내가 영국박물관의 매우 우아한 진입부와 전체적인 모습에 대해 진심으로 감탄했다는 것을 고백하면서, 동시에 유감스러웠던 점을 이야기하고자 한다. 계단실의 우아한 화강석 바닥은 발을 디딜 때 어떤 모조품을 연상시켜 비웃음을 유발하는데, 꽤 성공적으로 만들어졌기 때문에 더욱 비난받아야 한다고 생각한다. 그것의 유일한 효과는 바닥에 있는 진짜 돌이나 후에 마주치게 될 모든 화강석 조각을 의심하게 만드는 것이다. 어떤 이는 그 후에는 멤논^{역주27}의 진실과 정직마저도 의심할 것이다. 하지만 이것이 아무리 그 주위를 둘러싸고 있는 고귀한 건축의 품위를 떨어뜨린다 할지라도, 이 정도는 우리 싸구려 현대 교회들을 참아내는 데 필요한 둔감한 감성에 비하면 그리 고통스러운 것도 아니다. 바로 제단 주위에 얼룩덜룩 칠한 골조와 박공벽을 세우고, 비슷한 방식으로 마치 좌석 위로 튀어나올 것 같은 해골과 기둥 캐리커처를 칠하는 장식가를 참아내는 일이다. 이는 단순히 나쁜 취향이 아니다. 허영과 어리석음의 그림자를 기도의 집까지 끌고 들어온, 간과하거나 용서할 수 없는 실수다. 교회의 가구에 요구되는 신실한 느낌의 첫 번째 조건은 단순하고 꾸밈이 없어야 한다는 것으로, 허식이 있어서도 번지르르해서도 안 된다. 우리 힘으로 그것을 아름답게 만들 수 없다면, 최소한 순수하게 내버려두자. 건축가에게 많은 것을 허락할 수 없다면, 가구수리공에겐 아무것도 허락해서는 안 된다. 단단한 돌과 나무를 보호하기 위해 도료를 칠한다면, 또 청결을 위해서 그렇게 하고 싶다면, (도료가 고귀한 사물의 옷처럼 사용되는 일이 너무 빈번하다 보니, 이제는 도료 자체가 고귀한 것으로 대접받는다) 그것은 정말로 지독히 불쾌한 나쁜 디자인이어야 한다. 나는 아주 단순하고 서툴게 지어진 시골 교회에서 신성함이 결여되어 있다거나, 진정 너무 추해서 견딜 수 없는 경우를 보지 못했다. 돌과 나무는 있는 그대로 투박하게 사용되고, 창들은 격자모양에 하얀 유리를 꼈을 뿐이다. 그러나 그 매끄러운 스투코 벽들, 환기통 장식이 들어간 평평한 지붕들, 황달에 걸린 듯한 누런 테두리의 줄무늬 창들, 칙칙한 색의 사각형 판유리들, 도금하거나 청동을 입힌 목재, 도장한 철물, 아주 형편없는 커튼과 쿠션과 의자머리와 제단의 난간들, 버밍햄 금속의 촛대들, 그리고 무엇보다 병든 것 같은 녹색과 노란색의 가짜 대리석은 — 모든 것을 위장하고, 모든 어리석음을 보여준다. 이런 것들을 좋아하는 사람은 대체 누구란 말인가? 누가 그것들을 옹호하는가? 누가 그것들을 만드는가? 그것들이 중요한 문제가 아니라고 생각하는 사람은 보았어도, *좋아한다*는 사람은 한 번도 본 적이 없다. (나를 비롯한 많은 사람들이 그런 것들은 신앙심을 쌓기 전에 선행되어야 하는 평온한 마음과 기분을 해치는 심각한 장애물이라 생각할지라도) 종교를 위해서는 별 문제가 아닐 수도 있다. 그러나 우리의 판단과 정서의 상태를 위해서는 중요한 문제다. 그렇다. 왜냐면 확실히 우리는 예배와 관련된 물건들이라면 그 형태가 어떻건, 애정이 없으면 관용의 마음으로라도 존중하기 때문이다. 따라서 매우 엄숙한 의례에 쓰이는 물건들을 아주 허식적이고 꼴사나운 유행으로 잔뜩 치장하는 것을 묵과한다면, 우리는 점점 다른 장식에 감추어진 위선을 간파히거나 조악함을 비난할 수 있는 능력 또한 잃어버리게 될 것이다.

17. 그러나 회화가 재료를 감추거나 모방할 수 있는 유일한 방법은 아니다. 우리가 살펴본 바와 같이, 단지 감춘다고 해서 잘못은 아니다. 예를 들어 도료로 칠하는 것은 애석하게도 종종(늘 그렇지는 않다) 감추기의 수단이 되기도 하지만, 그렇다고 가짜로 비난받을 일

은 아니다. 도색은 도색이라는 걸 말하되 그 아래에 무엇이 있는지는 알 수 없다. 도금 또한 빈번하게 사용되면서 똑같이 악의 없는 것으로 여겨지게 되었다. 그것은 단순히 하나의 막으로 이해되고, 그래서 어느 정도까지는 허용될 수 있다. 바람직한 방법이라고 말하지는 않았다. 도금은 우리가 뭔가를 화려하게 만들기 위해 사용하는 수단 가운데 가장 남용되는 것이기 때문이다. 그래서 나는 우리가 어떤 것을 자주 사용하게 되면 그에 대한 만족도도 자연히 떨어지게 되는 게 아닌가 생각한다. 다시 말해 우리가 도금을 자주 보게 되면 진짜 금을 봤을 때도 끊임없이 의심하게 될 것이며, 그래서 별 감흥을 느끼지 못할 것이다. 내 생각에 금이란 가끔 볼 수 있고, 값지다고 감탄하게 되는 것을 의미한다. 그래서 때로 반짝이는 모든 것은 금이고, 나아가 반짝이지 않는 것은 금이 아니라는 진실이 말 그대로 널리 퍼지기를 바라기도 했다. 그럼에도 반짝이는 본성은 유사품을 밀어내지 않으며, 빛을 활용하기 위해 그것을 필요로 한다. 이는 내가 옛 성화聖畵를 너무도 사랑하고 그 반짝이는 바탕과 찬란한 후광의 성인에게서 눈을 떼지 못하는 이유다. 다만 금은 항상 존중되어야 한다. 그것은 위엄이나 신성을 표현하는 데 사용되어야지, 사치스러운 허영이나 홍보용 그림에 사용해서는 안 된다. 그러나 여기가 그 방법이나 색에 관해 논할 자리는 아니다. 우리는 무엇이 적법한지 결정하려고 하는 중이지 무엇이 바람직한지 결정하려는 것은 아니다. 더군다나 표면을 가장하는 또 다른 방법이지만 별로 보편적이지 않은 방식, 예를 들면 청금석 안료가루나 채색한 돌로 모자이크를 모방하는 것에 대해서는 거의 말할 필요가 없다. 무엇이든 가장하는 것은 잘못된 것이라는 규정은 모든 것에 똑같이 적용된다. 또한 그 규정은 대체로 그런 방법이 지나치게 추하거나 완성도가 떨어질 때 더욱 강조된다. 예를 들어 베네치아의 집들을 절반 이상 망쳐버린 최근의 리노베이션 스타일을 들 수 있다. 벽돌을 일단 스투코stucco 역주28로 덮고 거기에 설화석고alabaster 역주29처럼 지그재그로 결을 그린 것이다. 그러나 건축적 허구의 형태가 하나 더 있다. 위대한 시대에 늘 있었던 것으로, 우리의 공정한 판단을 필요로 한다. 값비싼 돌을 벽돌 위에 붙이는 것이다.

아포리즘 13

(나중에 『베네치아의 돌』에서 상세히 다룬다.) 벽돌과 대리석이 만나는 것은 위대한 형태의 모자이크다. 그래서 완전히 허용될 수 있다.

18. 대리석으로 지어지는 교회는 거의 대부분 대리석판을 거친 벽돌 위에 고정시키는 것으로, 덩어리 돌로 보이지만 밖에 걸린 판재 이상은 아니라고 예상할 것이라는 전제 하에 작업한다. 이 경우 정당성의 문제는 확실히 도금의 문제와 같은 지평에 있다. 대리석 면을 대리석 벽인 것처럼 보이도록 조작하지 않는다는 것이 분명히 이해된다면 해가 될 것이 없다. 마찬가지로 벽옥이나 사문석과 같은 매우 비싼 돌을 사용할 때 터무니없고 무익한 비용의 증가도 증가려니와, 그 건물을 지을 만큼의 돌을 구하기가 실제로 불가능하다는 것이 확실하다면 판재로 붙이는 것 외에는 다른 방법이 없다. 또한 그러한 작업은 여타의 석공만큼이나 완벽한 상태로 오랫동안 존속된다는 것이 경험에 의해 입증되었기 때문에 내구성을 들먹이며 이에 반대하는 주장도 없다. 그러므로 이것은 넓게 보아 벽돌이나 다른 재료가 바탕이 되는 하나의 모자이크 예술로 생각되어야 한다. 그래서 특별히 아름다운 돌을 얻었을 때 더 잘 생각하고 실행해야 하는 방법이기도 하다. 하지만 기둥이 순전한 돌덩어리로 있을 때 우리가 그것을 더 높이 평가하고, 완벽한 순도를 지닌 금, 은, 마노, 상아 등을 보며 그 물질과 비용의 손실을 애석하게 여기지 않듯이, 벽 전체가 아주 귀한 물질로 이루어져 있다면 좀 더 만족스럽게 여겨지리라 생각한다. 그리고 우리가 지금까지 이야기했던 두 가지 원칙 — 희생과 진실 — 에 대한 요구를 정확히 이해한다면, 작업의 보이지 않는 가치와 일관성을 감소시키기 보

다는 오히려 외부의 장식을 절약하는 것이 때로는 옳을 것이다. 그리고 장식이 다소 부족하다면 벽의 순수성을 의식하여 더 좋은 디자인 방법과 더 신중하고 공들인 장식이 나올 것이라고 나는 믿는다. 또한 우리가 지금까지 모든 지점에서의 허용의 한계를 추적하는 동안, 허용을 거부하는 정직의 한계 역시 고정하지 않았다는 것을 기억해야 한다. 요컨대 외부에 색을 사용했을 때 꾸밈이 없고 아주 아름답다면 그것은 진실한 것이다. 또한 풍부함이 필요하다고 판단된다면 어떤 표면이 됐건 그림이나 문양을 넣는 것도 정당하다. 그러나 이러한 관행들이 본질적으로 건축적이지 않다는 것 또한 진실이다. 그 관행들이 가장 고귀했던 예술의 시대에 항상 그리고 매우 후하게 사용된 것을 보면, 과도한 장식의 사용도 위험하다고 말할 순 없지만 그래도 여전히 두 가지 부류의 작품으로 나뉜다. 내구성이 좋은 것과 좋지 않은 것이다. 내구성이 좋지 않은 것은 시간이 흐르면서 떨어지고 벗겨지는데, 그 자체에 고귀한 성질을 내포하지 않는 한 그렇게 벗겨진 채로 내버려둔다. 그래서 나는 영구적인 고귀함을 진정 건축적인 것이라 여긴다. 그리고 이것이 확보될 때까지는 당장의 기쁨을 위해서 회화의 장신구적 힘을 요청할 수 없다. 내가 생각하기에 그것은 지속성이 있는 재원이 모두 고갈되어야 비로소 가능한 일이다. 진정한 건축의 색은 자연석의 색이며, 나는 이 장점을 마음껏 활용한 작품을 보고 싶다. 아주 다양한 색조들, 오렌지색, 빨간색, 갈색을 넘어, 개나리색에서 보라색까지, 모든 색을 우리 마음대로 고를 수 있다. 거의 모든 종류의 초록색과 회색도 얻을 수 있다. 이와 더불어 순수한 하얀색이 있다면 우리가 얻지 못할 조화가 무엇이겠는가? 잡색이나 다색의 돌 또한 무한히 많으며 그 종류도 셀 수 없을 정도다. 좀 더 밝은 색들이 요구되는 곳에는 유리나 유리로 덮은 금을 모자이크로 사용하자. 이런 작품은 단단한 돌만큼이나 내구성이 있으며

아포리즘 14

건축에 합당한 색은 자연석의 색들이다.

시간이 지나도 그 빛을 잃지 않는다. 그리고 화가의 작품은 그늘진 로지아나 방에 걸도록 하자. 이것이 진실하고 신뢰할 수 있는 건물을 만드는 방법이다. 외벽의 색채 디자인은 이렇게 할 수 없는 건물에서만 부끄럽지 않은 정당성을 얻을 수 있다. 그러나 이러한 보조수단이 시간이 지나 퇴색하면, 돌고래가 죽음을 맞이하듯 그 건물은 생명을 다한 것으로 판명 나는 날이 올 것이라는 경고도 잊지 말아야 한다. 조금 덜 빛날지라도, 더 오래가는 구조가 낫다. 산미니아토 성당Basilica di San Miniato al Monte의 투명한 설화석고와 산마르코 성당Basilica di San Marco의 모자이크는 아침저녁 햇살이 비출 때마다 더 따뜻하게 채워지고 더 밝게 빛난다. 반면 우리네 성당들의 색채는 구름에 가린 무지개같이 시들하고, 언젠가 그리스의 벼랑 끝에서 하늘색과 보라색으로 타오르던 신전들은 지금 하얗게 색이 바래 창백한 모습으로 서 있다. 저녁놀이 떠나버린 차가운 눈처럼.

19. 우리가 기억해야 할 마지막 기만의 행위 역시 비난받아 마땅한 것이다. 손으로 하던 일을 주형이나 기계로 대신하는 것인데, 일반적으로 생산의 사기라 표현할 수 있다.

이러한 행위에 반대하는 이유는 두 가지로서 모두 중대하다. 하나는 주형과 기계로 하는 일은 죄다 작업의 질이 나쁘다는 것이고, 다른 하나는 정직하지 못하다는 것이다. 작업의 질이 나쁘다는 것에 대해서는 다른 곳에서 언급할 것이지만, 손으로 할 수 없는 일일 때 이 이유를 들먹여 반대하는 것은 물론 타당하지 않다. 하지만 내 생각에 정직하지 못하다는 것은 중대한 사안이며 절대 무조건적으로 그 일을 거부하기에 충분한 이유라고 본다.

내가 예전에 관찰한 바에 따르면, 만족스러운 장식이 되는 데는 두 가지 이유가 있다. 하나는 형태가 갖는 추상적인 아름다움으로, 우리는 손으로 만든 것이건 기계로 만든 것이건 똑같이 아름답다고 생각한다. 다른 하나는 인간의 노동과 신경이 소비되었다는 점이다. 이 후자의 영향이 얼마나 막중한지는 아마도, 폐허의 틈에서 자라는 잡초를 생각하면 판단할 수 있을 것이다.[8] 그 아름다움은 모든 점에서 아주 정교한 돌조각의 아름다움과 *거의* 같거나 때론 비교할 수 없을 정도로 우월하다. 그래서 세공에 대한 우리의 애정은 그것이 — 풍부함으로 치자면 그 옆에 있는 풀 더미의 10분의 1에도 못 미치고, 정교함은 1000분의 1에도 못 미치며, 감탄스러움은 100만분의 1도 안 되지만 — 모두 가난하고, 부족하고, 삶에 지친 인간의 노동이라는 것을 자각하는 데서 비롯된다. 그에 대한 진정한 환희는 우리가 그 안에서 생각과 의지, 시행착오와 절망, 그리고 재발견과 성공의 기쁨에 대한 기록을 발견할 때다. 이 모든 것이 경험자의 눈에는 보일 수가 있다. 그러나 애매하고 확실하게 나타나지 않는 경우에도 추정할 수 있고 이해할 수 있다. 우리가 값진 것이라고 말하는 것들의 가치와 마찬가지로 사물의 가치[9]는 거기에 들인 노동에 있다. 다이아몬드의 가치는 그것을 발견하기 위해 찾아 헤맨 시간을 이해하는 것이고, 장식의 가치는 그것을 만들기까지 걸렸던 시간에 근거한다. 이외에도 다이아몬드에 없는 본질적 가치가 있다. (다이아몬드에는 실제 유리 한 조각 이상의 아름다움은 없다). 그러나 나는 지금 그것에 대해 말하지 않겠다. 나는 둘을 같은 지평에 놓을 것이다. 일반적으로 손으로 만든 장식이 기계장식과 구별될 수 없듯이, 다이아몬드도 인조유

---

8   나는 도판 2의 관련 자료를 찾지 못했다. 이것은 생로 성당Saint Lô을 연필로 스케치한 것이다. (원본그림은 지금 미국에 있을 것이라 생각하는데, 나의 소중한 친구 찰스 엘리엇 노턴Charles Eliot Norton의 것이다.) 이 그림은 자연의 잡초가 꽃이나 잎 장식보다 더 아름답다는 것을, 그리고 그 둘의 부드러운 조화를 보여주려 했다. 이 도판에 대해서는 5장 18절에서 더 자세히 설명할 것이다.
9   여기서 가치란 물론 보통 경제학자들이 말하는 "생산비용"의 의미다. 이와 구별되는 본질적 가치는 다음 문장에 나온다.

리와 구별될 수 없다. 기계장식과 인조유리는 한순간 석공의 눈을 속이고 보석공의 눈을 속일 것이다. 그리고 진실은 아주 정밀한 검사를 통해서만 밝혀질 수 있다. 감각이 있는 여자만이 가짜 보석을 걸치지 않듯이, 명예를 아는 장인만이 가짜 장식을 경멸할 것이다. 그는 올곧고 거짓을 용인하지 않기 때문이다. 여러분은 없는 가치를 있는 체하는 것, 값나가는 체하는 것, 하지 않고 있지 않는 것을 있는 체하는 것들을 사용한다. 이는 사기고 야비함이며 뻔뻔함이고 죄악이다. 그것을 내던져 가루로 빻아버려라. 차라리 벽을 남루한 채로 놔둬라. 아무것도 지불하지 않았으며 아무 일도 하지 않았으니, 원할 것도 없지 않은가. 세상에 장식을 원하는 사람은 아무도 없지만, 청렴함은 모두가 원하는 것이다. 머릿속에 아름다운 도안이 떠올랐다고 해서 속임수를 써서라도 그것을 행해야 할 만큼 모두 가치가 있는 건 아니다. 벽을 대패로 민 것처럼 벗겨 놓아라. 필요하다면 진흙을 굽거나 짚을 다져 넣어라. 그러나 서투른 주형을 뜨는 어리석음은 저지르지 마라.

이것이 우리에게 일반적인 원칙이 된다면, 내가 주장했던 다른 어떤 것보다도 이를 강제적인 법칙으로서 상정하겠다. 이런 종류의 부정직함은 가장 비겁한 것으로 전혀 필요치 않다.[10] 장식은 사치이며 없어도 무방한 것이기 때문이다. 그러므로 그것이 거짓이라면 더욱 저급하다. 일반적인 원칙이라고 하긴 했으나 특별한 재료나 사용에 있어서는 예외가 있다.

10　아주 간단한 문제를 놓고 또 다시 호들갑과 탁상공론을 벌이고 있다. 이 외에도 확신할 수 없는 것이 있다. 기계작업이 전 세계에 퍼지게 되면 — 멀지 않은 미래에 그렇게 될 것이다 — 그 부정성은 곧 사라질 것이라는 점이다. 이 주제는 나중에 맨스필드의 예술학과 학생들을 상대로 한 강연에서 잘 다뤄졌다. 현재 나는 그 판단의 근거를 모아, 나의 책 『예술의 정치경제학Political Economy of Art』의 개정판 서문으로 발행하려고 한다.

20. 그러므로 벽돌의 사용에 대하여: 벽돌이 처음 틀에서 주조된 이후 왜 여러 가지 형태로 만들어지지 않았는지에 대해선 알려진 바가 없다. 벽돌의 속성상 깨고 쪼아 세공할 생각을 했을 리도 만무하니 속임수를 쓸 이유도 없었을 테고, 그래서 그에 상응하는 신용도 얻었을 것이다. 돌산이 멀리 떨어져 있는 평평한 지형의 지역이라면 벽돌을 주조하는 것이 합당하며, 아주 잘 만들 경우엔 장식으로도 사용할 수 있다. 심지어 매우 정교하고 섬세한 장식이 되기도 한다. 볼로냐의 페폴리 궁전Palazzo Pepoli과 베르첼리Vercelli 시장市場 주변에서 볼 수 있는 벽돌 쇠시리는 이탈리아에서 가장 화려한 것에 속한다. 기와는 처음 보면 좀 이상하지만 프랑스 주거건축에 성공적으로 도입되어 지붕널 사이사이에 채색 기와를 넣게 되었다. 자기磁器의 경우 토스카나의 것이 칭찬할 만한데, 로비아 가Robbia Family 역주30의 것으로 얇은 돋을새김이 되어 있다. 그 집안의 작품들은 때로 실용성이 없고 색채가 조화롭지 않아 애석한 면이 있지만, 결함이 있더라도 내구성에서 다른 재료를 능가할 뿐만 아니라 아마도 대리석을 다룰 때보다 더 숙련된 기술을 필요로 할 것이므로, 이러한 재료를 사용한다고 해서 결코 비난할 수 없다. 왜냐하면 어떤 대상이 무가치해지는 것은 재료 탓이 아니라 인간의 노동이 결여된 탓이기 때문이다. 그래서 인간의 손으로 만든 한 조각의 테라코타나 파리의 도로포장석이 기계로 자른 카라라Carrara 역주31의 돌 모두를 합친 것만큼이나 가치 있다. 인간을 기계처럼 취급하고 인간의 손으로 만든 것이 기계로 찍어낸 것과 같은 성질을 갖게 되는 일은 실제로 일어날 수 있으며 심지어 다반사로 일어나고 있기도 하다. 나는 이제 생명력 있는 수작업과 생명력을 잃은 수작업의 차이에 대해 말하려 한다. 내가 묻고자 하는 전부는 무엇이 우리의 힘 안에서 항상 지켜져야 하는가이다. — 우리가 행한 것이 무엇이며, 우리가 내놓은 것이 무엇인지에 대해 고백하는 것이다. 그래서 어쨌든 우리가 돌을 사용할 때는 (모든 돌은 당연히 손으로 조각한다

고 생각되기 때문에)[11] 기계로 세공해서는 안 되고, 어떤 모양을 연상시키는 인조석을 사용해서도 안 되며, 돌의 빛깔이 도는 스투코 장식을 써도 안 되고, 피렌체 베키오 궁전Palazzo Vecchio의 안뜰에 있는 스투코 쇠시리처럼 어떤 식으로든 오해의 여지가 있어서도 안 된다. 그러한 오해는 건물 전체에 의혹을 불러일으키고 망신을 주기 때문이다. 그러나 두들기거나 녹여서 만든 재료들, 점토, 무쇠, 청동 등은 보통 주물로 뜨거나 찍는다고 생각하기 때문에 때에 따라 우리가 원하는 대로 사용할 수 있다. 허나 재료에 맞는 수작업이 될수록, 그리고 그 수작업이 분명하게 드러날수록 재료들이 고귀해진다는 점을 기억하자.

아포리즘 15

주형철물 장식은 야만적이다.

아름다움에 대한 우리의 감성을 위축시키기에 주철로 만든 장식을 계속 사용하는 것보다 더 효과적인 방법은 없을 것이다. 중세시대에 보편적이었던 철물작업은 단순하면서도 효과적이었다. 그것들은 얇은 금속판을 잘라 만든 밋밋한 나뭇잎이나 장인이 내키는 대로 꼬아 만든 나뭇잎이었다. 반대로 주철로 만든 장식처럼 그렇게 차갑고 어색하고 저급하며, 궁극적으로 섬세한 선과 그림자를 살려내지 못하는 장식도 없다. 진실의 측면에서 보자면 이 주철로 된 장식들에 반대할 만한 이유가 거의 없다. 한눈에 봐도 그것들은 손으로 두들겨 만든 제품과 언제든 구별되고, 그래서 속임수를 쓸 수 없기 때문이다. 그러나 매우 확신컨대, 그런 싸구려 저질의 대용품에 빠져 진짜 장식을 밀리하는 국민들에게 예술의 진보를 이룰 희망은 없다. 나는 다른 곳에서 그것들의 무효함과 보잘것없음을 좀 더 결정적으로 보여주려고 하며, 지금은 일반적인 결론을 도출하는 데 힘을 쏟을 것이다. 주형

---

11   괄호 안의 문장은 앞의 두 쪽에서 애써 논증한 것을 다 망쳐버리는 잘못된 가정이다. 그러나 아포리즘 15의 결론은 폭넓은 기반이 되기에 충분하고, 흠잡을 데가 없다.

장식과 기계장식들은 정직하고 허용할 수 있는 것이라 하더라도, 결코 자부심이나 기쁨을 줄 수는 없다. 그래서 보다 더 좋은 장식 옆에서 그 위상만 높여주게 될 곳이나, 같이 있는 것만으로 망신이 될 아주 정직한 작품 옆에는 결코 사용하지 말아야 한다.

　이들이 자칫 건축을 타락시킬 수 있는 주된 세 가지 유형이라고 생각한다. 더 교묘한 종류의 속임수들이 있지만, 이를 피하기 위해 확고한 법칙으로 무장하기보다는 당당하고 흔들림 없는 정신으로 경계를 게을리 하지 않는 편이 더 수월하다. 앞에서 지적했듯이, 오로지 인상과 개념에만 영향을 미치는 속임수의 종류가 있기 때문이다. 그중 몇몇은 정말 앞에서 언급했던 나무같이 우뚝 솟은 고딕 아일처럼 고결한 것도 있지만, 대부분은 그 인상과 개념에 관한 잔재주나 속임수에 불과해서, 만연될 경우 그 양식은 저급해지기 마련이다. 그리고 그런 속임수가 한 번 허용되면 독창성 없는 건축가나 무감각한 관객들의 머릿속을 사로잡아 만연될 가능성이 크다. 초라하고 얄팍한 정신은 다른 문제에서도 그렇듯이, 도를 넘어선 감각에 환희를 느끼고, 도를 넘어서려는 의도를 간파해냈을 때 짜릿함을 느낀다. 이런 종류의 교활함에 솜씨 좋은 석공이나 건축적 책략이 더해져 그 자체로 감탄의 대상이 될 때가 있다. 그런 것들을 추구한다면 우리는 점차 예술의 고귀한 성격에 대한 존경과 관심에서 멀어지고, 예술의 정체와 소멸을 초래할 것이 자명하다. 그러지 않기 위해서는 어떤 방어막을 치는 것보다도 헛된 손재주나 독특한 도안을 과시하는 일을 가차 없이 거부하고, 매스와 형태의 배치에 온 힘을 다해 우리의 상상력을 집중하는 것이 좋다. 그때 위대한 화가가 연필 긋는 방법에 주의하지 않듯이, 어떻게 그 매스와 형태를 완성할지엔 관심을 두지 말아야 한다.[12] 이러한 속임수나 허영심의 위험을 보여주는

12　물론 위대한 화가는 연필 긋는 방법에 대단히 신경 쓰고, 좋은 조각가는

예는 얼마든지 있다. 그러나 나는 그중 하나를 검토하는 것으로 만족하려 한다. 그것은 유럽의 고딕 건축을 모조리 붕괴시킨 주범인 교차쇠시리intersectional moulding의 방식이다. 이는 매우 중요하며 일반적인 독자의 이해를 도울 필요가 있기에 초보적인 설명을 하고자 한다.

21. 허나 나는 우선 윌리스 교수Robert Willis 역주32의 『중세시대의 건축 Architecture of the Middle Ages』 6장에 나오는 트레이서리의 기원에 대한 설명을 언급해야겠다. 왜냐면 그 책이 고딕 건축이 식물의 형태를 모방하는 데서 유래되었다는 용서할 수 없는 엉터리 이론을 부활시키기 위해 출판되었다는 소리를 들었을 때, 나는 적지 아니 놀랐기 때문이다. 용서할 수 없다고 말한 이유는, 초기 고딕 건축과 일면식이라도 있다면 많은 사람들이 지지하는 다음의 이론을 몰랐을 리 없기 때문이다. 즉 고딕 건축은 고대 그리스·로마건축에 비해 유기적 형태의 모방이 덜하며, 아주 초기의 고딕 작품에는 그것이 전혀 존재하지도 않았다는 점이다. 서로 연계된 일련의 예들에 익숙해지면 인간은 그에 대해 의문을 던지기가 어려워지게 마련이다. 예를 들어 이들은 트레이서리가 방패모양의 돌에 뚫은 구멍이 점차 커진 것이라고 말한다. 여기서 방패는 초기 고딕 건축에서 창의 첨두아치pointed arch 부분으로, 보통 중앙의 기둥으로 지지되는 곳을 말한다. 윌리스 교수는 아마 좀 지나칠 정도로 이중 하부아치double sub-arch만을 관찰한 것 같다. 도판 7의 그림 2는 높고 단순한 심판三瓣형의 방패가 거칠게 뚫린 경우로, 파도바의 에레미타니 성당Chiesa degli Eremitani에서 따온 것이다. 그러나 더 빈번하고 전형적으로 나타나는 형태는 이중 첨두아치로, 하부아치와 상부아치의 사이공간에 다양한 구멍을 뚫어 장식하는 것

> 망치질에 상당히 신경 쓴다. 그러나 그들 누구도 자신의 작품이 칭찬받을지에 대해서는 신경 쓰지 않는다. 그저 할 뿐이다.

이다. 캉에 있는 남자수도원Abbaye aux Hommes의 둥근 상위아치 아래에 있는 단순한 세잎장식 (도판 3, 그림 1). 외 성당Eu 역주33의 트리포리움triforium에 있는 매우 아름다운 비율로 조절된 네잎장식. 그리고 리지외 성당Lisieux 성가대석의 네잎장식. 네잎장식과 더불어 루앙 트랜셉트 탑에 있는 여섯잎장식과 일곱잎장식(도판 3, 그림 2). 쿠탕스 성당Coutances의 어색한 세잎장식과 그 위에 있는 아주 작은 네잎장식 (도판 3, 그림 3). 이렇게 뾰족하거나 둥근 형상이 계속 증식하면서 중간 사잇돌의 모습을 아주 어설프게 만들자, (그림 4는 루앙의 네이브에서, 그림 5는 바이외 성당Bayeux의 네이브에서 따온 것이다) 결국 그 돌이 성글어지면서, 보베 앱스의 클리어스토리clerestory 역주34에 나타나는 전형적인 찬란한 형태에 도달하고 만다(그림 6).

22. 이제 여기서 언급할 것은 이 전체 과정에서 관심의 대상은 항상 뚫림의 형태였다는 것이다. 다시 말해 구멍 사이에 있는 사잇돌의 형태가 아니라, 구멍을 통해 안에서 보이는 빛의 형태였다. 창의 우아함은 전적으로 그 빛의 윤곽에 달렸다. 그리고 나는 안에서 보이는 트레이서리를 모두 그렸다. 그 빛의 효과를 보여주기 위해서 처음엔 멀리서 본 떨어진 별들을, 그 다음엔 다가갈수록 점점 커지다 마침내 바로 우리 위에 떠 있는, 그래서 그 광채가 전 공간을 채우는 별들이다. 이 별이 잠시 멈추는 순간, 우리는 프랑스 고딕의 위대하고 순수하고 완전한 형태를 본다. 매개공간의 어설픔이 마침내 극복되는 순간이다. 그때 빛은 전체 공간을 가득 채우지만, 그럼에도 여전히 찬란한 빛의 개체로서 그 지위를 상실하지 않는다. 또한 전체를 온전히 보여주는 첫 번째 요인이 되어 우리로 하여금 트레이서리나 장식들의 처리에서 더없는 아름다움을 느끼게 해주고 실수 없는 판단을 내리도록 한다. 나는 도판 10에서 그에 대한 아주 좋은 예를 들었는데, 이는 루앙의 북문 플라잉 버트레스에서 따온 것이다. 독자들이 무엇

이 진정으로 좋은 고딕 작품인지, 상상력과 법칙이 얼마나 우아하게 결합하는지 이해하려면, 또한 현재 우리의 당면과제를 위해서도 단면과 쇠시리의 디테일을 검토하는 것이 좋을 것이다(4장 27절에서 서술하였다). 이 디자인은 또한 고딕 건축의 정신에 아주 중대한 변화가 일어나던 시기의 것이기 때문에 더욱 주의를 요한다. 그 변화란 아마도 어떤 예술에서든 그것이 자연스러운 진보를 겪는다면 나타나는 일일 것이다. 이 트레이서리는 당시 상당히 지배적이었던 원칙을 제치고 또 다른 원칙이 등장하기 전까지 그 사이에 등장한 것으로, 시간이 지나고 되돌아봤을 때 그 휴지기休止期는 명확하고 뚜렷하게 눈에 들어온다. 마치 여행자가 그가 지나온 길을 멀리서 되돌아보았을 때 산맥의 가장 높은 봉우리가 눈에 들어오는 것과 같다. 이 시기는 고딕 예술의 위대한 분수령이었다. 이 이전은 모두 오르막길이었고, 이후는 모두 내리막길이었다. 길은 때로 구불구불하고 다양한 경사가 나타났으며, 중간에 가로막히기도 했다. 알프스 능선이 중앙산맥에서 떨어져 나오거나 가지를 친 커다란 고아孤兒산 덕에 후퇴와 전진을 반복하면서 때마다 오르락내리락하듯이 말이다. 그러나 인간 정신의 궤도는 추적될 수 있다. 저 영광의 봉우리가, 은빛 물결처럼 연속적인 선을 지나, 바닥으로 추락하기까지.

> "부질없이 나부끼는, 저 멀리 빛이 보이네,
> "끊어진 고리가 여기저기 시선에 잡히고,
> "미끄러지듯, 굽이치고 가로지르며,
> "때론 위에서, 때론 아래에서 나타나네.
> " * * * * 위로 전진하는 그에게,
> "그것은 마치 다른 것이라는 듯."

그리고 하늘과 가장 가까웠던 곳에 도달한 그 순간 그 지점에서, 건

설자들은 마지막으로 그들이 지나왔던 길을, 그들의 여정이 스쳐가는 장면을 뒤돌아본다. 그 장면과 아침햇살을 뒤로하고 새로운 지평선을 향해 나아간다. 한동안 황혼의 따스함이 내리쬐지만, 걸음을 옮길 때마다 점점 차갑고 우울한 땅거미 속으로 들어가는 것이다.

23. 내가 말하는 변화는 몇 마디로 표현될 수 있다. 이보다 더 중요하고 근본적인 영향력을 행사하는 것은 있을 수 없다. 장식의 원리에서 *매스가 선으로 대치되는 것이다.*[13]

우리는 창의 개구 혹은 뚫림이 커지는 방식을 보고 있다. 처음에는 어색한 형태의 사잇돌이었던 것이 정교한 트레이서리의 선이 된다. 내가 도판 10에서 루앙의 창 쇠시리의 비례와 장식에 사용된 독특한 방식을 이전의 쇠시리들과 비교하며 조심스럽게 지적한 까닭은 그 아름다움과 신중함이 매우 의미심장하기 때문이다. 그 방식은 트레이서리가 건축가의 *눈을 사로잡았다*는 것을 표시한다. 삽입된 돌이 작아지고 가늘어지는 것이 극에 달했던 바로 그 직전, 그 시간까지 그의 눈은 오로지 개구부, 빛나는 별에 머물러 있었다. 그는 돌에 신경 쓰지 않았다. 그가 필요했던 것은 거친 테두리였고, 지켜보는 것은 뚫린 형태였다. 그러나 그 형태가 커질 수 있는 최대치가 되었을 때, 그리고 돌이 우아하고 평행한 선들의 배열이 되었을 때 갑자기 피할 수 없이 시야에 들어오는 것이 있었다. 그림을 그릴 때 이전에는 보지 못한 우연한 형상들이 생겨나는 것과 같은 이치다. 전에는 정말로 보지 못했던 것들이 한순간에 번쩍 독립된 형태로 떠올라 작품의 특징이 되었다. 건축가는 그 특징들을 눈여겨보았고, 골똘히

---

13 이를 완전하게 보여주는 예가 있다. 비올레 르 뒤크Violet le Duc는 『건축사전Dictionnaire d'Architecture』의 트레이서리에 대한 논평에서 오로지 트레이서리의 변형에만 관심을 갖고 집중하고 있다. 이 주제는 나의 여섯 번째 강의 「발 다르노Val D'Arno」에서 속속들이 파헤쳐 졌다.

생각했고, 우리가 보듯 구성요소들을 분리해냈다.

그 위대했던 휴지기는 빛의 공간과 돌세공이 동등하게 취급되던 순간이었다고 할 수 있다. 이 기간은 채 50년도 되지 않았다. 트레이서리의 형태들은 새로운 아름다움의 원천으로 유아적인 기쁨에 사로잡혔다. 그리고 트레이서리 사이의 공간들은 장식의 요소에서 영원히 축출되었다. 나는 이 변화가 가장 뚜렷하게 나타나는 창에 대해서만 언급했지만, 이러한 변형은 건축의 모든 부재에서 동일하게 나타난다. 그래서 변형의 의미를 이해하려면 이 현상을 전체적으로 추적해야 하지만, 그에 대한 예시는 지금 우리의 목적과 무관하므로 3장에서 보여주고자 한다. 여기서 나는 쇠시리의 처리와 관련 있는 진실의 문제만을 좇고자 한다.

아포리즘 16

트레이서리가 유연하다고 생각하거나 상상해서는 안 된다.

24. 독자들도 알고 있듯이 뚫림이 이렇게 커지기 전까지는 돌은 항상 *딱딱한*, 즉 유연성이 없는 것으로 인식되어왔다. 그래서 휴지기 동안에도 트레이서리의 형태는 여전히 엄격하고 순수했다. 정말 정교했지만 빈틈없이 단단했던 것이다.

휴지기가 끝날 무렵, 변화의 첫 신호는 여윈 트레이서리를 파르르 떨게 하는 수줍은 산들바람 같은 것이었다. 하지만 얼마 후 트레이서리는 파도가 치는 듯이 바람 앞의 거미줄처럼 출렁대더니 결국 돌의 짜임이라는 본질을 상실하고 말았다. 그리고 마침내 실처럼 가냘퍼졌을 때, 사람들은 그것에 유연성도 부여할 수 있겠다고 착각했다. 건축가는 새로운 망상에 기뻐했고 이를 실행에 옮겼다. 얼마 후 트레이서리의 살은 마치 실로 짠 그물처럼 보이게 되었다. 진실이라는 위대한 원칙을 희생한 변화였다. 재료의 본성을 희생한 것이다. 그리고 이 첫 시도의 결과에 얼마나 열광했던지 결국 파멸에 이르고 말았다.

왜냐면 그들이 상상한 연성은 앞에서 언급한 나무형태와의 유사성에서 탄성구조를 상상하는 것과는 차이가 있기 때문이다. 그 유사성은 찾아낸 것이 아니라 필연적인 것이었다. 기둥 혹은 나무줄기에 있는 힘과, 늑골 혹은 나뭇가지에 있는 가냘픔이라는 자연적인 조건에서 결과한 것이었고, 동시에 유사성의 조건으로 상정한 다른 것들도 대부분 틀림없는 진실이었다. 나뭇가지는 어느 정도 유연하긴 하지만 연성을 갖는 것은 아니다. 그것은 돌로 된 늑골만큼이나 이미 그 외형부터가 단단하다. 둘 다 어느 한계까지는 휠 수 있고, 둘 모두 그 한계를 벗어나면 부러진다. 나무줄기는 고작 돌기둥만큼만 구부러질 것이다. 그러나 트레이서리가 비단실처럼 휘어질 수 있다고 가정할 때, 실제 그렇진 않더라도 눈으로 보았을 때 재료의 전반적인 강도와 탄성과 무게가 부인될 때, 건축가의 기술 모두가 그가 하는 작업의 첫 번째 조건과 그가 사용하는 재료의 첫 번째 속성을 반박하기 위해 사용될 때, 이는 노골적인 배신이다. 이 뻔한 거짓말에 대한 비난을 면할 수 있는 유일한 방법은 돌의 표면을 볼 수 있게 하는 것이다. 그래서 돌의 현현이 저지당하는 꼭 그만큼 트레이서리는 타락한다.[14]

25. 그러나 후기 건축가들의 병적이고 타락한 취향은 그 정도의 많은 속임수에도 만족하지 못했다. 그들은 자신들이 창조한 간계한 매력에 황홀해했고, 그 힘을 키우기에 급급했다. 다음 단계는 연성이 있으면서 또한 서로 관통할 수 있는 트레이서리를 고안하고 재현하는 것이었다. 두 쇠시리가 만날 때 교차점의 처리는 서로의 독자성을 유지하면서 하나가 다른 하나를 지나가는 것처럼 보이게 했다. 또는

---

14 나는 "플랑부아양"적인 것의 본질적인 성격을 정당하게 비난했다고 생각한다. 이에 대해 주목해주기를 청한다. 그 분야는 내가 이제까지 줄곧, 그리고 가장 애정을 가지고 연구했던 것이다. 내가 그럴 자격이 있다거나, 내가 지적한 것이 옳다는 편견이 전혀 없는 이성적인 내용이며, 그래서 독자들의 신뢰를 받는 것은 정당하다. 나는 항상 그 신뢰를 기대한다.

두 쇠시리가 평행으로 달릴 때 하나가 다른 하나를 얼마간 품으면서, 말하자면 그 안에 있는 듯이 보이게 했다. 이런 거짓 작태가 끝내 예술을 파괴했다. 유연한 트레이서리는 우아하진 않지만 아름다울 때가 있었다. 그러나 관통하는 트레이서리는 결국 석공의 손재주를 과시하는 수단으로 전락했고, 고딕 건축 전형의 아름다움과 품위를 모두 궤멸시켰다. 전형의 체계가 결과에 얼마나 중요한 영향을 미치는지 알고자 한다면 디테일을 검토할 필요가 있다.

26. 도판 7의 그림1은 리지외 성당의 문인데, 스팬드럴 아래에 있는 샤프트와 아치에서 비슷한 쇠시리들이 교차하는 방식을 볼 수 있을 것이다.역주35 위대한 시대에는 보편적으로 사용되던 것으로, 두 쇠시리가 용해되어 교차점 또는 접점에서 *하나가* 된다. 심지어 대개는 이 정도의 날카로운 교차점도 삼가곤 했다. (이런 디자인은 물론 아치들이 서로 얽혀 있는 초기 노르만 아케이드의 뾰족한 형태에만 있는 것으로, 캔터베리의 안셀무스 타워Anselm's tower처럼 바구니를 짜듯 앞에 오는 것 위에, 뒤따라오는 것 아래에 놓인다) 왜냐하면 두 쇠시리가 만날 때 대다수의 디자인에서 그것은 교차라기보다는 곡선의 일부분이 서로 맞닿는 접촉에 의해 합치되기 때문이다. 그래서 각각 분리되어 있던 쇠시리의 단면은 그 합치점에서 2개가 용해되어 공동의 하나를 만든다. 도판 8은 포스카리 궁전Palazzo Foscari의 창이고, 원들의 접점을 정확히 옮겨놓은 것이 도판 4의 그림 8인데, 두 선의 접점인 s선의 단면은 위에 떨어져 있는 단면 s와 똑같다. 그러나 때로는 2개의 다른 쇠시리가 만나는 경우도 있다. 위대한 시대에는 흔치 않던 일로, 그럴 경우 아주 어설프게 처리되곤 했다. 도판 4의 그림 1은 솔즈베리 성당 *첨탑의* 창에서 따온 것으로, 박공과 수직 쇠시리의 접점이다. 박공의 쇠시리는 단일 카베토cavetto 역주36로, 수직 쇠시리는 둥근 꽃송이로 장식된 이중 카베토로 구성되어 있다. 상대적으

로 큰 단일 카베토가 이중 카베토의 하나를 삼킬 듯이, 작은 공들 사이를 아주 어설프고 투박하게 밀고 들어온다. 단면을 비교하면 위의 ab선은 실제 창의 면과 수직으로 만나고, 아래 ed선은 창의 면과 수평을 이루지만 de선의 방향이라는 것을 알 수 있다.

27. 이처럼 초기 고딕의 장인들은 높은 난이도의 작업에 매우 서툴렀다는 것을 알 수 있다. 이는 그들이 복잡한 체계를 혐오했으며, 그런 배열로 시선을 끄는 것을 달가워하지 않았음을 나타낸다. 솔즈베리 트리포리움에 있는 하부아치와 상부아치의 접점은 매우 미숙한 작업을 보여주는 또 하나의 예다. 그러나 그 접점들은 그림자로 가려지며, 가려지지 않는 돌출된 접점들은 각기 다른 쇠시리처럼 보이도록 아주 단순하게 처리되었다. 허나 우리가 본 바와 같이, 장인의 관심사가 선이 에워싸는 공간보다는 쇠시리 선 자체에 고정되는 순간, 그 선들은 어디서 만나건 독립성을 유지하기 시작한다. 서로 다른 쇠시리들이 교차선의 다양성을 획득하기 위해 열심히 협력하는 것을 보여주기 위해서다. 그럼에도 우리는 한 가지 점에서만큼은 후기의 장인들을 공정하게 평가해야 한다. 그들이 초기 고딕의 장인들보다 더욱 세련된 비례감을 가졌다는 점이다. 그 비례감은 우선 다발기둥이나 아치 쇠시리의 주추에서 볼 수 있다. 쇠시리의 작은 기둥들은 원래는 중앙 기둥이나 더 큰 기둥의 연속기초에 동승하여 집단을 이루는 초석을 가진다. 그러나 건축가의 눈이 까다로워지면서 큰 샤프트의 주추에 적당한 크기는 작은 샤프트의 주추에는 맞지 않다고 보아 개개의 샤프트는 독립적인 주추를 가지게 되었다. 우선 작은 주추들이 큰 주추에 단순히 묻혀버린다. 그러나 둘의 수직 단면이 복잡해지자 작은 샤프트의 주추가 큰 것 안에 들어있는 것으로 생각하고, 이러한 전제하에서 그것들이 들어간 자리를 최상의 섬세함으로 계산하고 최고의 정확도로 세공하였다. 다발기둥의 정교한 후기

초석의 예로서 아브빌Abbeville 역주37의 네이브를 들 수 있는데, 마치 작은 기둥들은 모두 일단 지면에서 끝이 나고 각각에는 복잡하게 얽힌 초석이 있으며, 중앙 기둥의 전체 초석이 점토로 그것들의 모양을 주물로 떠서 감싸 안고 있는 듯이 보인다. 흙덩어리에서 나온 크리스털 같이 여기저기 툭툭 튀어나온 불규칙하고 뾰족한 초석의 각들을 처리하고 있다. 이런 종류의 작업에 나타나는 기술적인 솜씨는 종종 믿기 어려울 만큼 놀라운 것이다. 머리카락 두께만큼이나 세세하고 기기묘묘한 단면의 형태가 있는가 하면, 심지어 너무 경미해서 만지지 않고는 인지할 수 없는 장소에 예상치 못한 부차적인 형태들이 등장하는 경우도 있다. 이렇게 아주 정교한 예들을 이해하려면 대략 50번 정도 단면을 계산하지 않고는 불가능하다. 그런데 도판 4의 그림 6은 매우 흥미로우면서 단순한 경우로, 루앙 서문의 벽감 사이에 오는 얇은 기주의 초석 일부다.[15] pr 모양의 초석 위에 얹히는 각주 k는 그 안에 비슷한 또 하나의 각주가 대각선으로 들어 있으리라는 추측을 하게 한다. p̄r̄의 후퇴한 부분을 숨기고 바깥쪽으로 에워싼 초석 위에 각주 k가 올라간다. 위의 각주는 아래 초석과 달리 샤프트의 네 면과 정확히 같은 면에서 만난다. 그 안의 각주는 그래서 2개의 수직 절단면이 없는 한, 즉 전체 기둥에 길을 내는 2개의 어두운 선이 없다면 볼 수 없는 것이다. 2개의 작은 붙임기둥이 기둥 전면에 바늘로 고정시킨 듯 연결부위를 관통하며 지나가고 있다. 절단면 k̄와 n̄은 각각 k와 n의 높이에서 자른 것으로 전체 구조를 가정할 수

---

15 내가 생각하기로 윌리스 교수는 사라진 고딕 건축의 구성 원리를 관찰하고 규명한 최초의 현대인이다. 앞에서 언급한 그의 책은(21절) 나에게 전성기 고딕의 문법을 모두 가르쳐 줬지만, 플랑부아양의 문법은 나 스스로 터득했고 새로운 주장이라 생각하여 여기에 적었다. 그러나 그가 나중에 지적했듯이, 모두 다 이미 윌리스 교수가 그의 책 『플랑부아양 양식의 상호 관통에 관한 특징에 관하여On the Characteristic Interpenetrations of the Flamboyant Style』에서 썼던 것이다.

있게 한다. 그림 7은 초석, 아니 오히려 접합부라 할 수 있는데, (이러한 형태의 관통은 플랑부아양의 샤프트에 계속해서 나타난다) 지금은 사라진 출입구의 조각상을 받치던 대좌pedestal 중 가장 작은 기주였다. 이것도 아랫부분의 절단면은 m과 동일할 것이며, 구조는 앞에서 초석을 설명하며 말했으므로 즉시 인지될 것이다.[16]

28. 그러나 이런 종류의 밀어 넣기는 칭찬할 것도 많고 비난할 것도 많다. 양의 배분에서 균형을 이룰 때는 복잡한 만큼 아름다웠다. 그래서 교차선이 거칠더라도 끼어든 쇠시리의 꽃장식과 절묘한 대비를 이루곤 했다. 그러나 상상력은 여기서 멈추지 않았고, 초석에서 시작해 아치로 올라갔다. 전시할 공간이 여의치 않으면 심지어 원기둥 머리에서 주두를 없애기도 했다. (누군가 3천 년간 지속된 지구상 모든 나라의 권위와 관습을 거역할 수 있다면, 그 대담함을 유감스럽지만 칭찬할 수밖에 없다.) 아치 쇠시리가 기둥에서 솟아나온 것처럼 보이고 싶었던 것이다. 쇠시리가 아치의 주추를 지나 기둥 안으로 사라지려면 주두의 애버커스abacus 역주38에서 갑자기 끊기지 말아야 했다. 그리고 그들은 아치 꼭짓점에서 쇠시리들을 서로 통과시키고 교차시켰다. 그들이 바라는 만큼 많은 교차점들이 생기기에 주어진 방향이 충분치 않을 경우 결국엔 쇠시리를 이리저리로 구부리거나 교차점을 지나자마자 끝을 싹둑 잘라내기도 했다. 도판 4의 그림 2는

---

16 이 책을 구상하면서 원칙을 예시할 때 가장 염두에 둔 것은 아름다운 디자인은 모두 자연의 형태에 기반한다는 점이다. 그런데 어떻게 이렇게 중요한 부분을 빠뜨렸는지 나 자신도 이해할 수 없다. 바로 이 쇠시리가 서로 얽힌 크리스털의 구성과 정확히 일치한다는 점이다. 장인들이 크리스털을 본적도, 생각한 적도 없다는 것을 나는 잘 알고 있었기 때문에 이 점을 말해야 했다. 피사의 고딕에서도 이와 유사한 것을 보았으므로 이를 빠뜨렸다는 것은 더욱 기이하다. 대신 다음에 오는 4장 7절을 참조하라. 그러나 분명하기가 채 반도 되지 않는다.

팔레즈Falaise의 생제르베St. Gervais 앱스의 플라잉 버트레스 일부다. 그 쇠시리의 절단면을 대충 그린 것이 위에 있는 $\bar{f}$이다(f 점을 수직으로 자른 것이다). 거기서 박공쇠시리와 두 아치가 삼중으로 교차하고, 아래쪽 평쇠시리는(f_2) 박공쇠시리에 이르기 직전 끝나는데, 순전히 단절의 묘미를 위해서 그렇게 한 것이다. 그림 3은 주르제Sursee 시청사 문머리의 반쪽이다. 단면 gg의 그늘진 부분은 아치 쇠시리의 단면으로, 3번 반복하고 6번 교차한 후 더 이상 어찌 할 수 없을 때 끝을 잘라냈다. 이 스타일은 일찍이 스위스와 독일에서 목구조, 특히 통나무집 모서리 보의 교차점에 있는 열장이음을 돌에 모방하면서 과장한 것이다. 그러나 거짓된 체계가 안고 있는 위험부담을 명백하게 제시했을 뿐이다. 그 체계는 처음엔 독일 고딕을 짓밟았고, 결국 프랑스 고딕을 파멸시켰다. 이 괴상한 형태와 별스러운 방법은 따르지 말았어야 할 괴로운 과업이었다. 희귀한 오용이 남발한다. 납작한 아치, 찌그러진 원주, 생기 없는 장식, 주름진 쇠시리, 왜곡되고 과장된 나뭇잎장식 등이 나타났고, 르네상스의 더러운 급류가 모든 조화와 원칙을 빼앗은 이러한 파편과 찌꺼기들을 완전히 쓸어버리는 시간이 도래하기까지 점점 늘어났다.

　이렇게 중세 건축의 위대한 왕조는 막을 내렸다.[17] 이는 자신이 가진 힘을 잃어버리고 자신의 법칙에 복종하지 않았기 때문이다. 자신의 질서, 일관성, 체제를 위배했기 때문이다. 그래서 중세 건축은 압도적인 개혁의 물살에 서항할 수 없었다 이는 모두 하니뿐인 진실을 희생했기 때문이라는 것을 직시하자. 참된 진실성을 포기하고 아

17　이 압축된 문장은 매우 매력적이지만 불행히도 난센스다. 진실의 결핍은 일부였을 뿐, 결코 일반적인 질병이 될 만큼 영향력을 가진 것은 아니었다. 있을 법한 인간의 어리석음과 부도덕이 모두 음지에 모여 후기 고딕과 르네상스 건축과 회합하고 즉각 모든 분야를 부패시키는데, 예술은 그 대표자가 된다.

닌 것의 허울을 당연시함으로써 병들고 노쇠한 형태들이 무수히 등장했으며 그 건축의 최고봉인 기둥마저 부패시키고 말았다. 그럴 만한 시기가 닥쳤기 때문은 아니었다. 고대 그리스·로마 연구자들의 비웃음 때문도 아니었고, 신실한 프로테스탄트의 두려움 때문도 아니었다. 오히려 조롱과 두려움이 그 건축을 구원하고 구명했을 수도 있었다. 무기력한 르네상스의 관능미와 엄격하게 비교되면서 앞으로 나아갈 수도 있었다. 참신해지고 정화된 영광 속에서, 새로운 영혼으로 가라앉은 잿더미 속에서 누렸던 영화를 신의 영광으로 돌리며 다시 일어설 수도 있었다. 그러나 진실을 떠났기 때문에 영원히 침몰해버렸다. 그 먼지 속에서 솟아날 힘도 지혜도 없었다. 열정으로 인한 실수가, 사치가 주는 달콤함이 그 힘을 누르고 지혜를 와해시켰다. 저 밑바닥의 맨땅을 밟다가 흩어져 있는 돌부리에 걸려 넘어질 때, 이를 기억하도록 하자. 바닷바람에 신음하고 한숨 쉬던 구멍 뚫린 벽, 이제 갈가리 해체된 그 벽의 뼈대들이 우리의 황량한 언덕에 마디마디 흩뿌려진다. 예전엔 기도의 집이 등대처럼 불을 밝히던 — 회색 아치와 고요한 아일이 있던 그곳 골짜기에서 양들이 풀을 뜯고, 제단이 묻혀있던 구릉에 등을 기댄다 — 그 볼품없는 더미는 이제 이 세상의 것이 아니다. 그런데 이상하게도 그 더미에서 갑작스레 꽃과 풀이 자라나 우리의 들판을 꽃밭으로 만들고, 산에서 불어오는 바람을 이제 제 것이 아닌 돌로 막아준다. 마치 자신을 파괴하고 배신한 광기나 두려움으로 인해 슬퍼하지 말라고 우리를 위로하는 듯하다. 그 몰락에 도장을 찍은 자는 약탈자도 광신자도 신성모독을 일삼는 자도 아니었다. 전쟁, 분노, 공포가 그들이 나쁜 짓을 하게끔 만들었는지도 모른다. 이제 다시 그 파괴자의 손에 의해 단단한 벽이 세워지고 날렵한 기둥이 솟아날 수도 있다. 그러나 그들 자신이 더럽힌 진실의 폐허에서 스스로 다시 일어설 수는 없다.

3 힘의 등불 The Lamp of Power

1. 인간의 노동에서 받은 감동들을 회상할 때, 아주 선명한 것이 아니면 시간이 오래 지난 후에는 모두 희미해지기 마련이다. 그런데 예상치 못했던 많은 것들이 이상하리만큼 또렷이 그리고 지속적으로 기억나거나, 판단을 유보했던 특징들이 망각의 강 저편에서 서서히 떠오르는 경우가 종종 있다. 단단한 바위의 암맥처럼 처음에는 눈에 띄지 않지만 결빙과 해동의 운행으로 점차 그 모습을 드러내는 것이다. 어느 여행자가 감정의 기복과 불운한 환경, 그리고 거기에 우연까지 더해져 잘못된 판단을 했을 경우, 이를 교정하기 위해서는 시간이 흘러 평결이 나기까지 차분히 기다리는 것, 그리고 그의 기억 속에 끝까지 남아 있는 이미지들에서 그 윤곽과 세기가 새롭게 배열되는 것을 지켜보는 것 외에는 다른 도리가 없다. 그는 산 속 호수에서 물이 빠져나간 뒤에야 굽이굽이 이어지고 변화하는 기슭의 윤곽을 볼 것이고, 물이 빠져나간 그 형태에서 원래 가장 많이 패여 있던 바닥을 훑으며 틈새와 흐름을 만들어간 힘의 진정한 방향을 추적할 것이다.

　요컨대 우리가 가장 흐뭇한 인상을 받았던 건축 작품들에 대한 기억을 되살릴 때, 그 인상은 일반적으로 두 개의 범주로 나뉜다. 하나는 엄청나게 귀중하고 섬세한 성질로, 우리는 늘 애정 어린 찬사의 마음으로 그것을 다시 떠올린다. 그리고 다른 하나는 엄격하면서도 종종 신비한 위엄의 성질인데, 마치 그 위대한 정신의 힘이 현재에도 작동 중인 것처럼 우리는 변치 않는 경외심을 가지고 그것을 기억한다. 매개하는 요소들에 따라 다소간 조절되지만, 항상 분명한 것은 이 두 부류 모두 아름다움 또는 힘의 모습으로 드러난다는 것이다. 처음 보았을 때 꽤 괜찮은 건물이라고 우리 마음에 새겨질 만한 것들은 시간이 지나면 다수일반의 건물 속에 묻히고 마는데, 그 이유는 우리가 받은 인상이 그렇게 지속성을 가질 만큼 고결한 성질의 것이 아니었기 때문이다. 이를 테면 값비싼 재료, 장식의 누적 또는 역학적 구조의 독창성 등이다. 물론 각별한 관심은 실제로 그와 같은 부수적 여건들에 의해 유발되며, 그 결과 기억은 그 구성의 독특한 부분이나 효과를 고집스레 붙든다. 그러나 이런 것들조차도 의도적으로 노력하거나 감정이 개입되지 않았을 때만 떠올릴 수 있다. 반면 무의식적인 나른한 순간, 깊고 짜릿한 감흥과 함께 매우 순수한 아름다움의 이미지와 이지적인 힘의 이미지가 정중하고 진지한 벗처럼 되돌아온다. 그래서 저 수많은 궁전의 위풍당당함이, 보석 박힌 성물함의 화려함이 금이 먼지가 되어버리듯 우리의 생각에서 사라질 때, 그 어둠을 뚫고 외딴 강가와 숲 속에 숨어있던 대리석 예배당의 하얀 이미지가 떠오를 것이다. 마치 궁륭 밑에 방금 내린 눈처럼 예배당 아치 밑에서 추위에 떨고 있는 뇌문雷紋 역주39의 꽃장식과, 태산의 토대라도 되는 양 셀 수 없이 많은 돌로 쌓아올린 그 그늘진 벽의 광막한 지루함으로. 역주40

2. 이러한 두 종류의 건물에서 나타나는 차이는 아름다운 것과 숭고한 것의 본질상에 있는 것이기도 하지만, 또한 인간의 작품에 내재하는 본래의 것과 파생된 것의 차이이기도 하다. 건축은 기품 있는 것이든 아름다운 것이든 모두 자연의 형태를 모방한다. 하지만 그렇게 해서 파생된 것 말고, 인간의 정신에서 나온 배치와 지배로서 건축의 품위를 좌우하는 것은 그 정신적 힘의 표출이며, 또한 그 정도에 비례하여 숭고함도 높아지게 된다. 그러므로 모든 건물은 인간이 수집한 뭔가를, 또는 인간이 지배한 뭔가를 보여주는 것이다. 그래서 성공의 비결은 그가 무엇을 모으고 어떻게 지배할지를 아는 데 있다. 이것이 건축의 위대한 두 지성의 등불이다. 하나는 지상에서 신이

아포리즘 17

건축에서 지성적인 두 힘은 존경과 지배다.

행한 일들에 대해 그에 합당한 존경을 표하는 것이고, 다른 하나는 그 일들에 대한 지배권이 인간에게 귀속되었다는 것을 이해하는 것이다.

3. 그러나 생동하는 힘과 권위와 표출 외에도, 고귀한 건물의 형태와 자연의 숭고함에는 공감되는 부분이 있다. 그리고 이 공감으로 발생하는 지배의 힘이 있는데, 지금 나는 그것의 작동을 추적하고자 하며, 보다 추상적 분야인 발명에 대해서는 연구를 포기하려 한다. 발명의 능력과 그와 관련된 비례와 배열의 문제는 모든 예술의 보편적 관점에서 검토해야 하기 때문이다. 그러나 건축이 자연의 거대한 자기조절능력에 공감하는 것은 특별하고 그래서 쉽게 지나칠 수 있으며, 이는 최근 건축가들이 거의 느끼지도 고려하지도 않는 것이기 때문에 더욱 의미가 있을 것이다. 최근의 활동들을 보면 두 학파 간에 극심한 힘겨루기가 있다. 하나는 독창성을, 다른 하나는 적법성을 목표로 한다. 이들은 디자인의 아름다움을 위한 시도들과 구조의 독창적인 응용들을 보여준다. 그러나 나는 추상적인 힘을 표현하고자 시도하는 것을 본적이 없으며, 인류 최초의 예술인 건축에서 가장 순수하고 강렬한 신의 작품과 동질성을 표시하려는 자각 또한 본적이 없다. 신과 인간의 작품들은 인간의 진지한 노력이 더해질 때 더욱 고귀한 의미를 갖게 된다는 자각이다. 인간이 세운 구조체에는 경건한 숭배와 추종의 정신이 들어 있어야 한다. 그것은 숲처럼 주랑柱廊을 에워싸고 가로수이 수간樹冠으로 아치를 만드는 정신 — 잎사귀에 결을 주고, 조개껍질에 반짝이는 빛을 주며, 동물의 신체에 생동하는 맥박으로 우아함을 더하는 정신이다 — 일 뿐 아니라, 지상의 기둥들을 검열하고 가파른 절벽을 차가운 구름에 이르도록 높이 세우며, 그늘진 산봉우리를 창백한 하늘궁륭으로 치켜 올리는 정신이다. 이러한 영광, 아니 이보다 더한 영광도 인간의 생각을 담은, 인간의 손을 거친 작품과 연관되지 않을 수 없기 때문이다. 잿빛 절벽은 키클

롭스가 쌓은 돌의 잔해를 상기시킬 때 고귀함을 잃지 않고, 삐죽삐죽 솟아난 바위 융기들은 도시의 탑들이 동화적인 유사성을 드러낼 때 초라해지지 않는다. 저 멀리 있는 무시무시한 산봉우리마저 고독한 멜랑콜리가 되고, 하얀 해안가에 있는 이름 모를 무덤을, 갈대 무성한 늪을 떠올리며 빽빽한 도시의 유한성을 돌아본다.

4. 이제 자연이 인간의 노동에서 주저 없이 인정하는 그 힘과 위엄이 무엇인지, 산호 같은 부지런함으로 인간이 세워 올린 저 크기 안에 내재한 숭고함이 무엇인지 살펴보도록 하자. 그것이 지진으로 무너지고 홍수가 휩쓸고 간 태고의 산맥을 떠올리게 하는 크기일지라도, 그 안에 있는 숭고함은 자연의 것이 아닌 명예로운 인간의 의지력이다.

    첫째, 크기만 보자면 : 이 점에서 자연물의 숭고와 경쟁하는 것은 가능하지 않을 듯하다. 건축가가 전쟁터로 나가듯 자연의 숭고와 한판 승부를 벌이는 것도 소용없는 짓이다. 몽블랑 샤모니 계곡Chamonix에 피라미드를 세우는 것도 잘하는 짓이라 할 수 없다. 산피에트로 성당San Pietro엔 많은 약점들이 있지만, 그중에서도 중대한 실수는 보잘것없는 구릉에 자리를 잡았다는 점이다. 그것이 마렝고평야Marengo 에 위치해 있다고 상상해보라. 또는 토리노의 수페르가대성당Superga 이나 베네치아의 살루떼 성당La salute 같았다면! 자연물의 크기든 건축의 크기든, 그에 대한 판단은 눈으로 보고 측정하는 것보다는 상상력이라는 다행스러운 자극에 더 많이 좌우되는 것이 사실이다. 그리고 건축가에겐 그가 지배할 수 있는 크기만을 집중해서 보도록 만들 수 있는 고유한 이점이 있다. 보베의 성가대석처럼 높게 깎아지른 수직 절벽은 알프스에서조차 거의 찾아보기 힘들다. 그래서 우리가 만약 벽으로 쓸 훌륭한 절벽과 탑에 필요한 길고 날렵한 바위를 확보하고, 그것에 대항할 만한 거대한 자연의 형상이 없는 곳에 건물을 세운다면 우리는 거기에 크기의 숭고함이 결여되었다고 느끼지 못할 것이다. 이런 관점에서 보면 숭고는 용기의 문제일지 모른다. 물론 자연이 인간의 힘을 꺾는 것보다 인간이 자연의 숭고를 파괴하는 일이 훨씬 더 빈번한 것은 유감스러운 일이지만 말이다. 산을 모독하는 일엔 많은 것이 필요치 않으며 때로는 오두막 한 채로도 가능하다. 나는 샤모니 계곡에서 꼴 드 발므Col de Balme를 바라볼 때마다 항상 격렬한 분노에 휩싸인다. 그 상냥해 보이는 작은 오두막 때문이다. 초록 산등성이에 뚜렷한 사각형의 점을 만드는 그 집의 밝고 하얀 벽은 산이 주는 느낌을 완전히 뭉개버린다. 빌라 하나가 전체 경관을 못 쓰게 만들고 언덕이라는 하나의 왕국을 폐하는 경우가 허다하다. 나는 최근 아테네의 아크로폴리스 아래 세워진 궁전 하나 때문에 파르테논을 포함한 그 일대의 모든 것이 모형처럼 위축되어 버렸다고 생각한다. 사실 언덕들은 우리가 상상하는 만큼 높지 않다. 그래서 상대적으로 초라하지 않을 정도의 크기에 손의 노고와 당당한 구상을 더하여 뚜렷한 인상을 심어줄 수 있다면 숭고는 이루어진다. 그리고 부분들의 배열에서 엄청난 실수가 일어나지 않는 한 그 숭고는 망가지지 않는다.

5. 그러므로 단순히 규모가 크다고 해서 보잘것없는 디자인이 고상해지는 것도 아니지만, 크기가 증가할 때마다 일정 부분 고귀함이 더해지는 것 또한 사실이다. 그래서 그 건물에 뚜렷하게 부여할 성격이 아름다움인지 숭고함인지 먼저 결정하는 것이 좋다. 후자라면 사소한 부분들을 중요하게 생각한 나머지 규모를 키우는 일을 억제해서는 안 된다. 여기엔 적어도 숭고가 시작될 수 있는 최저치의 크기를 가늠할 수 있는 건축가의 능력이 전제된다. 대략 정의하자면, 그 옆에 있는 사람이 실제보다 더 작아 보이는 정도의 크기라 하겠다. 대부분의 현대건물의 비운은 그것들이 모든 점에서 완벽하다고 우리가 너무 쉽사리 인정하는 것이다. 그리고 공사비의 많은 부분을 그림에,

도금에, 비품에, 창의 채색에, 작은 첨탑에, 여기저기의 장식에 허비한다. 그런데 창도 첨탑도 장식도 비용만큼의 가치를 발휘하지 못한다. 인간 정신의 감성적 부분은 단단한 껍질로 싸여 있어 급소를 건드리자면 그 껍질을 완전히 꿰뚫어야 한다. 그래서 우리가 매번 이곳저곳을 수천 번 찌르고 할퀴어도, 어디엔가 확실한 비수를 꽂지 않는 한 별 의미가 없다. 만일 확실한 비수를 꽂을 수 있다면 다른 것은 필요치 않다. 심지어 "교회 문처럼 넓게,"도 필요치 않고, 단지 그것으로 *족하다*. 무게감만으로도 이를 행할 수 있는데, 날것의 방법이긴 하나 매우 효과적이다. 작은 피너클로 뚫을 수 없고, 작은 창문으로 비출 수 없는 관객의 냉담함을 거대한 벽의 무게로 한순간에 밀어낼 수 있다. 그러므로 별 뾰족한 수가 없는 건축가라면 우선 공략지점을 선택하자. 이때 크기를 선택했다면 장식은 포기하도록 하자. 장식을 집중시키지 않는다면, 그리고 그것들이 눈에 띌 만큼 수적으로 충분하지 않다면, 모든 장식을 다 합친다 하더라도 그것은 하나의 거대한 돌에 미치지 못하기 때문이다. 그래서 결정적인 하나를 선택해야만 하고, 여기엔 어떤 타협도 있어서는 안 된다. 주두에 약간의 조각을 해서 좀 더 나아 보이게 하느냐 마느냐는 전혀 고민거리가 될 수 없다. 그것을 그냥 바윗돌처럼 꾸밈없이 놔둬라. 아치에 아키트레이브architrave 역주41를 좀 더 장식을 할지도 생각할 필요가 없다. 할 수 있다면 차라리 그것을 1피트 더 높이도록 하라. 네이브를 1야드 더 횡단하는 것이 바둑판모양의 바닥보다 더 값질 것이다.[1] 외벽이 몇 자 늘이는 것이 피너클을 떼로 몰아두는 것보다 더 가치 있다. 다만 그 규모는 건물의 유용성이나 사용 가능한 대지의 크기에 따라 정해져

---

1 앞으로 50년간 모든 아름다운 건물을 쓰러트릴 수 있는 권한을 가진 사람들이 — 그러면 그들은 그곳에 건설 계약을 체결할 수 있기 때문이다 — 유념해야 할 좋은 충고를 이렇게 간결하게 제안했다는 데 대해 나 자신을 칭찬하고 싶다.

야 한다.

6. 주변 상황에 의해 한계가 정해졌다면 다음 문제는 실제 크기가 잘 전시될 수 있는 방법을 찾는 것이다. 어떤 건물이 실제 그 크기로 보이는 경우는 드물거나, 아니면 전혀 없다. 어떤 형상을 볼 때 멀리 있는 것이나 위에 있는 것은 실제 그것의 크기보다 작아 보인다.

건물의 크기를 보여주려면 전체를 한 번에 보여주어야 한다는 것을 여러 경우에서 확인할 수 있다. 정리해서 말하면, 가능한 한 많은 것이 연속선상에 놓이고 그 양극점이 한꺼번에 보여야 한다는 것이다. 즉 바닥에서 꼭대기까지, 이 끝에서 저 끝까지 하나의 뚜렷한 연결선을 가져야 한다. 바닥에서 꼭대기에 이르는 연결선은 안으로 기울어져 피라미드형태가 될 수도 있고, 수직으로 깎아질러 거대한 절벽의 형상을 띨 수도 있으며, 밖으로 기울어져 옛 가옥처럼 전면이 튀어나올 수도 있다. 이와 같은 종류는 그리스 신전 혹은 육중한 코니스나 돌출된 지붕이 있는 건물에서 볼 수 있다. 이때 그 연결선이 무참히 손상되는 경우, 즉 코니스가 망가지거나 혹은 피라미드의 윗부분이 움푹 들어간다면 건물의 위엄은 사라질 것이다. 그 이유는 건물 전체를 한 번에 볼 수 없어서가 아니라, 무거운 코니스와 같은 것은 어디 있건 전혀 숨길 수가 없기에 그 종결선terminal line의 연속성이 깨진다면 *선의 길이*를 추정할 수 없게 되기 때문이다. 그러나 이 실수는 물론 건물의 많은 부분이 숨겨질 때 더욱 치명적이다. 그 예로 잘 알려져 있는 것이 산피에트로 성당처럼 돔이 뒤로 후퇴한 경우다. 다른 예로는 돔이나 탑처럼 여러 시점에서 볼 수 있는 교회의 가장 높은 부분들이 건물의 교차점에 있는 경우다. 피렌체 성당의 크기가 느껴지는 지점은 성당 남동쪽의 건너편 발레스트리에리가街, Via dei Balestrieri의 모퉁이 한 곳뿐이다. 그곳에서만 돔이 앱스와 트랜셉트 바로 위에 솟아 있는 것처럼 보인다. 탑이 교차부 위에 있는 한,

탑 자체의 장중함과 높이가 드러나지 않는다. 왜냐면 아래에서 보아 전체 높이를 추정할 수 있는 선은 오로지 하나인데 그것이 교차점의 내각 안에 있어서 쉽게 식별되지 않기 때문이다. 그러므로 그와 같은 설계는 대칭과 인상의 측면에서는 종종 걸출함을 보여주긴 하지만, 탑의 높이 자체가 드러나려면 그것이 서쪽 끝에 있거나, 더 낫게는 종탑처럼 떨어져 있어야 한다. 롬바르드 교회들의 종탑을 지금 높이로 교차점 위에 옮겨놓았을 때 일어날 손실을 상상해보라. 또는 루앙의 뵈르 탑을 중앙으로 옮겨 아랫부분이 보이지 않는 교차부탑 자리에 놓았을 때 일어날 손실을!

7. 그러므로 탑이든 벽이든 바닥부터 꼭대기까지 이어주는 하나의 선이 필요하다. 개인적으로는 순수한 수직을 선호한다. 또는 피렌체의 베키오 궁전처럼 진지하게 이맛살을 찌푸리는 듯한(언짢은 것이 아니다) 돌출부가 있는 수직을 좋아하는 편이다. 시인들은 이 성질을 항상 바위에 비유하곤 했다. 실제로 그처럼 위쪽이 튀어나온 바위는 드물기 때문에 근거가 약하긴 해도 탁월한 판단이다. 왜냐하면 이 형태가 전달하는 위협감은 단순히 규모와 중량감에서 비롯되는 것보다 더 고귀하기 때문이다. 이러한 위협감은 건물의 매스에 얼마간 녹아있어야 한다. 돌출한 코니스만으로는 충분치 않다. 전체 벽은 주피터처럼, 못마땅하지만 끄덕이는 듯한 제스처가 있어야 한다. 그래서 나는 피렌체 성당의 돔과 베키오 궁전의 흉벽이 어떤 형태의 그리스 코니스보다 훨씬 더 웅장한 머리 부분이라 생각한다. 두 번째 아케이드 위가 가장 중요한 중심부인 베네치아의 두칼레 궁전 Palazzo Ducale 처럼, 때로 그 돌출부가 아래로 조금 내려올 수도 있다. 또한 바다에 뱃머리가 떠오르듯 땅에서부터 웅장하게 부풀어 오르기도 한다. 이는 루앙 뵈르 탑의 세 번째 층에서 벽감의 돌출로 아주 우아하게 성취되었다.

8. 높이를 이용하여 그 크기를 전시하고자 할 때는 면적도 커야 하지만 또한 응집력이 있어야 한다. 특히 베키오 궁전과 그러한 종류의 힘 있는 건물들을 보면 압도적인 크기를 만들기 위해서는 높이나 길이 중 어느 하나가 확장되어야 한다는 주장이 얼마나 그릇된 편견인지를 알 수 있다. 오히려 천사의 자로 측정한 양, "길이, 폭, 높이가 같아" 보이는 강렬한 사면체로 응집되어 세워진 건물들이 전체적으로 가장 거대해 보인다는 것을 알 수 있다. 여기서 주목해야 할 것은 내가 알기로 우리 건축가들이 대개 이 점을 충분히 고려하지 않는다는 사실이다.

건축에서 고려해야 할 많은 분할 중에서 벽과 그 벽을 나누는 선보다 더 중요한 것은 없는 듯하다. 그리스 신전에서 벽은 아무것도 아니었다. 모든 관심은 띄엄띄엄 놓인 기둥들과 이들을 지탱하는 프리즈에 있었다. 프랑스의 플랑부아양과 혐오스러운 우리의 수직주의Perpendicular는 벽의 표면을 제거하고, 시선을 모두 트레이서리의 선에 모으려고 했다. 로마네스크와 이집트 건축에서 벽은 공인된 존경의 대상이었고, 빛은 종종 그 거대한 벽에 떨어져도 좋은 다채로운 장식의 제공자였다. 그런데 선과 벽이라는 이 두 가지 원칙은 모두 자연에서 나온 것으로 하나는 나무와 덤불에서, 다른 하나는 평원과 절벽과 물에서 유래한다. 그러나 후자가 힘의 원칙에 훨씬 가깝고, 그런 의미에서 아름다움의 원칙에도 더 가깝다. 아름다운 형태는 무한히 많아 숲의 미로를 헤매는 것과 같을지라도, 나에게 있어 무엇보다 순수한 것은 잔잔한 호수의 표면이다. 그래서 나는 기둥과 트레이서리가 아무리 힘을 합친다 하더라도 느긋하고, 넓고, 인간적인 대리석 표면 위에서 졸고 있는 따스한 햇살과 바꿀 마음이 없다. 그럼에도 불구하고 넓음이 아름다우려면, 그 물질 또한 어느 정도 아름다워야 한다. 그래서 적어도 우리가 캉 석회석의 단조로운 표면과 제노바와 카라라 사문석의 눈송이모양이 섞인 표면의 차이를 기억하는 한, 북부의 건축가들이 유독 선의 분할에 매달리는 것을 경솔히 비난해서는 안 된다. 그러나 추상의 힘과 외경심의 측면에서는 의문의 여지가 없다. 넓은 표면 없이 그것들을 구하는 것은 헛된 일이고, 그래서 벽돌이든 벽옥이든 표면은 넓고 대담하고 중단 없이 처리되어야 한다는 데는 고민의 여지가 없다. 그 위에 떨어지는 천국의 빛과 그 안에 있는 지상의 무게가 우리가 필요로 하는 전부다. 인간의 정신이 배회할 만한 충분한 공간이 있어 희미하게라도 드넓은 평원의 광활함과 넓은 바다의 망망함을 관조하는 기쁨을 떠올릴 수 있다면, 이때 건축의 재료와 노동은 까맣게 잊히고 만다. 이는 참 신기하다. 잘라낸 돌이나 주조한 흙으로 이렇게 넓은 표면을 만들어 무한해 보이는 벽의 전면과 하늘과 맞닿는 지평선 같은 벽의 가장자리를 인류에게 선사한다는 것은 고귀한 일이다. 그에 미치지는 못할지라도 넓은 표면 위에 뛰노는 빛의 향연을 바라보고, 얼마나 많은 기교와 농담濃淡으로 색과 음영, 시간과 폭우가 그들의 거친 인장印章을 그 위에 새기는지, 어떻게 날이 새고 질 때 중단 없는 어스름이 그 높고 매끈한 이마를 붉고 길게 물들인 후 순식간에 다시 얽히고설킨 층층의 돌 사이로 사라지는지를 보는 것은 여전히 황홀한 일이다.

9. 내가 생각하기에 이것은 숭고한 건축의 본질적 요소이고, 그래서 이를 사랑할 수밖에 없다면[2] 주요 윤곽선이 정사각형에 근접한 형태를 선택하는 것은 그 사랑의 필연적인 결과다.

    왜냐면 건물은 그것이 어느 방향으로 뻗어 있건 원근법에 의해 점점 작아지기 때문에, 시선은 그 종결선으로 끌리게 마련이며 표면

---

[2] 그렇다 — 고 나는 감히 말한다! 그러나 어떻게 당신이 그것을 사랑할 수 있을까? 숭고한 건축을 사랑하는 것이 하나고, 숭고가 배당된 혹은 숭고의 비율이 들어있는 건축을 사랑하는 것이 다른 하나다. 그리고 사면四面의 커다란 흡연실이나 당구대를 사랑하는 것이 또 하나다.

성은 그 선들이 가능한 사방으로 흩어질 때 최고조에 달할 수밖에 없다. 정사각형과 원은 순수한 직선이나 곡선으로 이루어진 것들 중에서 가장 출중한 힘의 영역이다. 그래서 그와 관련된 입방체인 육면체와 구 그리고 그것의 연속적인 입방체들(비례의 법칙을 조사할 때처럼 나는 주어진 형태가 주어진 하나의 방향으로 계속해서 진행되는 매스들을 이렇게 부를 것이다)인 각주와 원주들은 건축의 모든 배열 중에서 가장 큰 힘을 발휘하는 요소들이다. 다른 한편으로 우아하고 완벽한 비례는 어떤 한 방향의 연장선을 필요로 한다. 그리고 힘의 감각은 하나의 형태가 눈으로 셀 수 없을 만큼 반복되고 확장되어 거대한 형상이 될 때 전달된다. 동시에 그것들의 대담함, 결단력, 단순성에서 우리가 느끼는 점은 정말 당황스러울 만큼 증식되지만 전혀 혼란스럽거나 불명확한 형태가 아니라는 것이다. 연속되는 반복의 전략은 아케이드와 회랑에서, 기둥의 갖가지 배열에서, 작은 축적으로는 그리스 쇠시리에서 숭고함을 형성한다. 그 쇠시리들은 가장 소박하고 친숙한 형태의 우리 가구에서 지금도 계속 반복해서 사용될 만큼 전혀 싫증나지 않는다. 건축가는 이 두 가지 유형의 형태 중 자신이 생각하고 있는 공간과 장식에 적절한 것을 선택해야 한다. *표면이 생각의 주체라면* 사각형이나 광활한 영역을 선택해야 하고, *표면의 분할이 생각의 주체라면* 길게 늘어난 영역을 선택해야 한다. 나는 이 두 가지 유형의 질서가 힘과 아름다움의 거의 모든 원천이라고 생각한다. 그리고 이들은 내가 예증으로서 너무 자주 제시하는 바람에 독자들이 지겨워할까 두려운 한 건물과 기적적으로 일치한다. 완벽함의 전형인 베네치아의 두칼레 궁전이다. 이 건물의 일반적인 배열은 텅 빈 정사각형이다. 그것의 주 파사드는 잡아 늘인 직사각형으로, 34개의 작은 아치와 35개의 기둥으로 시야를 확장시킨다. 동시에 이것은 풍부한 캐노피 장식을 한 중앙창에 의해 2개의 면으로 크게 나뉘는데, 그 높이 대 길이가 거의 4 대 5이다. 아케이드가 늘어선 아래층에만 길이가 부여되고, 넓은 창들이 있는 윗부분은 장미색과 흰색을 교차시킨 체크무늬로 부드러운 대리석의 강력한 표면을 만든다. 이 배열은 건물에서 볼 수 있는 가장 기품 있고 아름다운 것으로, 그래서 내 생각으론 이보다 더 장엄한 것을 발명하기란 불가능할 것 같다.

10. 롬바르드의 로마네스크에는 이 두 가지 원칙이 좀 더 뒤섞여 있다. 가장 대표적인 것이 피사의 성당 Duomo di Pisa이다. 길이의 구성은 위에 21개, 아래 15개의 아치로 이루어진 아케이드로 네이브의 측면에 펼쳐진다. 대담한 전면의 정사각형 비례는 하나 위에 다른 하나가 놓이는 아케이드로 전면을 분할하고 있다. 맨 아래층은 절반이 벽에 묻힌 원주로 7개의 아치를 만들고, 위의 네 층은 대담하게 벽을 후퇴시켜 깊은 그림자를 던진다. 기층基層 위 첫 번째 층은 19개의 아치가, 두 번째 층은 21개, 세 번째와 네 번째는 각각 8개로 모두 합치면 63개의 아치가 있다. 아치의 머리 부분은 전부 *원형이고*, 기둥은 모두 원주다. 맨 아래층 반원의 아치 밑에는 *정사각형* 판형을 대각선 방향으로 틀어놓았는데, 이 양식에서는 보편적인 장식이다(도판 12, 그림 7). 앱스는 반원의 평면과 반구의 지붕, 그리고 세 줄의 외부 장식으로 둘러싼 원형아치들이 있다. 네이브의 내부는 맨 아래 일렬로 늘어선 원형아치와 그 위 삼중 원형아치역주42의 트리포리움, 그리고 그 위는 줄무늬 장식의 대리석 벽이 광활한 표면을 이룬다. 전체 배열은 (특별한 것이 아니고, 그 시대 모든 교회의 특징이었다. 그리고 내 느낌으로는 가장 장엄하다. 가장 아름다운 것은 아닐지라도, 인간의 정신이 고안한 형태 중에서 가장 강력한 유형일 것이다[3])

---

3   나는 이 판단을 한 번도 바꾼 적이 없었다. 그러나 같은 유형이지만 더 강력한 형태인 로마의 산파올로 대성당 Basilica Papale di San Paolo fuori le Mura을 본 후 바꾸었다. 복원된 건물이지만 고귀하고 충실하게 행해졌다. 그리고 내가 아는 한 유럽에서 가장 장엄한 인테리어다.

오로지 원과 정사각형의 화합에 기초하고 있다.

　　이제 다른 미학적 문제들과 연계해서 좀 더 세심한 연구가 필요한 분야에 접근하고 있다. 하지만 나는 내가 든 예들이 정사각형에 대한 나의 옹호론을 충분히 정당화할 것이며, 그래서 쉽게 폄하하지 못할 것이라 생각한다. 또한 정사각형은 주요한 윤곽선에만 쓰이는 것이 아니며, 최고의 모자이크에서도 지속적으로 나타나고 내가 지금 검토할 수 없는 수천 가지의 자질구레한 장식형태에도 등장한다. 내가 그 권위를 주장하는 이유는 정사각형은 항상 공간과 표면의 대표자이기 때문이다. 그러므로 윤곽을 정할 때나 건물에서 소중하고 고귀한 표면이 되어야 하는 곳을 빛과 그림자로 꾸미고자 할 때 선택되는 것이다.

11. 여기까지는 건축의 크기가 가장 잘 드러나는 일반적인 형태와 방법에 대해 살펴보았다. 다음으로 디테일이나 자잘한 분할과 관련된 힘의 발현에 대해 생각해보자.

　　우리가 눈여겨보아야 할 첫 번째 분할은 조적組積이라는 피할 수 없는 분할이다. 뛰어난 기술이 있다면 이 분할을 감출 수 있다는 것도 사실이다. 그러나 그렇게 하는 것은 현명하지도 정직하지도 못한 처사라고 생각한다. 그 이유는 큰 돌덩어리에 맞서 분할이 이루어질 때 매우 고귀한 특질이 생성되기 때문이다. 벽돌이나 작은 돌로 이루어진 벽이 하나의 돌로 만든 샤프트와 기둥 혹은 육중한 상인방과 아키트레이브와 부딪힐 때다. 그런 부분들을 처리하는 데는 어떤 체계가 있다. 척추에 맞서 골격의 뼈가 계속 뻗어 나오는 체계처럼 쉽게 포기할 수 없는 것이다. 그래서 내가 주장하는 바는 이런 저런 이유로 건물의 조적은 보여야 한다는 것이다. 그래서 드물게 예외도 있지만(상당히 정교한 솜씨를 발휘한 예배당이나 제단에서처럼) 건물이 작으면 작을수록 더더욱 크고 육중한 돌이 필요하고 그 역도 마찬가지다. 어떤 건물이 평균이하의 크기라면, 그 건물이 드러내는 규모(너무 쉽게 측정할 수 있기 때문에)를 키우는 것은 우리의 소관이 아니다. 아무리 그에 맞게 돌의 축척을 감소시켜도 소용없다. 그러나 육중한 돌을 세우거나 여하간 그런 것을 집어넣어 어떤 고귀함을 부여하는 일은 종종 우리의 힘에 달렸다. 그래서 벽돌로 지어진 오두막은 결코 웅장할 수 없다. 그러나 웨일스Wales, 컴벌랜드Cumberland, 스코틀랜드의 산중에 있는 오두막의 거칠고 불규칙하게 쌓아올린 바위벽에는 뚜렷한 숭고함의 요소가 있다. 불과 네댓 개의 돌덩이로 바닥에서 처마까지 완성하거나, 혹은 우연히 그 자리에 있던 돌이 편리하게 벽의 골조가 될지라도 그 크기를 조금도 위축시키지 않는다. 다른 한편으로 어떤 건물이 장엄한 크기의 축척이 되면 실제 쌓은 돌이 크건 작건 비교적 문제가 되지 않는다. 그러나 전체적으로 모두 너무 크다면 측정이 곤란하기 때문에 건물의 장대함이 줄어들 때도 있다. 너무 작다면 재료가 초라해 보이거나 역학적 자질이 결여된다. 그 밖에도 과다한 선과 정교한 가공으로 인해 망치는 경우가 많다. 그중에서도 아주 불행한 경우가 파리의 생마들렌 성당St. Madeleine의 파사드다. 그 기둥의 돌은 얼마나 작은지 선명한 줄눈과 거의 같은 정도의 크기여서, 마치 빽빽한 격자무늬로 덮여 있는 듯하다. 그래서 조적이 가장 웅장해 보이려면 대체로 작거나 큰 재료를 획일적으로 사용하지 말고, 그 작품의 조건과 구성을 자연스럽고 솔직하게 따라야 한다. 거대한 매스일 때는 그 힘을, 작은 매스일 때는 그 목적을 보여주는 것이다. 때론 타이탄의 계율을 받들듯 바위에 바위를 쌓고, 때론 먼지 같은 부스러기와 뾰족한 자투리로 솟아오르는 궁륭과 부풀린 돔을 엮는 것이다. 이렇게 자연스럽고 명료한 조적의 고귀함을 더 많은 사람들이 느낀다면 표면을 매끄럽게 하고 이음새를 정확하게 맞추느라 위엄을 상실하는 일은 없을 것이다. 우리가 채석장에서 온 돌의 상태보다 더 좋아 보일 거라 가정하면서 끌로 깎아내고 갈아내며 낭비하는 돌의 총합은 종종 건물의 한 층을 더 올릴 수도 있을 만큼의 양이다. 그러기 위해선 재료를 존중해야 한다. 대리석이나 석회암으로 건물을 지을 때 재료를 존중하지 않고 익히 알려진 쉬운 방법을 사용하면 날림으로 보이기 십상이다. 그 돌의 부드러움을 장점으로 살리고, 잘 다듬은 매끄러운 표면과 그에 맞는 섬세한 디자인이 좋을 것이다. 그러나 화강암이나 용암을 사용할 때 그것을 매끄럽게 다듬기 위해 노동을 허비하는 것은 대부분 어리석은 짓이다. 거친 사각형의 덩어리가 되도록 화강석다운 설계를 하는 것이 훨씬 현명하다. 인간의 우월함에 대항하는 화강석의 굳센 저항을 진압하고 매끄럽게 다듬는 것으로부터 뿜어져 나오는 광채와 힘의 감각을 부인하지는 않겠다. 그러나 대부분의 경우 그것에 소용되는 노동과 시간을 다른 방법으로 소비하는 것이 더 낫다. 그래서 다듬지 않은 돌덩어리로 100피트 높이의 건물을 세우는 것이 매끄러운 돌로 70피트의 건물을 세우는 것보다 더 좋다. 무릇 자연스럽게 쪼개진 돌에는 장중함이 있어서 예술은 이에 상응하는 척만 해도 정말 위대해질 수 있다. 인간의 규정과 척도에 순응하기 위해 돌을 쪼개거나 병들게 하지 말고, 그 돌이 산의 마음과 나눈 형제애를 단호히 표현하는 것이다. 갈고 다듬은 피티 궁전Palazzo Pitti을 보고 싶어 하는 사람이라면 그의 눈은 정말로 섬세해야 한다.

12. 다음으로 소적의 분할을 위해, 우리는 설계 자체에서 분할을 고민해야 한다. 그 분할들은 불가피하게 음영에 묻히기도 하고, 그 흔적으로 인해 선이 생기기도 한다. 사실 후자는 깬 자국이나 돌출에 의해 생겨나며, 약간의 빛에도 넓은 그림자를 퍼트린다. 그럼에도 섬세하게 시공된다면 멀리서도 보이는 진정한 선이 될 것이다. 예를 들어 헨리 7세 예배당Henry the Seventh's Chapel의 벽마감을 나는 순수한 선의 분할이라고 부른다.

지금 나는 화가의 하얀 캔버스가 건축가에겐 벽의 표면에 해당한다는 것을 기억하지 못하는 듯하다. 하지만 차이가 있다면, 벽은 이미 그 높이와 재질 그리고 언급된 특성들만으로도 숭고하며, 그래서 그 표면을 깨버리는 것은 캔버스의 표면을 그림자로 덮는 것보다 더 위험하다는 것이다. 그래서 나는 매끄럽고 넓고 산뜻하게 펼쳐진 석고의 표면이 그 위에 그려진 대부분의 그림들보다 아름답다고 생각할 수밖에 없다. 훨씬 더 아름다운 것은 돌의 우아한 표면으로, 이는 그 위에 행해지리라 추측되는 대부분의 건축적 형상들보다 훨씬 우아하다. 그러나 어찌되었건 캔버스나 벽은 우리에게 주어진 것이며, 이를 분할하는 것이 우리의 기술이다.

이러한 분할에 근거가 되는 원칙들의 수량은 건축에서건 회화에서건, 그 밖의 다른 예술에서건 똑같다. 다만 화가만이 건축에서처럼 음영의 대칭을 신경 쓰지 않고 자신의 다양한 주제에 따라 외관상 자유롭고 우연적으로 보이는 배열을 채택할 수 있고, 또 해야만 한다. 그래서 분류의 방식으로 보자면 두 예술 사이에는 많은 차이(대립적이진 않을지라도)가 있다. 그러나 규칙의 수량에 있어서는 둘이 엇비슷하고, 그 규칙들을 다루는 방식 또한 유사하다. 건축가는 일정한 그림자의 깊이나 위치를 항상 확보할 수도, 색깔로 그림자에 우울함을 더할 수도 없기 때문에(색을 사용한다 하더라도, 움직이는 그림자를 따라갈 수는 없다), 여러 허용치를 만들거나 스스로 많은 장치를 고안할 수밖에 없다. 반면 화가는 그러한 것을 생각할 필요도 사용할 필요도 없는 것이다.

13. 이러한 한계들로 인한 첫 번째 결론은, 긍정적인 그림자의 활용은 화가보다 건축가에게 더 필수적이고 숭고한 것이라는 점이다. 화가는 한 단계 낮은 색조를 이용하여 빛을 전반적으로 완화시킬 수도 있고 달콤한 색깔을 써서 화사하게 만들 수도, 으스스한 색으로

공포감을 조성할 수도 있다. 또한 색의 농도로 거리감을, 대기를, 태양을 표현하고, 전체 공간에 표정을 줄 수 있기 때문에 하나의 거대한, 아니 거의 우주와 맞먹는 범위를 다룰 수가 있다. 그리고 최고의 화가는 이러한 것들을 최상의 즐거움으로 처리한다. 그러나 건축가에게 빛은 순식간에 조율되지 않은 강렬한 땡볕이 되어 딱딱한 표면 위로 쏟아질 수 있다. 그래서 그의 유일한 안식처이자 숭고를 위한 최고의 수단은 바로 확실한 그림자다. 이런 까닭에 크기와 무게 다음으로, 건축의 힘은 그림자의 양(공간으로 측정되건 집중도로 측정되건)에 의존한다고 할 수 있다. 그리고 내가 보건대 이 그림자의 실제적인 역할, 즉 인간의 일상에서 그것의 용도와 영향력은 (휴식과 기쁨을 주는 것 외에 아무 일도 하지 않는 예술의 역할과 대비되는 것으로서) 일종의 인간적 공감을 표현하는 것이다. 인생의 어두움과 같은 깊은 어두움으로. 위대한 시와 위대한 소설에서처럼 그림자의 크기가 주는 장중함은 우리 대부분을 감동시키고, 서정적 흥분이 지속되면 때로 스스로를 주체할 수 없을 만큼 심각해지거나 우울해지기도 한다. 그렇지 않다면 그 문학은 이 험한 세상의 진실을 표현하는 것이 아니다. 그러므로 놀라운 인간의 예술인 건축에는 인생의 갈등과 분노에 그리고 그것의 비애와 오묘에 상응하는 표현이 있어야 한다. 이는 오직 우울의 깊이와 발산으로, 찌푸린 전면과 후퇴한 음영으로 주어질 수 있다. 그래서 렘브란티즘Rembrandtism은 회화에서는 잘못된 방식일지 모르나 건축에서는 고귀한 것이다. 나는 진정으로 위대한 건물 가운데 웅장한 크기의 격렬하고 깊이 있는 그림자가 그 표면과 어우러지지 않은 것은 없다고 믿는다. 젊은 건축가가 가져야 하는 첫 번째 습관은 그림자를 생각하는 것이지, 저 가녀린 선의 뼈대로 이루어진 디자인을 보는 것이 아니다. 동이 트고 해가 질 때의 모습을 상상해보라. 돌이 뜨거워지고 틈새가 서늘해질 때를. 그 돌 위에서 도마뱀이 볕을 쬐고 그 틈새에서 새들이 집을 지을 때를. 그가 냉기와 열기의 감각을 가지고 설계하도록 하자.[4] 인류가 사막에서 우물을 파듯 그가 그림자를 파내도록 하자. 대장장이가 뜨거운 쇠를 뽑아내듯 그를 빛으로 인도하자. 그가 이 둘 모두를 자유자재로 구사하도록 하자. 빛이 어떻게 떨어지고, 어디로 사라지는지 그가 알고 있다는 것을 보여주자. 그가 종이에 긋는 선들과 비례는 아무 가치가 없다. 그가 해야 하는 것은 모두 빛과 어둠의 공간을 통해서 행해져야 한다. 그의 과제 중 하나는 황혼이 삼켜버릴 수 없을 만큼 넓고 대담한 것이 있음을, 다른 하나는 정오의 태양에도 마르지 않는 촉촉한 웅덩이처럼 깊은 것이 있음을 아는 것이다.

그리고 아마도 이를 위해 우선 필요한 것은 많은 빛과 그림자일 것이며, 그 둘이 동등한 무게를 갖고 떨어지는지 아니면 큰 것에 작은 것이 변화를 주는지는 둘째 문제다. 어찌됐건 하나와 다른 하나의 매스가 있어야 한다. 완전히 나뉘거나, 아직 나뉘지 않은 설계는 일말의 가치도 없다. 넓이와 관련된 이 위대한 법칙은 건축과 회화에서 정확히 일치하고 그래서 중요한데, 두 분야에 적용된 원리를 검토하면 내가 이제 주장하고자 하는 장엄한 설계의 조건들이 대부분 드러날 것이다.

14. 화가들은 빛과 그림자의 매스에 대해 느슨하게 말하는 습관이 있다. 둘 중 어느 한쪽이 큰 공간을 일컫곤 한다. 하지만 윤곽을 갖는 온전한 형태를 "매스"로 한정하고, 그 형태들 사이의 영역을 간격interval이라 부르는 것이 때로 유익하다. 뻗어 나온 가지와 줄기에 달린 무성한 나뭇잎에서 우리는 빛의 매스와 그림자의 간격을 본다.

---

[4] "그가 ~ 하도록 하자. 그가 ~ 하도록 하자" 모두 좋다. 그러나 이 글을 쓰는 내내 나는 어떤 특정 건축가나 지금 살아 있는 건축가를 염두에 두었던 것은 아니다. 달걀이나 양초만한 그림자는 만들 수 있지만, 쇠시리와 샤프트의 그림자는 만들 수 없는 건축가들을 위해 쓴 것이다!

그와 반대로 밝은 하늘과 그 위를 덮은 검은 구름에서 그림자의 매스와 빛의 간격을 본다.

    이 구분은 건축에서 훨씬 더 중요하다. 여기에 의존하는 두 가지 뚜렷한 양식이 있기 때문이다. 하나는 형태들이 어둠 위에 빛을 그리는 것으로, 그리스의 조각이나 기둥에서 볼 수 있다. 다른 하나는 빛 위에 어둠을 그리는 것으로 초기 고딕의 나뭇잎장식 같은 것이다. 한데 어둠의 정도와 위치를 바꾸는 것은 명확히 설계자의 힘에 속한 것이 아니지만, 그 빛의 정도를 결정적인 방향으로 바꾸는 것은 전적으로 그의 힘에 달려있다. 그래서 어두운 매스를 얻으려면 일반적으로 칼로 자른 듯한 예리한 윤곽선을 사용한다. 거기서 어둠과 빛은 둘 다 평평하게 펼쳐지다 예리한 가장자리에 의해 종결된다. 반면 밝은 매스를 얻으려면 온화하고 충만한 디자인을 사용한다. 거기서 어둠은 반사된 빛에 의해 상당히 순화되고 따뜻해지며, 빛은 점차 어둠으로 넘어간다. 밀턴John Milton 역주43이 도리스의 얕은 돋을새김을 표현한 단어 "오돌토돌한bossy"은 그가 붙인 명칭들이 일반적으로 그렇듯, 영어의 어휘 중에서 이 방식을 가장 이해하기 쉽고 분명하게 표현한 단어다. 한편 초기 고딕장식의 주요한 요소를 묘사하는 용어는 박箔, foil인데, 나뭇잎이나 얇고 판판한 조각을 말하는 것으로 평평한 그림자 공간을 뜻하는 중요한 용어다.

15. 우리는 짧게나마 이 두 종류의 매스가 처리되는 실제적인 방법을 다뤄야 할 것이다. 우선은 빛의 매스인 둥근 매스를 보자. 그리스인들은 얕은 돋을새김보다 좀 더 튀어나온 돋을새김을 유지했는데, 그 방식은 찰스 이스트레이크Sir Charles Locke Eastlake 역주44가 너무도 잘 묘사하여 다시 반복할 필요가 없을 정도다.[5] 그가 주목한 사실에서

---

5   『순수미술 입문Literature of the Fine Arts』에서 얕은 돋을새김 편을 보라.

우리가 내릴 수밖에 없는 결론은, 그리스의 장인들이 어둠의 영역으로서 그림자를 사용한 것은 그들의 빛나는 형상과 디자인을 분명하게 떼어내기 위해서였다는 것이다. 그들의 관심은 한 가지 목적에 집중되어 있었는데, 그것은 알아보기 쉬어야 한다는 것과 또렷한 악센트였다. 그래서 명료성을 위해서라면 모든 구성과 조화, 심지어 어둠과 빛 각각의 생동감과 에너지마저도 희생되었다. 또한 그들은 특별한 형태를 편애하지도 않았다. 기둥과 주요 장식에 둥근 형태들이 채택된 것은 그 자체를 좋아해서가 아니라 표현된 대상들의 특성을 위해서였다. 그것들은 아름답게 둥글려졌는데, 그리스인들은 해야만 하는 것을 으레 잘 했기 때문이지 그들이 사각형보다 원형을 사랑했기 때문이 아니다. 코니스와 트리글리프triglyph 역주45에서는 단호한 직선과 곡선이 함께 어울렸다. 멀리서 보면 원주의 너비를 상당히 깨트리는 세로 홈이 기둥의 매스를 나누기도 했다. 이와 같은 초기 그리스의 배열에 남아 있던 빛의 힘은 계속되는 장식의 정제와 추가 덕분에 감소되었다. 그리고 그 감소는 원형아치가 장식의 특성으로 굳어지기 전까지 로마인들의 작품에서 지속된다. 원형의 사랑스럽고 단순한 선을 본 후 사람들의 눈은 그와 같이 확고한 형태를 만드는 윤곽선을 찾아 나선다. 뒤이어 돔이 등장했고 그때부터 당연히 장식적 매스도 건물의 주요한 특징과 조화를 이루도록 처리되었다. 그래서 비잔틴 건축가들이 꽃피운 장식의 체계는 전적으로 곡면의 매스를 위한 것이었다. 돔이나 원주 같은 곡면에서 빛은 점진적인 바림gradation으로 떨어지지만, 그럼에도 불구하고 빛을 받은 표면은 독특하고 천재적일 만큼 복잡한 디테일 덕분에 다양하게 나눠졌다. 어떤 것은 장인의 미흡한 기량을 감안해야 하는데, 주두에 있는 나뭇잎의 뾰족한 부분은 잘라 붙이는 것보다 돌에서 깎아내는 것이 더 쉽기 때문이다. 그럼에도 불구하고 비잔틴 사람들은 잎사귀를 붙인 주두를 아주 능숙하게 만들었다. 그 기량은 그들이 육중한 형태를 선호한 것이 결코 누구의 강요나 어리석음 때문이 아니었음을 보여준다. 그리스의 주두는 *선의* 배열이 훨씬 더 뛰어난 반면, 비잔틴의 빛과 그림자는 경쟁상대가 없을 만큼 아주 웅장하고 남성적으로 분배된다. 거의 모든 자연물이 그렇듯 순수한 바람의 성질을 살릴 수 있도록 제작했기 때문이다. 이를 얻는 것이 웅장한 자연의 형태에 다가가는 첫 번째이자 가장 확실한 조건이다. 우뢰를 머금은 먹구름이 흩어지고 합치기를 반복하지만 결국 넓고 뜨겁고 밝은 그곳을 거쳐, 모두 한밤의 어둠 저편으로 모여든다. 마찬가지로 장엄하게 솟아오른 산허리는 골짜기와 바위의 날로 패이고 찢기지만, 빛이 머무는 봉우리와 그늘진 비탈로 이루어진 일체감을 잃어버리지 않는다. 죽 뻗은 나무는 풍성한 잎과 가지들을 머리에 이고 있지만, 결국 하늘을 향한 하나의 선으로 종결되고 초록의 지평으로 둘러싸인다. 그 지평이 아득한 숲으로 증식되고, 위에서 보면 물결치는 산맥으로 이어진다. 이 모든 것이 위대하고 영광스러운 법칙인 빛의 분산을 보여준다. 그리고 이 법칙을 위해 비잔틴 장식이 창조되었다. 이것이 우리에게 알려주는 바는, 자기관조적이며 자기만족적인 그리스인들보다 비잔틴 장인들이 신이 장엄하게 만들려 했던 것에 더욱 깊이 공감했다는 것이다. 그리스인들에 비하면 그들이 야만적이라는 것을 모르는 바 아니다. 그러나 그들의 야만성에 더 강력한 음조의 힘이 있다. 궤변적이거나 날카롭지 않은, 포용력 있고 신비로운 힘이나. 신중하다기보다 신뢰가 가는 힘이다. 그래서 창조한 것 이상을 인지하고 느끼게 한다. 스스로를 파악하거나 규정하는 힘이 아니라, 계곡이나 바람처럼 마음 가는 대로 작동하고 방랑하는 힘이다. 그 힘은 한정된 형태의 표현이나 개념 안에 머무를 수 없었고, 아칸서스 잎으로 숨겨질 수도 없었다. 그 힘의 표상은 폭풍우와 그늘진 언덕으로, 이 땅의 낮밤

아포리즘 18

비잔틴 건축의 종교적 고귀함.

과 신비한 대화를 나눈다.[6]

16. 나는 속 빈 돌덩어리 하나에 어떤 이상을 부여하려고 노력하고 있다. 흐르는 듯한 잎장식으로 둘러싸여 베네치아 산마르코의 중앙 출입구 아키트레이브를 다채롭게 장식하는 돌이다(도판 1, 그림 3). 나에게 그것은 빛의 너비, 조화로운 음영, 정교한 디테일을 보여주는 독보적인 아름다움이다. 마치 이파리들은 예민한 감각이 있어 살짝 스치기만 해도 움츠러들고, 곧 다시 무성한 덤불로 사라질 것 같다. 도판 6의 아치 위아래에 보이는 루카Lucca의 산미켈레 성당Chiesa di San Michele 코니스는 단순한 사각형의 곡면에서 무거운 잎과 두꺼운 줄기의 효과를 보여준다. 그 곡면이 말리면서 빛은 점차 소멸한다. 내가 생각하기론 이보다 더 고귀한 것을 발명하기란 어려운 일일 것이다. 내가 그 배열의 평면적인 넓음의 성격을 진심으로 추천하는 이유는, 후에 그 처리방법이 더 훌륭한 기교로 수정되어 고딕의 가장 화려한 장식의 특성이 되었기 때문이다. 도판 5에 있는 주두는 베네치아 고딕에서 가장 고귀한 시기의 것이다. 거기서 빛과 그림자라는 두 매스의 넓이에 절대적으로 기대고 있는 나뭇잎과 새들의 화려한 율동을 보는 것은 흥미롭다. 베네치아 건축가들이 행한 것은 그들 바다에 일렁이는 파도만큼이나 저항할 수 없는 힘을 가지고 있다. 그리고 그런 장식을 알프스 북쪽의 고딕 장인들도 행했다. 베네치아 장인

---

6   비잔틴 건축에 대한 이러한 평가는 예전에 로드 린지Lord Lindsay가 — 내가 알기론 오로지 그만이 — 내린 것이다. 글로서는 그와 나만이 내린 평가다. 물론 색에 대한 안목이 있고, 예술에 의해서만 가장 완벽하게 해석되는 기독교 정신에 충분히 공감하는 사람이라면 모두 공유하는 평가지만 말이다. 이 문장에서 자기만족적인 그리스인이라는 구절은 생략될 수 있다. 고상한 그리스인은 성 프란시스St. Francis나 조지 허버트처럼 신이 없이는 대개 만족하지 못했다. 그리고 비잔틴 사람은 실제로 그리스 사람에 다름 *아니었다*. 제우스 대신 예수를 인정했을 뿐.

보다는 소심하고 약간 주눅이 든 냉정한 방식이긴 하나, 그 위대한 법칙에 그들의 동의를 표한다. 북쪽의 고드름과 구름으로 부서진 햇살이 그 노동에 이미지를 얹고 영향을 준 듯하다. 그래서 이탈리아인들의 손 안에서 피고 지던, 정오의 더위에 지친 듯 검은 그림자에 절하던 나뭇잎들이 북쪽에서는 동상에 걸린 듯 가장자리를 뾰족하게 오므리고 마치 이슬을 머금은 듯 반짝인다. 하지만 지배적인 형태인 둥글둥글함을 느끼고 발견하는 것이 어렵지 않다. 도판 1의 그림 4는 도판 2의 박공벽 정식으로, 생로 대성당Saint Lô에서 온 것이다. 이는 비잔틴 주두에서 받게 되는 느낌과 아주 유사하다. 애버커스 아래로 4개의 엉겅퀴 잎사귀가 돌아가는데, 그 줄기가 모퉁이에서 불거져 나오며 바깥쪽으로 구부러지고 머리 쪽에서 오므라든다. 뾰족한 가시가 충만한 빛에 펼쳐지자, 그 접점이 2개의 선명한 네잎장식을 만든다. 나는 이 가시가 얼마나 정교하게 조각되었는지 볼 수 있을 만큼 정식에 충분히 다가갈 수 없었다. 하지만 옆에 있던 진짜 엉겅퀴 다발을 스케치했다. 독자들이 그것들을 비교한다면 전체적으로 얼마나 노련하게 넓은 표면을 이용했는지 이해할 수 있을 것이다. 도판 13의 그림 4는 쿠탕스 성당에서 유래한 작은 주두다. 이는 좀 더 초기 고딕의 것으로 훨씬 단순하기 때문에 그 원칙을 한층 명확하게 보여준다. 그러나 생로의 정식은 전성기 플랑부아양에서 볼 수 있는 수천 가지 예 중 하나일 뿐이다. 넓이에 대한 감각이 주요 장식에서 사라진 후에도 오랫동안 하위의 장식들에서 계속 유지되었고, 때로는 코드베크 성당Caudebec과 루앙 성당의 입구를 풍요롭게 하는 원통형 벽감이나 대좌에서처럼, 기발하게 그 자체를 완전히 새로이 변신시키기도 했다. 도판 1의 그림 1은 루앙에서 가장 단순한 것이다. 더 정교한 것은 돌출한 네 면인데, 버트레스로 8개의 둥근 트레이서리 벽감을 구획한다. 심지어 전체 기둥의 부피감도 같은 느낌으로 처리되었다. 부분적으로는 오목한 벽감으로, 부분적으로는 정사각형의 샤프트로, 또는 입상과 격자세공으로 구성되었음에도 전체는 화려한 하나의 둥근 탑으로 정돈되고 있다.

17. 나는 여기서 더 큰 곡면의 처리방법에 대해 묻는 호기심 어린 질문까지 파고들 수는 없다. 원형과 사각형의 탑에서 보이는 불가피한 비례의 차이의 원인이 무엇인지, 그리고 산탄젤로 성Castel di Sant' Angelo이나 체칠리아 메텔라 묘Tomba di Cecilia Metella 역주46, 산피에트로 성당의 돔과 같은 매스에는 부적절해 보이는 표면장식을 왜 원주나 구에는 마음껏 사용해도 좋은지 낱낱이 검토할 수 없다. 그러나 앞에서 말한 평활한 표면에 어울리는 고요함은 곡면의 경우에 훨씬 더 들어맞는다. 그리고 기억해야 할 것은 우리는 지금 어떻게 이 고요와 힘이 하위의 분할로 옮겨가는지를 고찰하는 것이지, 어떻게 하위 형태의 장식특성이 때로 상위의 평온함을 위태롭게 하는지를 알고자 하는 것이 아니다. 또한 우리가 검토한 경우들이 주로 구형이나 원형의 매스일지라도, 단지 그렇기 때문에 너비가 확보될 수 있다고 생각해서도 안 된다. 아주 고귀한 형태는 대부분 평면에 가까운 곡면으로, 때론 거의 인지되지 않는다. 그러나 적은 빛으로도 얼마간 웅장함을 확보하기 위해서는 어느 정도의 만곡이 있어야 한다. 기교의 관점에서 볼 때 이 예술가와 저 예술가의 가장 현저한 차이는 얼마나 민감하게 곡면의 정도를 지각하느냐에 달려 있다. 그처럼 곡면의 다양한 굴곡과 점점 축소되는 원근법을 표현하는 완숙함이 아마도 손과 눈이 가장 마지막에 그리고 가장 어렵게 성취하는 능력일 것이다. 예컨대 평범한 검은 전나무보다 풍경화가를 더 좌절케 하는 나무는 아마도 없을 것이다. 그래서 어설픈 모방을 넘어서는 전나무의 재현을 보기란 드문 일이다. 대개는 평면에서 자란 것처럼 어색해 보이거나, 가지들은 이쪽과 저쪽이 대칭인 단면처럼 보인다. 그래서 전나무는 뻣뻣하고 다루기 힘들며 못생긴 나무로 여겨진다. 만일 나무가 그

림처럼 자랐다면 그럴 것이다. 그러나 그 나무의 힘은 그런 샹들리에 같은 단면에 있는 것이 아니라, 어둡고 넓적하고 견실한 잎사귀의 면에 있다. 잎은 뻗어 나온 자신의 힘센 팔을 방패와 같이 살며시 감싸며, 손가락처럼 사지를 편다. 이러한 지배적인 모습을 얻기 전에 날카롭고, 파릇하고, 복잡한 잎사귀를 그리는 일은 헛되다. 관객이 가까이서 보는 나뭇가지들을 입체적으로 묘사하는 것은 계속해서 봉우리에 봉우리가 거듭되는 광활한 산악지대를 입체적으로 그리는 것과 유사하다. 손가락 같이 생긴 끝자락을 뭉뚝하게 단순화시키려면 로저스 씨Samuel Rogers의 티치아노Tiziano 그림의 향유병 위에 얹힌 막달레나의 손처럼 섬세한 느낌을 필요로 한다.역주47 그래서 전나무를 덮는 무성한 나뭇잎의 '등'을 제대로 그려야만 비로소 그 나무를 얻는 것이다. 하지만 나는 이를 통감한 화가를 본적이 없다. 이렇게 모든 그림과 조각에서는 하위 매스들을 부드럽고 완전한 둥근 모양으로 만드는 능력이 중요하다. 그 매스들이 자연의 평정을 유지하고 자연의 진리를 추종하며 최고의 지식과 기술을 장인에게 요구하기 때문이다. 고귀한 디자인은 항상 나뭇잎의 등으로 판가름 난다고 할 수도 있겠다. 날렵한 가장자리와 과도한 세공은 표면의 너비와 우아함을 희생시켰다. 그리고 이 희생이 빛을 버리고 선에 주목함으로써 고딕의 트레이서리를 망쳤듯이, 고딕의 쇠시리를 망쳤다. 그러나 우리가 이러한 변화를 잘 이해하려면 다른 종류의 매스를 배열할 때 필요한 주요 조건들을 일별해야 한다. 그것은 평활한, 그림자만의 매스나.

18. 우리는 앞에서 비싼 재료와 힘든 노동으로 채워진 벽의 표면이 — 채우는 방식에 관해서는 다음 장에서 검토할 것이다 — 기독교 건축가들에게 특별한 관심의 대상이 되었다고 말했다. 그런데 벽면의 넓고 평활한 빛은 점이나 면의 활기찬 그림자가 있어야만 그 진가를 발휘할 수 있었다. 그 그림자는 로마네스크 건축가가 뒤로 후퇴

한 아케이드를 세우면서 생겨났다. 그러한 처리방식에서 모든 효과는 그림자에 의해 좌우되지만, 도판 6에서 보듯 눈은 여전히 고전건축에서와 마찬가지로 앞에 있는 원주와 주두와 벽에 주목한다. 그러나 롬바르드와 로마네스크 교회들에선 보통 아치모양의 틈에 불과했던 창이 점점 커지게 되자, 단순한 방식의 장식을 생각하기 시작했다. 바로 뚫음penetration의 방법인데, 내부에서 보면 빛의 형태고 밖에서 보면 그늘의 형태가 된다. 이탈리아의 트레이서리에서 눈은 오로지 뚫음의 어두운 형태에만 주목하고, 설계의 전체 체계와 힘은 그 어둠의 형태에 좌우되곤 한다. 뚫린 공간은 가장 완벽하다고 할 수 있는 초기 고딕의 예에서 상당히 공들인 장식으로 채워진다. 그러나 이 장식은 아주 절제되어 결코 어둠의 크기와 단순성을 방해하는 법이 없다. 그래서 전체적으로 뭔가 결여된 인상을 주는 경우가 많다. 전체 구성은 어둠의 분배와 형상에 따라 좌우되는데, 도판 9의 지오토 종탑이나 오르산미켈레Or San Michele의 머리창에 자리 잡은 어둠보다 더 탁월한 것은 있을 수 없다. 이렇듯 전적으로 그 효과는 어둠에 의존하므로 이탈리아의 트레이서리를 외곽선만으로 그리는 것은 아주 쓸모없는 짓이다. 그 효과를 묘사할 양이면, 검은 부분을 표시하고 나머지는 그냥 놔두는 것이 더 좋다. 물론 디자인을 정확히 묘사하고 싶다면 선과 쇠시리로 충분하다. 그러나 그때 건축에 들인 노동은 거의 무용지물이 되곤 한다. 왜냐면 그 배열이 말하고자 하는 취지를 독자들이 판단할 수 있는 수단이 없기 때문이다. 오르산미켈레의 풍성한 잎의 커스프와 간격들을 그린 건축소묘를 보면서 모든 조각은 단지 우아함을 덧붙이기 위한 부차적인 것으로 그 건물의 실제 구성과는 아무 관계가 없으며, 주요 효과는 단지 석공이 석판을 몇 번 과감하게 잘라 얻어지는 것임을 한눈에 이해하는 사람은 아무도 없다. 그래서 나는 지오토의 도판에서 특히 *의도된 효과의* 지점들을 표시하려고 노력했다. 거기에는 다른 경우들과 마찬가지로 하얀 돌의 표면 위에 내려앉은 우아한 자태의 검은 그림자들이 있다. 마치 눈 위에 떨어진 검은 잎사귀 같다. 그러므로 이전에도 언급했듯이 이런 장식을 보편적으로 박이라 칭하는 것이다.

19. 어둠의 효과를 완벽하게 내기 위해서는 당연하게도 유리를 처리할 때 가장 주의해야 한다. 최고로 아름다운 경우는 트레이서리가 유리 없이 열린 빛일 때다. 예를 들면 지오토가 설계한 탑들이 그렇고, 피사의 캄포 산토나 베네치아의 두칼레 궁전에 있는 외부 아케이드가 그렇다. 이때만이 어둠의 완전한 아름다움이 펼쳐진다. 주거건물이나 교회의 창 중에서 부득이하게 유리를 껴야 하는 곳에는 최대한 트레이서리 뒤에 유리를 놓는다. 피렌체 성당의 트레이서리들은 유리와 완전히 분리되어있어서, 트레이서리의 그림자가 또 하나의 뚜렷한 선을 만들기 때문에 대부분의 창이 이중 트레이서리처럼 보인다. 몇몇 경우는 오르산미켈레에서처럼 트레이서리 사이에 유리를 끼우기도 했는데, 그러면 그 효과의 절반은 포기하는 것이다. 아마도 오르카냐Andrea Orcagna 역주48가 벽면 장식에 특히 관심을 기울인 이유는 유리를 사용하려던 속셈과 관련 있을 것이다. 예전에는 대담한 건축 장인들의 골칫덩어리였던 유리가 최근의 건축에선 트레이서리의 선을 날씬하게 만드는 유용한 수단으로 여겨지는 것은 참 이상한 일이다. 옥스퍼드 멜튼 대학Merton College의 창이 그런 예다. 거기서 유리는 트레이서리 두께 숭앙에서 약 2인치 정도 전진하여, 둘 사이의 간격을 매우 좁힌다(보통은 중간에 더 많은 공간을 둔다). 그러면 그림자의 깊이가 줄어들어서 외관상 트레이서리가 두껍게 보이는 것을 막기 때문이다.[7] 트레이서리가 날씬해 보이는 효과는 대부분 이렇게

---

7   잘 지적했다. 그리고 당시에 이 생각을 한 것은 나뿐이다. 이렇게 유리가 나오고 들어가는 문제는 심지어 비올레 르 뒤크의 트레이서리에 관한 긴

사소해 보이는 장치들 덕분이다. 그러나 일반적으로 말하면 유리는 모든 트레이서리를 망친다. 그래서 유리 사용을 피할 수 없는 상황이라면 트레이서리 안에 잘 집어넣고, 필요치 않다면 정갈하고 아름다운 트레이서리만 그대로 두는 것이 바람직하다.[8]

20. 이제까지 우리가 추적한 바에 따르면, 그림자에 의한 장식의 방법은 북 고딕과 남 고딕에서 공통적이었다. 그러나 이 체계가 완성되는 과정에서 둘은 빠르게 갈라진다. 남쪽의 건축가들은 대리석을 마음대로 쓸 수 있었고 고전적 장식을 늘 볼 수 있었기 때문에, 정교한 잎사귀로 사잇공간을 조각하거나 상감세공한 돌을 벽면에 넣어 다채롭게 장식할 수 있었다. 북쪽 건축가들은 고대의 작품을 알지도 못했고 좋은 재료도 없었다. 그래서 그들은 창에 나뭇잎모양의 구멍을 내듯이 벽에도 잎모양으로 깎은 구멍을 잔뜩 내는 것 외에는 다른 방도가 없었다. 북쪽 건축가들이 만든 것은 대개 아주 서툴렀지만 항상 박진감 넘치는 구성미를 보여주며 언제나 *그림자* 효과에 기대고 있다는 것을 알 수 있다. 벽이 두꺼워 완전히 도려내기가 여의치 않거나 큰 나뭇잎으로 장식되어 빛이 가려진 곳은 그림자가 전체 공간을 채우지 못했다. 그럼에도 불구하고 그 형태만큼은 나름대로 시선을 집중시켰다. 그리고 가능한 곳에서는 잎들이 선명하게 드러나도

논문에서도 다뤄지지 않았다. 실제로 보고 말한 것에 대하여 입증하는 일에는 내가 아무래도 좀 더 끈질긴 것 같다. 모두 쓸데없는 것이기 때문에 아무도 하지 않는 것이다. 그것이 영향력이 있다면, 내가 이렇게 나의 입장을 정당화할 필요가 없다. 이제 내가 말할 수 있는 것은 이것뿐이다. "나는 너에게 바른길을 가르쳐 주겠다. 네가 그 길을 가지 않을지라도" 다음 주석을 보라.

8   예를 들면 수도원이다. 내가 경험한 이 권고의 유일한 결과물은 가장 싼 트레이서리를 만들자는 가장 멍청한 짓의 확산이었다. 캔터베리에 있는 선교회 학교의 수도원이 그 경우다.

록 완전히 벽을 도려냈다. 바이외 서쪽 파사드처럼 높이 올린 박공면이 그런 곳이다. 할 수 있는 곳은 언제나 깊이 도려내서 고도가 낮은 빛이 바로 앞에서 떨어지지 않는 한 매우 넓은 그림자를 얻는다.

도판 7의 맨 위에 있는 스팬드럴은 리지외 성당의 남서쪽 출입구에서 온 것이다. 노르망디의 매우 고풍스럽고 흥미로운 문들 중 하나인데 아마도 얼마 후엔 영원히 사라질지 모른다. 이미 북쪽 탑을 파괴시킨 석공개선작업이 계속되고 있기 때문이다. 이 조각들은 매우 서툴지만 기백이 넘친다. 건너편 스팬드럴의 장식은 균형은 잡혀 보이지만 매우 부정확하게 세공된 다른 종류의 것이다. 각각의 장미나 별들은 (지금은 많이 손상되었지만 윗부분에 있는 5방향의 형태처럼) 다른 돌에서 세공한 뒤, 이음새를 정확히 맞추지 않고 집어넣은 것이다. 이는 이미 내가 앞에서 주장했던 것으로, 초창기 건축가들이 사잇돌의 형태에 완전히 무관심했다는 것을 입증한다.

아치와 샤프트로 이루어진 아케이드는 문의 측면을 꾸민다. 바깥쪽 3개의 샤프트는 스팬드럴에 묻혀 있는 세 가지 오더의 주두를 받친다. 각 샤프트는 안쪽의 아케이드 앞을 지나 위에 있는 네잎장식을 지나간다. 그 네잎장식은 스팬드럴을 오목하게 도려낸 후 잎모양의 돌로 채운 것이다. 이렇게 전체 구성은 탁월하게 픽처레스크하며 빛과 어둠의 기묘한 유희로 가득하다.

이렇게 도려낸 장식들을 편의상 뚫음의 장식에 포함시킨다면, 그 장식들은 한동안 독특하고 독립적인 성격을 유지했다. 그 후 증식과 확대를 반복하면서 파내는 깊이가 그만큼 얕아졌다. 그 다음엔 서로 삼키듯이 겹쳐지거나, 잦아드는 비누거품과 같이 하나가 다른 하나에 매달리며 서로 붙어버린다. 그림 4의 바이외 스팬드럴은 마치 파이프로 거품을 분 것 같다. 결국 장식들은 자신의 개성을 모두 잃고, 시선은 우리가 이전 창에서 보았듯이 분리된 트레이서리의 선에 머물게 된다. 그 후 거대한 변혁이 일어났고 고딕의 힘은 몰락했다.

21. 그림 2와 3은, 하나는 베로나의 산타나스타시아Sant'Anastasia 근처에 있는 작은 예배당의 별모양 창을 4분의 1로 자른 것이고, 다른 하나는 파도바의 에레미타니 교회에서 온 독특한 예다. 이 둘을 루앙의 트랜셉트 탑 장식인 그림 5와 비교해보면, 초기 북 고딕과 남 고딕의 관계를 그대로 보여준다는 것을 알 수 있다. 그러나 말했듯이 이탈리아의 건축가들은 벽면 장식에 쩔쩔매지도 않았고, 북쪽 사람들처럼 뚫음의 방식을 다양화시키려는 강박도 없었다. 그래서 그들은 얼마간 더 그 체계를 유지했다. 그러면서 그들은 장식에 정교함을 더했고 계획의 순수성을 유지했다. 그러나 이러한 장식의 정제는 그들의 약점이 되어 르네상스의 공격에 길을 열어주는 계기가 된다. 그들은 옛 로마인들처럼 쓰러졌다. 그들의 사치로 말미암아. 위대한 베네치아 학파만이 예외였다. 그 학파의 건축은 다른 모든 것이 죽어간 사치스러움에서 시작했다. 비잔틴의 모자이크와 뇌문장식을 발판으로 삼았다. 그런데 그 장식들은 하나씩 하나씩 버려진 반면, 건축의 형태는 점점 더 엄격한 법칙으로 규정되면서 앞으로 나아갔다. 그리고 마침내 그들만의 고딕의 전형을 그렇게 웅장하고, 그렇게 완결되고 그렇게 고상하게 체계화시켰다. 그 결과 내가 알기론 전례가 없는, 우리가 반드시 경의를 표할 수밖에 없는 건축이 탄생했다.[9]

---

[9] 나는 일면적이고 불완전한 문장들을 많이 썼다. 그래서 문맥이나 전개과정을 고려하지 않고 읽으면 오해의 여지가 있다. 그러나 내 책의 어느 곳에서도 이처럼 확실하게 틀린 문장은 없다. 이것을 쓸 당시에 나는 베네치아의 역사를 알지 못했다. 후기 귀족들을 관통했던 자만심의 표출을 그 민족 전체의 기질로 착각한 것이다. 베네치아의 진정한 힘은 14세기가 아니라 12세기에 있었다. 그리고 그들이 비잔틴 건축을 포기한 것은 그들의 *폐망*을 의미했다. 『베네치아의 돌』에 나오는 치아니 궁전Palazzo Ziani의 파멸에 대한 주석을 보라. 더욱이 내가 상상했던 베네치아 고딕의 자기절제가 모두 사실이라 할지라도, 원래 더 순수했던 양식들과 비교해 독자들이 너무 높은 평가를 내리지 않도록 나는 조심스럽게 지적했다. 2판 서문에 나오는 다음 문장을 일반 독자들은 너무 간과하고 있다. "나는 여기서 『베네치아의 돌』을

그리스 도리스 양식도 예외는 아니다. 도리스 양식은 아무것도 버리지 않았다. 그러나 14세기의 베네치아 사람들은 세기가 지나는 동안 예술과 풍요가 줄 수 있는 모든 영화를 하나씩 하나씩 던져 버렸다. 그 왕관과 보석을, 황금과 빛깔을, 왕이 옷을 벗듯 내려놓았다. 그들은 마치 운동선수가 누어 쉬듯 노력을 멈추었다. 한때는 그렇게 변덕스럽고 경이롭던 이들이 마치 대자연의 법칙이라도 되는 양 침범할 수 없는 평화의 법칙에 사로잡혔다. 그 아름다움, 그 힘 외에는 아무것도 남지 않았다.역주49 둘은 최고의 것이었지만 억제되었다. 도리스식 기둥의 세로홈 장식은 불규칙한 수로 이루어지지만, 베네치아의 쇠시리는 변화하지 않았다. 도리스 장식이 어떤 유혹도 허락하지 않는 은자隱者의 단식이라면, 베네치아 장식은 모든 식물과 동물의 형태를 지배하는 동시에 포용하는 것이었다. 그것은 한 인간의 절제이자, 신의 창조 위에 있는 아담의 명령이었다. 나는 베네치아 사람들의 풍부한 상상력 너머에 있는 철통 같은 통제력만큼 강력하게 인간의 권위를 표시하는 방법을 알지 못한다. 그들의 정신은 고요하고 엄숙한 절제와 더불어 휘감는 잎사귀와 타오르는 생명에 대한 상상으로 충만했고, 그 생각을 단번에 표현했다. 그리고 육중한 창살과 밋밋한 커스프를 넘어서지 않았다.[10]

읽은 독자들이 성급하게 결론짓는 그 생각에 반대해야 한다. 바로 내가 고딕학파 중에서 베네치아 건축을 가장 고귀하다고 생각한다는 점이다. 내가 베네치아 고딕을 매우 존경하긴 해도, 그것은 존경하는 많은 초기 학파들 중 하나일 뿐이다. 내가 베네치아에 그렇게 많은 시간을 바친 이유는 그것들이 현존하는 건축 중에서 최고이기 때문이 아니라, 건축사의 아주 흥미로운 사실들을 아주 작은 영역 안에서 예시하고 있기 때문이다. 베로나의 고딕이 베네치아의 고딕보다 훨씬 더 고귀하다. 그리고 피렌체의 고딕은 베로나 고딕보다 고귀하다. 우리가 직접적으로 사용하기에는 파리의 노트르담Notre-Dame이 가장 고귀하다."

10   부록 4를 참고하라.

이를 행하는 그들의 능력은 그림자의 형태가 눈에 들어오느냐에 달려있었다. 시선을 돌과 장식으로 옮기기는커녕, 그들은 장식들을 하나씩 포기했다. 그래서 쇠시리들은 루앙의 트레이서리에 가까운 가장 안전한 오더와 대칭을 수용하는 동시에(도판 4와 도판 8을 비교하라) 아주 밋밋한 커스프를 유지했다. 조금이라도 장식을 해야 한다면 세잎장식(포스카리 궁전)이나 평연平緣, fillet 역주50(두칼레 궁전)으로 겨우 흔적을 남겼을 뿐 그 이상은 하지 않았다. 그 결과 도장을 찍듯 예리하게 도려낸 네잎장식은 그 4개의 검은 잎으로 아주 멀리서도 눈을 자극했다. 어떤 꽃망울도 어떤 장식도 그 형태의 순수함을 훼손하지 못했다. 대개 커스프는 상당히 선명하다. 그러나 포스카리 궁전에서는 약간 뭉뚝하고, 두칼레 궁전의 것은 단순한 공으로 채워진다. 그리고 창의 유리는 우리가 보다시피 현재 남아 있는 것은 모두 반사광이 그 깊이를 방해하지 못하도록 돌 뒤에 놓여있다. 카사 도로Casa d'Oro와 피사니 궁전Palazzo Pisani 그리고 다른 여러 예들이 보여주는 변질된 형태들은 단지 평범한 디자인의 위상을 높이는 정도이다.

22. 이것들이 초기 건축가들의 손으로 빚어진 빛과 어둠이라는 두 종류의 매스에서 유추할 수 있는 주요한 정황들이다. 빛에는 바림이, 어둠에는 평평함이 그리고 빛과 어둠 둘 모두의 너비가 가능한 방법을 동원해 표현하고자 하는 성질들이다. 이미 이야기했듯이 표면을 분할하는 수단으로 선이 매스를 대신하는 시기가 오기 전까지는 그랬다. 트레이서리와 관련해서는 이를 충분히 예시했다고 생각한다. 그러나 쇠시리에 관해서는 아직 한두 마디가 더 필요하다.

초기 고딕의 쇠시리들은 대부분 사각과 원통의 샤프트를 번갈아 사용하며 다양한 조합과 비율로 구성되었다. 양옆에 원통의 샤프트들이 늘어서 있는 바이외의 아름다운 서쪽 문들처럼, 원통의 반쪽만이 벽에 붙어있는 곳에서는 넓은 빛이 그것에 드리워진다. 시선은 언제나 보통 몇 개에 불과한 넓은 표면 위에 머무른다. 시대가 바뀌자 원통 샤프트의 가장자리를 따라 살짝 패인 요면의 끝이 솟아오르는 것이 보인다. 그 위에 빛의 선이 형성되면 원통 샤프트의 바림은 망가진다. (루앙 북문의 둥근 쇠시리처럼) 처음에는 거의 알아볼 수 없었다. 그러나 마치 식물이 싹을 틔우듯 그 돌기가 점차 자라나면서 밀고 나온다. 처음에는 가장자리에 뾰족하게 솟아나더니 부푼 돌기가 되고, 둥근 면을 쳐내고 평평해지면서 둥근 쇠시리는 확실한 평연이 된다. 저지할 새도 없이 그 평연은 둥근 쇠시리 스스로 굴복할 때까지 밀고 들어온다. 그리고 마침내 옆구리를 약간 부풀리면서 사라져간다. 그러는 동안 그 뒤에 있던 요면은 계속 깊이를 더하고 크기를 확장시켰다. 이렇게 사각과 원통의 매스가 엎치락뒤치락하는 사이, 쇠시리 전체가 줄무늬처럼 *요면*과 평면이 교대로 나타나는 정교한 평연으로 완결되면 마침내 시선은 오로지 거기에만 (예리한 빛의 *선*들을 관찰해보라) 머문다. 이런 일이 벌어지는 동안 완전히는 아닐지라도 유사한 변화가 꽃무리도 장악한다. 내가 루앙의 트랜셉트에서 가져온 도판 1 그림 2 (a)의 두 그림을 보자. 시선이 얼마나 절대적으로 잎사귀의 형태와 그 각 사이에 있는 세 열매에 머무르는지 관찰할 수 있을 것이다. 세잎장식이 어둠 속에 있던 것처럼 잎과 열매가 빛 속에 있기 때문이다. 이 쇠시리들은 거의 돌에 붙어 있다. 예리하게 아주 조금 아래를 쳐냈을 뿐이다. 시간이 지나면서 건축가의 관심은 잎사귀 대신 잎사귀 *줄기*로 옮겨갔다. 줄기는 길어졌고 (생로 성딩의 남분에서 온 그림 b), 줄기가 잘 드러나도록 바탕면을 깊은 요면으로 파내자 줄기는 완전히 빛의 선으로 등장한다. 보베의 트랜셉트에서 받침돌 bracket 과 플랑부아양 트레이서리를 잎사귀 하나 없이 완전히 잔가지들로만 구성하기까지 그 체계는 계속 복잡해졌다. 이는 충분히 독특하긴 하지만 어설픈 변덕에 불과하다. 일반적으로 잎사귀는 완전히 추방된 적이 없었고 이렇게 문을 감싸는 쇠시리에서 아름답게 배열되었다. 다만 엽맥과 결을 대담하게 살려 선적으로 묘사하거나, 잎을 말거나 가장자리를 꼬불꼬불하게 하여 얽히고설킨 가지 사이에 넓은 공간을 둔 적은 있었다(코드베크에서 온 그림 c). 딸기나 도토리로 이루어진 이러한 빛의 세잎장식은 가치가 감소한 적은 있지만 고딕이 지속되던 마지막 시기까지 결코 사라지지 않았다.

23. 이렇게 다양한 파생물들을 통해 변질된 원칙의 영향력을 추적하는 일은 흥미로우나 이제 실질적인 결론을 이끌어내기에 충분하다고 생각한다. 그 결론은 직접 작업을 하는 예술가들의 경험과 조언에서 수천 번 느끼고 되풀이된 것이지만, 충분하다 할 만큼 반복되지 않았으며 또한 마음 깊이 새길 만큼 깊이 느껴진 적은 없는 듯하다. 구성과 발명에 관한 많은 글들이 있는데, 내가 보기에 그것들은 헛수고일 뿐이다. 왜냐면 구성이나 발명은 가르칠 수 있는 것이 아니기 때문이다. 그래서 건축에서 힘을 구성하는 최고의 요인들이 무엇인지 나는 말하지 않겠다. 위대한 시대를 풍미했던 가장 화려한 작품에서조차 권위를 지녔던, 자연의 모방에 필요한 저 특별한 절제가 무엇인지도 여기서 말하지 않겠다. 그 절제에 대해선 다음 장에서 한두 마디 정도 언급할 것이다. 지금은 오직 확실하면서도 실질적으로 유용한 결론을 도출해보겠다. 건물의 상대적 위엄은 디자인의 어떤 다른 속성보다 매스의 무게와 에너지에 좌우된다는 것이다. 모든 것의 매스다. 부피의, 빛의, 어둠의, 색의 매스. 이중 어떤 것의 단순한 합이 아니고, 그것들의 넓이다. 중단되는 빛도, 흩어지는 어둠도, 나뉘지는 무게도 아닌 단단한 돌과, 넓은 볕과, 별이 없는 어둠이다. 내가 이 원리가 미치는 범위를 끝까지 좇으려 한다면, 시간은 나에게 완전한 실패를 안겨줄 것이다. 그런데 겉으론 시시해 보일지라도 분명 힘을 쏟을 만한 성질이 하나 있다. 영국에서는 비가 들이치는 것을

막기 위해 종루에 치는 목재보로 보통 깔끔하게 나눠진 횡목들을 이용하며 이는 베네치아 차양처럼 생겼다. 물론 목공에 세심하게 신경 쓰지 않으면 그만큼 눈에 더 뚜렷이 들어온다. 위로 향하는 종루건축의 수직의 선들과 완전히 대치되는 수평의 선들이 늘어서기 때문이다. 외국에서는 이러한 차양처마를 옥탑지붕에 적용한다. 서너 개의 들보를 창 안쪽에서부터 외부의 샤프트까지 걸친다. 그러면 끔찍한 수평의 선들 대신, 너댓 개의 거대한 그림자 매스가 던져지고 그 위에 있는 잿빛의 경사지붕과 더불어 온갖 종류의 재미있는 곡선과 굽이침을 만들 뿐만 아니라, 그 덕에 생긴 음지에 이끼와 지의地衣의 따뜻한 색조가 추가된다. 벽의 석공보다 이것이 더 기분 좋을 때가 많은데, 그 이유는 널쩍하고 어둡고 단순하기 때문이다. 무게와 그림자를 얻는 방법이 얼마나 어수룩하고 평범한지는 문제가 되지 않는다. 경사진 지붕, 돌출한 차양, 앞으로 나온 발코니, 텅 빈 벽감, 육중한 이무깃돌, 찌푸린 지붕난간. 그저 우울함과 단순성을 얻도록 하라, 그러면 좋은 것은 모두 때와 장소에 맞게 따라 올 것이다. 처음에는 그저 올빼미의 눈으로 설계하라, 그러면 매의 훗날을 맞이할 수 있을 것이다.

24. 이렇게 단순해 보이는 것을 강조해야 한다는 사실이 나를 슬프게 한다. 이것을 글로 쓰자니 진부하고 상투적으로 보일 따름이다. 그러나 나를 용서해주기 바란디. 이는 현장에서 배우고 이해하는 원칙과는 다른 것이고, 위대하고 진정한 예술의 법칙 중에서 가장 따르기 쉬운 것이기 때문에 이를 잊었다는 것은 더더욱 용서할 수 없으며, 그래서 이 요구를 수행할 만한 능력 정도는 아무리 진지하고 솔직하게 주장해도 지나치지 않다. 이 나라에서 오르산미켈레의 창을 장식했던 꽃잎을 구성할 수 있는 사람은 다섯 명이 채 안되며, 그것을 자를 수 있는 사람은 스무 명이 안 된다. 그러나 그 창의 검은

개구부를 배치하고 발명할 수 있는 시골 목사는 많고, 그것을 자를 수 없는 시골 석공은 없다. 몇 개의 클로버나 선갈퀴 잎사귀를 하얀 종이 위에 놓아라. 그리고 그 위치를 약간 변경하면 대리석판을 과감하게 자를 형태가 생각날 것이고, 어느 여름날 건축가가 끼적거린 창살보다 훨씬 가치 있을 것이다. 그러나 나는 영국인들이 돌보다는 오크를 마음에 두고 오크 열매인 도토리를 알프스 사람보다 더 아끼며 자연에 관심을 두지 않는 한, 어떻게 해야 할지 알 수가 없다. 우리가 행하는 모든 것은 작고 초라하다. 나쁘진 않더라도 얄팍하거나 쇠약하거나 견고하지 않다. 현대의 작품만이 아니다. 우리는 13세기 이후로 개구리나 쥐새끼 같은 것만 짓고 있다(우리의 성들만 빼놓고). 벌집이나 말벌둥지의 입구처럼 생긴 솔즈베리 동쪽 현관의 작고 남루한 비둘기 굴을 보라. 그리고 아브빌, 루앙, 랭스Reims 현관의 치솟은 아치와 머리에 얹은 왕관, 샤르트르Chartres의 바위를 쪼아 만든 기주들 또는 베로나Duomo di Verona의 어두운 궁륭으로 덮인 포치와 나선기둥을 보라. 이 얼마나 대비되는가! 국내의 건축에서 거론할 만한 것이 있는가? 우리가 최고라고 떠드는 그 좀스러운 말쑥함은 얼마나 소심하고 얼마나 갑갑하고 얼마나 빈곤하고 얼마나 가련한가! 우리에게 공통적인 그 공격의 표적과 경멸의 수준은 또 얼마나 저급한가! 그 형식화된 기형, 움츠러든 정확성, 굽주린 정밀도, 옹졸한 인간혐오는 얼마나 해괴한 감각인지, 우리가 피카르디Picardie의 울퉁불퉁한 거리를 떠나 켄트Kent 역주51의 장터를 가보면 바로 알게 될 것이다. 우리의 거리 건축이 좋아질 때까지, 우리가 그 건축에 무게와 대범함을 부여할 때까지, 창문에 깊이를 주고 벽에 두께를 줄 때까지, 건축가들이 매우 중요한 건물에서도 힘을 발휘하지 못하고 지지부진한들 어떻게 우리가 그들을 비난할 수 있겠는가. 그들이 중요한 건물을 설계하더라도 이미 협소함과 경박함에 익숙해져 있는 그들의 눈은 바뀌지 않는다. 말이 떨어지기 무섭게 그들이 넓이와 견고함을 인지하고 다루기를 기대하는가? 건축가 그들은 우리 도시에 살아서는 안 된다. 그 초라한 벽 안에 갇혀 있으면 인간의 상상력과 열정이 파괴될 수밖에 없다. 신에게 맹세한 수녀도 시간이 지나면 생을 마감하듯이 자명하고 확실한 일이다. 그래서 화가는 거의 도시에 살지 않으며 건축가 또한 그래야 한다. 그를 산으로 보내라. 그가 자연이 버트레스와 돔을 이해하는 방식을 연구하도록 하자. 예전 건축에는 힘이 있었다. 그 힘은 도시민에게서 보다는 은둔자에게서 나오는 것이다. 내가 최고의 찬사를 보냈던 건물들은 실제로 전쟁의 광장을 떠나고 대중의 분노를 넘어선 결과물이다. 그러나 건축의 힘을 보여주겠다고 더 큰 돌을 놓고 더 단단한 리벳을 치는 일이 적어도 우리 영국에서는 일어나지 않기를 바란다. 우리는 다른 힘의 근원을 보유하고 있다. 무쇠 같은 해안절벽과 푸른 언덕이 주는 표상이다. 그 절벽과 언덕의 힘은 은자의 정신만큼 순수하고, 그 못지않게 고귀한 힘이다. 알프스의 소나무 숲을 수도원의 불빛으로 하얗게 밝히고, 노르만 바다의 거친 바위 조각을 정연한 첨탑으로 올리는 정신이다. 바로 그 정신이 엘리야의 호렙산 동굴의 깊이와 어둠을 신전의 문에 담았다.,역주52 그 정신이 해변과 언덕에서 홀로 뒹구는 돌들을 모아 대중의 도시에 신전이라는 잿빛 절벽을 세우고, 하늘을 항해하는 새들과 고요한 대기 가운데로 솟게 했다.

4 아름다움의 등불 The Lamp of Beauty

1. 앞 장을 시작할 때 건축의 가치는 두 가지 뚜렷한 특질에 의해 좌우된다고 말했다. 하나는 인간의 힘을 각인시키는 것이고, 또 하나는 자연물의 이미지를 품는 것이다. 또한 나는 건축의 위엄이 인간 삶의 수고와 갈등에 어떤 방식으로 공감하면서 생겨나는지 보여주고자 했다.[1] (우수에 젖은 음조의 소리가 그렇듯, 형태의 우울함과 신비감에서 분명히 인지되는 공감이다). 나는 이제 건축의 탁월함에서 오는 보다 행복한 요소를 추적하고자 한다. 그 탁월함은 아름다움의 이미지를 고귀하게 만들 때 드러나는데, 주로 유기적인 자연을 외적으로 형상화할 때다.

우리의 현재 목적에 비추어 볼 때 아름다움을 각인시키는 본질적인 원인에 대해 파고드는 것은 적절치 않다. 그 문제에 대해서는 전작에서 어느 정도 나의 생각을 말했으므로, 앞으로는 그것들을 발전시키고 싶다. 그러나 그러한 연구들은 전부 아름다움이라는 말이 무슨 의미인지 제대로 이해하는 것을 전제로 하고, 인류의 감정이 이 주제에 관한 한 보편적이고 직관적이라고 추정하기 때문에 현재 나의 연구는 그 추정에 기초할 것이다. 그래서 내가 믿는 아름다움이

---

1 그렇다. 그러나 열일곱 번째 아포리즘에 나오는 "지배권" 또는 "시배"를 이미히는 깃은 아니다. 내가 이 책이 표지 양각에 권력Potestas을 권위Auctoritas로 대치하면서 은연중에 암시했을지라도 말이다. 건축의 지성적인 "지배권"을 이 장에서도 비례와 추상이라는 주제 하에 부분적으로 다룰 것이고 5장에서도 일부 다룰 것이다. (첫 번째 절, 아포리즘 23을 보라.) 이러한 구성은 한편으론 성급함과 처리의 미숙으로, 다른 한편으론 처리의 과도함으로 혼란을 유발하기도 한다. 그러나 예전에 내가 인정했듯이 (어딘지는 잊었지만) 나의 일곱 등불이 여덟, 아홉 또는 대중적으로 각광받는 어떤 수가 되지 않도록 지키기 위한 어려움이 있었고, 거기서 이러한 구성이 비롯됐으므로 양해를 바란다.

틀림없이 맞다고 나에게 확신을 주는 것만을 주장할 것이며, 나는 이런 기쁨의 요소가 건축 설계에 가장 잘 접목될 수 있는 방식을 간략하게나마 찾아보고, 아름다움을 끌어내는 가장 순수한 자원은 무엇이며 그것을 추구함에 있어 피해야만 하는 실수는 무엇인지 알아보고자 한다.

2. 내가 건축적 아름다움의 요소들을 다소 성급하게 모방된 형태로 제한했다는 점을 생각해 보자. 나는 아름다운 선의 배열이 매번 직접적으로 어떤 자연물에서 나온 것임을 주장하려는 것이 아니라, 아름다운 선은 모두 외부의 창조물 중에서 가장 보편적인 것들을 적용한 것이며, 그것들이 풍부하게 조합되면 될수록 전형이건 보조장치이건 자연물과의 유사성이 더 면밀하게 시도되고 더 분명하게 보여야 한다는 것이다. 또한 일정 수준을 넘어서든 아주 형편없든 간에, 자연의 형태를 직접적으로 모방하지 않고는 아름다움의 창조에 있어 진보란 절대 있을 수 없다. 예컨대 도리스 신전의 트리글리프와 코니스는 자연을 모방한 것이 아니라, 인위적인 목공의 방식을 모방한 것이다. 그 누구도 이 구성을 아름답다고 말하지 않을 것이다. 그것이 우리에게 보여주는 효과는 엄격함과 단순함이다. 그리스 원주의 홈은 나무껍질을 그리스적으로 상징화한 것임을 나는 의심하지 않으므로 그 태생은 모방이며, 그것은 멀게는 여타 홈이 많이 나있는 유기물과 닮기도 했다. 저급한 양식이긴 해도 아름다움이 즉각 느껴진다. 본래 장식은 진짜 유기 생명체의 형태, 주로 인간의 형태에서 구한 것이다. 다시 말하면 도리스식 주두는 모방된 것이 아니지만, 그것의 아름다움은 모두 둥근 쇠시리ovolo의 정교함에 의존하며, 그것은 아주 빈번히 나타나는 자연의 곡선이라는 점이다. 이오니아식 주두는 (내 생각으로는 건축의 발명으로서는 대단히 저급한 것이지만) 그럼에도 불구하고 아름다움을 위해 매번 소용돌이선에 의존했다. 이 선

은 아마도 하등동물과 그 거주지의 특징 중에서 가장 보편적인 것이 아닐까 한다. 아칸서스 잎을 직접적으로 모방하지 않고는 더 이상 진보란 있을 수 없었을 것이다.

다시 말하면 로마네스크의 아치는 추상적인 선으로 이루어진 아름다움이다. 그 유형은 하늘이라는 궁륭과 지평선을 본뜬 것으로 항시 우리 앞에 보이는 것이다. 원통의 기둥은 항상 아름답다. 왜냐면 신은 눈을 즐겁게 하는 나무줄기는 모두 그렇게 만들었기 때문이다. 첨두아치는 아름답다. 그 모양은 여름 바람에 살랑거리는 모든 나뭇잎의 선을 닮았고, 그래서 그 아치와 가장 좋은 조합은 들판에 핀 세잎사귀의 풀잎과 별을 닮은 꽃들로 그대로 차용되는 것이다. 다음 단계도 인간은 솔직한 모방 없이 창조할 수 없었다. 그 다음은 꽃들을 모아 주두에 화환을 얹는 것이었다.

아포리즘 19

모든 아름다움은 자연 형태의 법칙에 기초한다.

3. 이제 나는 모든 독자들의 마음에 커다란 밑그림을 그려줄 것이라 믿어 의심치 않는 사실을 각별히 주장할 것이다. 무엇인가 하면, 매우 아름다운 형태와 생각은 모두 자연물에서 직접 가져온 것이라는 점이다. 나아가 그것의 역 또한 기꺼이 가정하고 싶기에, 자연의 대상에서 오지 *않은* 형태는 추할 *수밖에 없다고* 말할 수 있다.[2] 이것이 대담한 가정이라는 것을 안다. 그러나 나는 아름다운 형태의 본질이 어디에 있는지 이론적으로 논할 여력도 없거니와, 샛길로 빠져 부차적인 것을 건드리기엔 너무 진지한 주제이기 때문에 아름다움을 드러내는 우연적 표시나 실험을 이용하는 것 외에는 달리 방도가 없다. 그래서 나는 독자들이 이제부터 아름다움의 진실에 대해 장

---

[2] 이 아포리즘은 전적으로 옳다. 그러나 그것을 다음과 같이 적용하면 천박해지거나 틀리기 십상이다. 다음 주석을 보라.

담하기에 앞서 먼저 고민하기를 바란다. 내가 우연적 표시라고 말한 것은 형태들이 자연에서 복제되었기 *때문에* 아름다운 것이 아니라, 다만 자연의 도움 없이 아름다움을 인식한다는 것은 인간 능력 밖의 일이라는 것이다. 나는 앞에서 전개한 예들을 통해 독자들이 나의 이 말을 인정해 주리라 믿는다. 이에 대한 신뢰가 있어야만 거기서 도출된 결론을 수용할 수 있기 때문이다. 이를 솔직하게 인정한다면 나는 매우 중요한 본질적인 문제를 결정할 수 있을 것이다. 바로 무엇이 장식이고 무엇이 장식이 *아니냐*의 문제다. 건축에서 치장이라고 부르는 것에는 여러 형태가 있기 때문이다. 습관적이라서 받아들이는, 그러므로 승인된, 여하튼 혐오스럽다고는 감히 말할 수 없는 것들이 있다. 나는 그런 것들은 절대 장식이 아니며 추하다고 단언하는 데 일말의 주저함도 없다. 이에 드는 비용은 진실로 건축가의 계약서에, "괴물로 만들기 위하여."라고 기록되어야만 한다. 나는 우리가 이렇게 습관적인 기형들을 좋아하는 것은 인디언이 자기 살에 문양을 그리고 색을 칠하는 것처럼 야만적인 자기위안이라 생각한다(모든 민족은 어느 정도 야만적이다). 나는 그것들이 괴기하다는 것을 증명할 수 있으며, 독자들도 앞으로 이에 대해 확신을 갖기를 희망한다. 그러나 그러는 동안 나의 믿음을 납득시키기 위해 그와 같은 장식들이 자연적이지 않다는 사실 외에는 아무것도 주장할 게 없다. 그래서 독자들이 이 주장에 일리가 있다고 생각한다면 그만큼 무게를 실어주어야 한다. 그러나 이 증기를 사용하기에는 특유의 어려움이 있다. 매우 무례하게도, 존재하는 것을 보거나 또는 상상할 수 없다면 그것은 모두 자연적이지 않다는 전제를 필자에게 요구하기 때문이다. 나는 그러고 싶지 않다. 왜냐면 세상 어디서도 발견할 수 없는 형태나 유형을 인간이 생각할 수 있으리라고 여기지 않기 때문이다. 그러나 가장 흔한 형태를 *가장* 자연스럽다고 생각하는 일은 정

아포리즘 20

"자연적"인 것은 가장 편안하고 평범하게 보이는 것이다.

당화될 수 있을 것이다. 혹은 차라리 일상생활에서 인간의 눈에 친숙한 형태들에 신이 아름다움이라는 성질의 도장을 찍었다고, 즉 신이 인간이라는 자연을 사랑해서 그 형태들을 만들었다고 하는 것은 정당화 될 수 있을 것이다. 반면 예외적인 형태들로 신이 다른 것을 채용한 이유는 필요의 문제라기보다, 창조물의 적절한 조화를 보여주기 위한 것이라 할 수 있다. 그래서 우리는 빈도에 의해 아름다움을 추론할 수 있고 그 역도 마찬가지다. 어떤 것이 흔하다는 것을 안다면 우리는 그것이 아름답다고 추정해도 좋을 것이다. 따라서 가장 흔한 것이 가장 아름답다고 가정할 수 있다. 물론 나는 *시각적*으로 흔한 것을 뜻한다. 왜냐면 분명 지구의 동굴이나 동물의 몸 안에 감춰진 형태를 인간이 습관적으로 응시하도록 창조자가 의도하진 않았을 것이기 때문이다.[3] 그래서 다시 말하면 내가 뜻하는 빈도란 제한적이고 고립된 빈도로서 모든 완벽함의 특징이다. 단순히 다수를 말하는 것이 아니다. 장미는 평범한 꽃이지만, 장미나무의 나뭇잎처럼 많은 장미가 있는 것은 아니다. 이러한 점에서 자연은 자신의 최고의 아름다움은 아껴 쓰고, 그보다 덜한 것은 후하게 베푼다. 그러나 나는 나뭇잎처럼 꽃도 흔하다고 말한다. 왜냐면 각각은 할당된 양에 따라 나뭇잎이 있는 곳에 보통 꽃이 있기 때문이다.

4. 나는 소위 제일의 장식이라고 일컫는 것을 공격할 것이다. 그것은 그리스 뇌문으로, 내 생각에 지금은 길로슈guilloche 역주53라는 이탈리아 이름으로 알려져 있는데 내가 말하고자 하는 바에 아주 적절한 예다. 그것은 용해한 금속을 휘젓지 않고 식힌 비스무트 크리스털 crystals of bismuth로 거의 완벽하게 자연과 유사하다. 그러나 비스무트

---

3 훌륭한 아포리즘이다. 그리고 내가 해부학적 연구의 위험을 일찍이 감지한 것이 대견하며, 이는 나의 후기 논문에서 종종 등장한다.

크리스털은 일상에서 보기 드문 경우일 뿐만 아니라, 내가 아는 바로는 무기질 중에서도 아주 독특한 형태다. 독특할 뿐만 아니라 인공적인 경로를 통해야만 얻을 수 있는, 그 금속 자체를 순수하게 채취할 수 없는 것이다. 나는 이 그리스 장식과 유사한 다른 물질이나 배열을 기억하지 못한다. 그리고 나의 기억력은 평범하고 친숙한 사물의 외형들이 갖는 배열은 대부분 알고 있으므로 신뢰할 만하다. 이러한 근거에서 나는 그 장식은 추하다고 또는 말 그대로 괴물 같다고, 그래서 인간이 칭찬할 만한 성질과는 거리가 멀다고 주장하는 것이다. 그리하여 나는 보기 흉한 직선을 계속 나열하느니 문양을 새기지 않은 평연이나 플린스plinth가 훨씬 매력적이라고 생각한다.[4] 진정한 장식인 박이 사용된 곳이 아니라면 때론 장점이 될 수 있으며, 동전에 있는 것처럼 아주 작은 박이 있다면 그 배열의 강함을 약간은 상쇄시킬 수 있을 것이다.

5. 그리스 작품에는 이런 끔찍한 디자인이 있는가 하면, 종종 고통스러울 만치 아름다운 것도 있다. 달걀과 화살모양의 쇠시리가 바로 그것인데, 위치와 방법에 있어 그 완벽함을 결코 넘어설 수 없다. 왜 그런 것일까? 전반적으로 그 형태의 구성이 부드러운 보금자리인 새 둥지처럼 우리에게 친숙할 뿐만 아니라 끝없는 해안가에 밀려든 파도를 따라 구르고 속삭이는 조약돌처럼 그저 우연적이기 때문이다. 게다가 유난히 정교하다. 이 쇠시리에서 빛을 받는 면은 에렉테움 신

---

4 이 말은 모두 사실이다. 그러나 이 글을 썼을 당시 나는 그리스의 뇌문은 곡선 형태와 대조를 이루기 위해 사용되었다는 것을 충분히 고찰하지 않았다. 그것은 특히 항아리와 주름장식의 가장자리에 많이 사용된다. 그것을 큰 부분에 사용하면, 산미첼리San Micheli의 주추에서처럼 — 이것만 빼면 카사 그리마니Casa Grimani는 매우 고귀한 설계다 — 아름다움에 실패한 직관의 징표가 된다.

전의 프리즈처럼 우수한 그리스 작품에는 없는 단순한 계란모양이다. 위의 표면은 납작한데, 곡선의 변화는 매우 정교하고 예민해서 아무리 칭찬을 해도 충분치 않다. 납작하지만 불완전한 타원형으로, 열에 아홉은 모래사장에 굴러다니는 조약돌을 되는대로 집어올린 듯 모두 조금씩 다르다. 이 납작함이 사라지면 그 쇠시리는 즉시 평범해진다. 더욱이 남다른 것은 구멍에 삽입된 둥근 형태인데 이는 아르고스의 공작 깃털에 *그려진* 유형이다.역주54 그 깃털의 눈은 구멍에 삽입된 타원형을 재현하기 위해 정교하게 그늘져 있다.

6. 여기서 분명한 것은, 자연과의 유사성을 검토한 결과 완벽하게 아름다운 형태는 모두 곡선으로 이루어져 있다는 점이다. 흔히 볼 수 있는 자연의 형태 중에서 직선을 발견하기란 거의 불가능하다. 그럼에도 불구하고 건축은 많은 경우 그 사용목적 때문에, 다르게는 힘을 표현하기 위해, 본질적으로 직선의 처리가 불가피하므로 원초적인 직선의 형태와 결합하는 아름다움의 척도에 만족해야 하는 경우가 빈번하다. 그리고 그 선들의 배열이 가장 흔히 볼 수 있는 자연물의 구성과 일치할 때 최상의 아름다움을 얻었다고 추정해도 좋다. 물론 자연에서 직선을 발견하자면 자연의 완성품에 폭력을 가하고, 이미 색이 들어 있고 조각이 되어 있는 바위의 표면을 깨트려 그 결정체를 이리저리 살펴보는 일을 피할 수 없다.

7. 내가 그리스 뇌문이 흉하다고 판결한 이유는 인공적인 형태의 희귀한 금속을 제외하곤 그런 배열이 있다고 주장할 만한 사례가 없기 때문이었다. 이제 도판 12, 그림 7에 있는 롬바르드 건축가의 장식을 법정에 세워보자. 고귀한 요소라고는 그림자만이 더해져 있을 뿐, 다른 것과 마찬가지로 오로지 직선으로 구성되어 있다. 이 장식은 피사 성당의 정면에서 가져온 것으로 피사, 루카, 피스토이아Pistoja, 피

렌체의 롬바르드 교회에서 아주 보편적이다. 이 장식이 옹호될 수 없 다면 그 교회들에겐 심각한 오점이 될 것이다. 이 장식에 대한 첫 번째 변호는 성급하게 둘러대서인지, 그리스 장식에 대한 변명과 마찬가지로 놀라우면서도 매우 수상쩍게 들린다. 말인즉슨 그것의 최종 윤곽은 평범한 소금을 조심스럽게 가공한 인공적인 크리스털의 이미지라는 것이다. 소금은 비스무트보다는 우리에게 좀 더 친숙한 물질이므로 피의자인 롬바르드 장식에겐 유리한 기회다. 그러나 그 자체에 대해, 그 목적에 대해 좀 더 말한다면 그것의 주요 윤곽선은 자연의 결정화에서 나타나는 선일 뿐만 아니라 바로 철, 구리, 주석 등의 산화물이나, 철이나 납, 형석螢石 등의 황화물의 처음 상태로서 첫 번째이자 가장 평범한 결정 형태 중에 속한다. 그리고 그 금속들의 표면에서 튀어나온 조각들은 다르긴 하지만 마찬가지로 평범한 형태인 육면체로 넘어가는 구조를 보여준다. 이것으로 충분하다. 우리는 이제 단순한 직선들로 그런 선들이 필요한 곳은 어디든 우아하게 잘 어울릴 만한 좋은 조합을 만들 수 있다고 안심해도 될 것이다.

8. 정당성을 캐보고 싶은 다음 장식은 우리 튜더왕조의 작품인 내리닫이 창살문portcullis이다. 이 문의 격자무늬는 자연의 형태에도 상당히 많고 매우 아름답다. 그러나 대부분 아주 얇게 비치는 섬세한 질감이거나 크기가 제각각인 그물모양 아니면 물결무늬다. 거미줄이나 딱정벌레 날개는 이 격자무늬와 아무런 관계가 없다. 격자무늬와 비슷한 것은 아마도 악어의 갑옷이나 북쪽 잠수조류의 등 깃털 정도가 되겠지만 그 그물의 크기도 항상 아름답게 변화한다. 크기를 펼쳐보이고 칸에 의해 그늘이 드리워지면 그 자체로 위엄이 있다. 그러나 이 장점마저도 튜더양식이 쇠퇴하면서 사라져갔고 표면은 답답하게 변해갔다. 내 생각엔 이를 옹호할 수 있는 말은 한마디도 없다. 이는 또 다른 괴물로서 정말 지독히 소름 끼치는 것이다. 헨리 7세 예배당

에 있는 조각들은 모두 돌들을 망가트린 것에 불과하다.⁵

격자무늬와 같은 맥락에서 우리는 모든 문장紋章장식을 책망할 수 있다. 그것의 목적이 아름다움이라면 말이다. 자부심과 중요성으로 치자면 눈에 잘 띄는 곳에 그만의 장소를 가질 만하다. 예를 들면 현관의 윗부분 같은 곳이 적당할 것이다. 그 상징과 활자가 또렷이 읽힐 수 있는 장소도 좋다. 그림이 그려진 창이나 천정의 양각장식 같은 곳이다. 물론 때로는 지금과 같이 동물의 형태나 백합모양 Fleur—de—lis 역주55 같은 단순한 상징들이 아름다울 수도 있다. 그러나 대부분 문장의 비유와 장식은 사뭇 명백하게 비자연적이어서 더 흉측한 것을 발명하기 어려울 정도다. 더구나 그것을 반복적인 치장으로 사용하는 것은 건물의 힘과 아름다움 모두를 완전히 망치는 일이다. 공통감각의 면에서나 예의를 위해서나 문장을 반복해서 사용하는 것은 금지된다. 당신의 문으로 들어오는 자들에게 당신이 그러한 사람이고 그러한 계층이라고 말하는 일은 정당하다. 그러나 다시 또 다시 그들이 돌아설 때마다 말하는 것은 곧 무례함이 되고, 마침내는 바보짓이 된다. 그러므로 문장은 전체적으로 몇 곳에만 두도록 하자. 그러면 그것들은 장식이 아니라 하나의 명문銘文으로 여겨질 것이다. 자주 사용하고 싶다면 아름다운 상징 하나를 고를 수도 있다. 우리가 프랑스나 피렌체의 백합, 영국의 장미를 선택했더라면 원하는 만큼 반복해도 좋았을 것이다. 그러나 비자연적인 왕의 방패문장을 증식시켜서는 안 된다.⁶

---

5   다시금 맞는 말이다. 그러나 튜더건축의 중대한 실수에 비하면 아주
    사소한 문제다. 그리고 격자문의 딱딱한 막대들과 비잔틴 그물망의 유연한
    실사filament의 차이를 충분히 설명하지 못했다.
6   이 단락은 전반적으로 틀렸고 이상하기도 하다. 왜냐면 이 글을 쓰기 전에
    나는 이탈리아에서 훌륭한 문장장식을 본 적이 있고 그것을 좋아했기
    때문이다. 내가 우리 국회의사당을 지나치게 혐오한 나머지 너무 멀리 나가고
    말았다. 그리고 어딘지도 밝히지 않고 있다. 이 어리석음을 속죄하고자 나중에

9. 이런 생각을 잇대어 보면 문장장식 중에서 다른 어떤 것보다 더 나쁜 것이 있는데 그것은 바로 구호口號다. 왜냐면 활자의 형태가 아마도 자연과 가장 닮지 않은 것이기 때문이다. 글자가 쓰인 텔루르tellurium와 장석felspar 역주56은 그것이 아주 또렷할 때조차도 읽을 수가 없다. 모든 문자는 그래서 끔찍한 것으로 여겨지고, 외부 장식보다 명문의 의미가 더 중요한 곳이 아니면 참아내기 힘든 것이 된다. 교회, 방, 그림에 있는 명문은 종종 매력적이긴 하지만 건축적인 장식이나 회화적인 장식으로 생각될 수는 없다. 눈을 집요하게 공격하기 때문에 지적인 목적이 아니라면 참아내기가 어렵다. 그러므로 그것이 읽혀질 만한 곳, 오직 그곳에만 두도록 하자. 그리고 글씨를 또렷하게 쓰도록 하자. 활자를 거꾸로 쓰거나 반대방향으로 쓰지 말자. 구호의 유일한 존재이유인 가독성을 없애버린다면 그것은 아름다움을 위한 병든 제물일 뿐이다. 말하는 듯이 간단하게 써라. 그리고 어딘가 꼭 두고 싶다면 시선을 끌지 않는 곳을 선택하라. 장소를 약간 개방하고 주위의 건축이 침묵하는 것 외에 어떤 것도 당신의 문장文章을 강조하지 않도록 하자. 교회 벽에 십계명을 쓸 때는 또렷이 보이는 곳에 쓰되 활자에 줄이나 꼬리를 달지 말자. 그리고 기억하라. 당신은 건축가지 서예가가 아니라는 것을.[7]

10. 명문은 오히려 명문을 장식하는 소용돌이무늬를 위해 사용되는 경우가 종종 있다. 후기와 현대의 유리그림에도 건축에서만큼이나

쓴 책에서는 문장에 대해 족히 칭찬했다.
[7] 이 아홉 번째 단락은 다시금 극단적이며 놀랄 만큼 틀렸다. 내 생각을 전개시키는 과정을 돌아보면 참으로 이상한 것이, 모든 사람이 나를 상상력이 풍부하고 열정적이라고 생각하지만, 나의 치명적인 실수는 공통감각을 지나치게 의식한다는 것이다! 문장과 구호에 관한 이 두 단락은 코브던Cobden 씨나 존 브라이트John Bright 씨의 실수였어야 했다.

아름다움의 등불

이 소용돌이무늬가 번창해서 마치 장식인 양 여기저기 돌아다닌다. 소용돌이무늬가 아라베스크무늬에도 자주 나타나는데 — 때론 고급한 종류에도 — 꽃을 묶는 데 이용되거나, 고정된 형태들 사이사이를 이리저리 날아다닌다. 자연에 리본과 같은 끈이 있는가? 잔디나 해초가 그나마 변명거리로 떠오를 수 있겠지만, 그렇지 않다. 그것들과 리본의 구성에는 큰 차이가 있다. 그것들은 뼈대, 해골, 엽맥, 결 등 이런저런 종류의 골격이 있고 시작과 끝, 뿌리와 머리가 있어 그 구조와 강도가 움직이는 방향과 형태의 선에 항상 영향을 미친다. 바다가 넘실거릴 때마다 흔들리고 부유하는, 해안가에 무더기로 달려 있는 미끌미끌한 갈색의 아주 맥없이 보이는 잡초들도 물질의 강도, 구조, 탄성, 바림을 뚜렷하게 갖고 있다. 중심부보다 말단에, 뿌리보다는 중심부에 더 섬세한 섬유질이 있다. 가지의 마디는 그 갈래마다 치수와 비례를 갖는다. 부드러운 선의 흐느적거림은 묘한 매력이 있다. 그에 할당된 크기와 장소와 기능이 있다. 이는 특별한 창조물이다. 리본에 이와 같은 것이 있는가? 리본은 구조가 없고, 모두 동일하게 잘린 실의 연속이다. 뼈대도, 구조도, 형태도, 크기도, 자신의 의지도 없다. 원하는 대로 자르고 구길 수 있다. 강하지도, 약하지도 않다. 독자적으로 우아한 형태가 될 수도 없다. 진정한 의미에서 나부끼는 것이 아니고, 그저 퍼덕일 뿐이다. 진정한 의미에서 구부리는 것이 아니며, 그저 말리고 구겨질 뿐이다. 미천한 사물로서, 존재라는 가련한 허울을 쓰고 주위의 모든 것을 망친다. 절대 그것을 사용하지 말라. 꽃들을 묶지 않아 합칠 수 없다면 그냥 그렇게 놔둬라. 그 격언을 평범한 서판이나 단순한 종이 두루마리에 쓸 수 없다면 쓰지 않으면 된다. 얼마마한 힘을 가진 자들이 나에게 항의할지 알고 있다. 나는 페루지노Perugino의 천사들의 소용돌이 리본을, 라파엘로Raffaello의 아라베스크무늬의 리본과 기베르티Ghiberti의 뛰어난 황동 꽃다발의 리본을 기억한다. 문제되지 않는다. 그렇더라도 그것들은 악함과 추함의 집약체이다. 라파엘로는 평소 이를 느꼈고, 그래서 <폴리뇨의 성모 마리아Madonna di Foligno>에서처럼 정직하고 이성적인 서판을 사용했다. 나는 자연에 그런 유형의 판이 있다고 말하는 것이 아니라, 리본이나 날아다니는 두루마리와 달리 서판은 장식으로 생각되지 않는다는 사실에 차이가 있다는 것이다. 서판은 알베르트 뒤러Albert Dürer의 <아담과 이브Adam und Eva>에서처럼, 쓰기 위한 목적으로, 추하지만 어쩔 수 없는 방해물로 이해되고 허용되는 것이다. 그 꼬불꼬불한 소용돌이가 장식의 형태로서 확장되고 있으나 장식이 아니며 장식일 수도 없다.[8]

11. 휘장 또한 체계와 형태가 전혀 없지만 조각의 고귀한 주제라고 주장할 것이다. 결코 그렇지 않다. 휘장이 그 자체로 조각의 대상이었던 적이 있는가? 17세기의 항아리나 이탈리아의 저속한 풍경화에 있던 손수건을 제외하고 말이다. 휘장은 그 자체로 항상 천박하며, 그 위에 색이 입혀지거나 이질적인 형태나 고유한 아우라가 있을 때에야 비로소 관심의 대상이 된다. 회화에서건 조각에서건 고상한 휘장은 모두(색과 질감은 지금 우리의 관심사가 아니다), 필요에 의한 것이 아니라면 크게 두 가지 기능이 있다. 움직임과 중력의 표현이다. 휘장은 예나 지금이나 인물의 움직임을 표현하는 가장 유용한 수단이며, 그 운동에 저항하는 중력의 힘을 눈앞에 제시하는 거의 유일한 수단이다. 그리스인들은 주로 조각에 추한 것이 필요할 때 휘장을 사용했지만, 더불어 행위와 몸짓을 연출하기 위해서도 즐겨 사용했다. 그들은 소재의 가벼움을 암시하고 사람의 몸짓을 따라가는 휘장

---

[8] 나는 이때까지 보티첼리Sandro Botticelli의 소용돌이를 한 번도 본 적이 없었다. 그러나 그에게조차 그것은 당시의 애호품이었다. 꾸밈의 도구로 *그의* 사랑을 받았고, 그래서 다른 사람에게 정당화할 필요가 없었다.

의 성질을 과장했다. 기독교의 조각은 사람의 몸에 거의 신경을 쓰지 않았고 또 그것을 싫어했기 때문에 오로지 표정에만 의존했다. 그래서 처음에는 베일로서 휘장을 받아들이는 데 만족했으나 곧 이 표현 방법의 능력을 간파했다. 그리스인들이 관심 갖지 않았거나 경멸했던 능력이었다. 이 새로운 표현의 본질은 고도의 흥분을 몰고 올 수 있는 것에서 그 흥분을 완전히 제거하는 것이었다. 이제 휘장이 인간의 형상을 쓸어내리고 바닥에 무겁게 끌리더니 발을 감춘다. 반면 그리스의 휘장은 허벅지에서 끝나는 경우가 대부분이다. 두껍고 거친 천으로 된 수도사의 드레스는 비칠 것 같이 얇은 고대의 천과는 완전히 반대되는 것으로, 낙하의 무게뿐 아니라 단순한 분할도 제시한다. 뭉쳐지지도 않지만 세세히 분할되지도 않는다. 그 후 움직임의 상징이었던 휘장은 점차 안식의 정신을 대변하는데, 그것은 고요하지만 엄숙한 안식이다. 열정이 영혼에 아무런 영향도 끼치지 못하듯이, 바람은 그 성자의 옷에 아무런 힘도 행사하지 못했다. 조각상의 움직임은 축 늘어진 고요한 베일에 약간의 부풀림을 넣는 정도로, 마치 비를 머금은 느릿한 구름같이 그를 따를 뿐이었다. 천사들의 춤사위를 따라 출 때도 경미한 파동만이 있었다.

 그때부터 휘장은 정말로 고귀하게 다뤄졌다. 그러나 그것은 다른 것, 혹은 보다 높은 것의 해설자였다. 즉 중력의 해설자로서 특별한 권위를 가지게 되었는데, 그것이 지구의 신비한 힘을 있는 그대로 완벽하게 재현하는 유일한 수단이기 때문이다(떨어지는 물이 더 능동적이지만 선線으로 보자면 그만큼 명확하지 못하다). 다른 면에서 보자면 돛을 올리는 것이 아름다운 이유는 완전한 곡면의 형태가 생김으로써 보이지 않는 또 다른 힘의 요소를 표현하기 때문이다. 그러나 카를로 돌치Carlo Dolci와 카라치 형제Carraccis 역주57의 휘장과 같이, 그것이 자신의 장점에만 기대어 자신을 위해서만 존재할 때는 항상 천박해진다.

12. 리본과 밴드의 남용은 화환과 꽃줄festoon이 건축의 치장으로서 남용되는 것과 밀접한 관련이 있다. 자연적이지 않은 배열은 자연적이지 않은 형태만큼이나 추하다. 건축이 자연의 대상을 빌리려면 건축의 힘을 유지하는 한에서 그 원형이 잘 표현되고 어울리도록 배치시킬 의무가 있다. 건축은 자연의 배열을 그대로 모방해서는 안 된다. 건축은 저 꼭대기에 있는 나뭇잎의 소재를 밝히기 위해 담쟁이덩굴의 불규칙한 줄기를 기둥에 그대로 새겨서는 안 된다. 그럼에도 불구하고 자연이 가장 무성한 식물더미를 배치했을 바로 그곳에 식물 장식을 배치하고, 자연이 부여했을 구성과 그 구성의 근본적인 방향을 암시하여야 한다. 그래서 코린트식 주두는 아름답다. 애버커스 밑에 자연이 나뭇잎을 자라나게 한 만큼만 잎을 배치했기 때문이다. 그 결과 뿌리가 보이지 않음에도 잎사귀들이 마치 한 뿌리에서 나온 것처럼 보인다. 플랑부아양의 나뭇잎 쇠시리는 아름답다. 그것은 자연의 나뭇잎들이 기꺼이 그러한 것처럼, 빈곳에 자리를 잡고 뻗어나가 가장자리를 채우다가 샤프트를 휘감고 올라간다. 그들은 단순히 자연 속의 나뭇잎들을 포착한 것이 아니라, 계산하고 정렬한 건축적인 것이다. 그러나 자연스러운, 그래서 아름다운 것이다.

13. 지금 나는 자연이 결코 꽃줄을 사용하지 않는다고 주장하는 것이 아니다. 자연은 꽃줄을 사랑하며 후하게 사용한다. 물론 자연은 극도로 화려한 장소에만 꽃줄을 사용하고, 내 생각에 그러한 장소를 건축에서 찾기란 매우 힘들지라도 늘어선 덩굴손이나 매달린 나뭇가지가 자유롭고 우아하게 처리된다면 화려한 장식으로 채용될 수 있을지 모른다(혹 그렇지 않더라도 그 자체에 아름다움이 부족하다기보다는 그러한 용도를 감당하기에 건축의 여력이 부족한 것이다). 그러나 가운데 가장 두꺼운 것을 매달고, 양쪽 끝은 생기 없는 벽에 고정시킨 온갖 종류의 열매와 꽃 뭉치가 묵직하게 묶인 긴 다발에서,

우리가 과연 그런 유사성을 찾아낼 수 있을까? 내가 아는 한 정말로 화려한 건물을 짓는 아주 무모하고 공상적인 장인도 매달린 덩굴손을 감히 시도한 적이 없다는 것은 참 이상한 일이다. 반면 부활한 그리스인들 중 가장 까다로운 장인들이 이 괴상하게 화려한 흉물을 빈 벽면 한가운데 고정시켰다. 이 배치가 채택되면 될수록 확실하게 꽃다발의 전체 가치도 사라졌다. 세인트폴 성당St. Paul에 경탄하는 수많은 군중들 중 누가 그 꽃다발을 칭찬하기 위해 멈춰 서는가? 그것은 최선을 다해 신중하고 화려하게 만든 것이지만 건물에 어떤 즐거움도 더하지 못한다. 그 꽃다발은 건물의 일부가 아니라 못생긴 혹일 뿐이다. 우리는 항상 그것 없이 그 건물을 인지하며, 그 존재가 우리의 상상을 방해하지 않았더라면 더 행복했을 것이다. 그 꽃다발은 건축의 나머지 부분마저, 숭고함은 고사하고 빈곤해 보이게 만든다. 게다가 그것은 결코 그 자체로 아름답지도 못하다. 그것이 있어야 하는 곳, 바로 주두에 들어갔더라면, 결코 마르지 않을 기쁨을 선사했을 텐데 말이다. 그렇다고 세인트폴 성당이 그럴 수 있었을 것이라는 말은 아니다. 그러한 건축들은 어느 부분에서건 풍부한 장식과 관계를 맺지 못하기 때문이다. 그러나 이런 부류의 꽃들이 다른 양식의 건물에 자연스러운 장소를 찾아 들어갔더라면, 그 가치가 지금처럼 분명히 쓸모없어 보이지는 않았을 것이다. 꽃줄에 적용되는 것은 피할 수 없이 화환에도 들어맞는다. 화환은 머리 위에 쓰는 것을 의미한다. 화환은 머리 위에 놓일 때 아름답다. 왜냐하면 화환이란 신선한 꽃을 모아 기꺼이 머리 위에 쓰는 것이라고 우리가 생각하기 때문이다. 그러나 그것이 벽에 매달려 있을 때는 다르다. 당신이 원형의 장식을 원한다면, 베네치아의 카사 다리오Casa Dario나 다른 궁전처럼 유색의 대리석에 밋밋한 원을 새겨 넣어라. 별모양이나 메달모양을 넣어도 좋다. 고리를 넣고 싶다면 속이 꽉 차있는 형태를 쓰라. 하지만 화환의 이미지만큼은 새겨 넣지 마라. 그것은 마치 지난 행렬에서 쓰고 남은 것을 걸어 말려두었다가 다음에 다시 사용하려는 것처럼 보인다. 왜 못을 박아 모자를 걸지는 않는가?

14. 겉으로는 중요하지 않게 보이지만 현대 고딕 건축의 가장 나쁜 적敵은 바로 혹이다. 화환이 과잉으로 인해 거슬린다면 그것은 빈곤함으로 거슬린다. 예를 들어 우리가 소위 엘리자베스식이라 부르는 건물들의 사각형 창머리에는 서랍장 손잡이처럼 생긴 빗물받이 돌이 있다. 앞 장에서 사각형은 발군의 힘을 가진 형태로, 공간이나 표면의 전개를 위해 적절히 적용되고 제한되어야 한다고 말한 것을 기억할 것이다. 그런데 창이 힘의 대표자 역할을 해야 할 때면, 예를 들어 미켈란젤로가 설계한 피렌체 리카르디 궁전Palazzo Ricardi의 아래층에서처럼 사각형 머리는 그들이 상상할 수 있는 가장 고귀한 형태다. 그러나 그때 공간은 중단되지 말아야 하고, 주위의 쇠시리들은 아주 엄격하게 조율되어야 하며, 그 외에도 사각형은 최종 윤곽선으로 사용되어야 하되 주로 트레이서리의 형태와 조화를 이루어야 한다. 트레이서리의 형태 중에서 힘과 관련된 형태는 원이 단연 독보적이며 베네치아, 피렌체, 피사의 고딕에서 사용되었다. 그러나 사각형의 윤곽선을 깨고 위에서 그 선을 잘라내 돌기를 밖으로 삐죽이 나오게 한다면 사각의 통일성과 공간을 상실하게 된다. 그것은 더 이상 감싸 안는 형태가 아니고, 덧붙여지고 떨어진 선으로, 생각할 수 있는 가장 추한 선이다. 주위 풍경을 둘러보라, 이 권양기같이 생긴 이상한 빗물받이 돌처럼 구부러지고 조각난 것이 있는지 보라. 볼 수 없다. 그것은 괴물이다. 모든 추함의 요소를 합쳐놓은 것으로, 선은 엉망으로 부서지고 다른 어떤 것과도 관계 맺지 못한다. 구조와도 장식과도 조화를 이루지 못하고, 그렇다고 하중을 지지하는 것도 아니다. 마치 벽에 풀로 붙인 것 같은 그것의 유쾌한 자산은 오직 하나, 곧 떨어질 것 같은 가능성뿐이다.

나는 계속할 수 있으나 이는 지루한 작업이다. 나는 우리 현대 건축에서 적법하게 수용되고 있는 그래서 그만큼 아주 위험한, 잘못된 장식들을 지적했다고 생각한다. 이렇게 야만적인 개인적 망상들은 셀 수 없이 많으며 경멸받아 마땅하다. 그것들은 공격을 인정하지도 않을뿐더러 그럴 가치도 없다. 그러나 앞에서 지적한 것들은 고대의 부활을 빌미로 상당수가, 높은 권력에 의해 전부가 묵인되고 있다. 그 권력은 가장 자랑스러운 학파를 억압했고, 가장 순수한 학파를 오염시켰다. 최근에 일어난 일들이며 이것이 내가 이 글을 쓰게 된 계기다. 나는 그들이 일으킨 손상에 대해 심대한 판결을 바란다기보다는 그에 반대하는 이유를 입증하기 위해 소득 없는 글을 쓰고 있다.

15. 여기까지는 장식이 *아닌* 것에 대해 말했다. 무엇이 장식인지는 같은 실험을 통해 어려움 없이 결정할 수 있다. 바로 자연에 존재하는 것 중 가장 흔한 것을 모방하거나 암시하는 형태를 힘써 구현하는 것이다. 가장 고귀한 장식은 물론 존재하는 최고의 체계를 재현하는 것이 될 것이다. 돌을 모방하는 것보다 꽃을 모방하는 것이 고귀하고, 꽃을 모방하는 것보다 동물을 모방하는 것이 고귀하다. 그리고 모든 동물의 형태 중에서 인간의 형태를 모방하는 것이 가장 고귀하다. 허나 아주 풍부한 장식작품에서는 모든 것이 결합된다. 바위, 분수, 조약돌 위로 흐르는 강, 바다, 구름 낀 하늘, 들판의 약초, 열매가 달린 과실나무, 기어 다니는 벌레들, 새, 짐승, 인간, 천사. 기베르티의 청동부조에는 이들의 아름다운 자태들이 뒤섞여 있다.

그래서 장식이라는 것은 모두 모방이다. 나는 이제 독자들이 몇 가지 일반적인 관점에 주목하기를 바란다. 이 거대한 주제와 관련해 여기서 다뤄질 수 있는 모든 것이라 할 수 있다. 편의상 세 가지 물음으로 나누면 건축의 장식을 위한 올바른 장소는 어디인가, 장식을 건축적으로 만드는 특별한 처리는 무엇인가, 건축적으로 모방된 장식형태와 조화를 이루는 올바른 색은 무엇인가이다.

16. 장식을 위한 장소는 어디인가? 우선 건축가가 재현할 수 있는 자연물의 특징은 얼마 되지 않으며 추상적이라는 것을 생각하라. 인간에게 항상 호감을 주는 자연의 즐거움은 대부분 인간이 모방한 작품에 옮겨지지 않는다. 그는 그의 잔디를 초록으로도, 시원하게도, 쉬기 좋게도 만들 수 없다. 그것이 자연이 인간에게 제공하는 최고의 소용임에도 말이다. 그는 그의 꽃을 보드랍게 만들 수도 없고 색이나 향기를 채울 수도 없다. 그러나 이것은 자연이 주는 기쁨 중에서 으뜸의 힘이다. 건축가만이 확보할 수 있는 성질은 오직 형태라는 엄격한 특성이다. 인간만이 신중한 관찰을 통해, 그리고 관찰한 것과 생각한 것을 계획적으로 구성함으로써 자연에서 그 형태를 인지할 수 있다. 건축가에게 필요한 것을 발견하려면 잔디 위에 엎드려 꽃과 풀이 뒤엉켜 있는 모습을 관찰하고 깊이 이해해야 한다. 그렇게 자연은 우리에게 언제나 즐거움을 주며 그 모습과 의미는 우리의 생각과 노동과 관계를 맺고 우리의 인생과 행복하게 공존하는 것이지만, 건축가가 옮기는 자연의 이미지는 우리가 지적인 노력을 해야만 인지할 수 있는 것이다. 그래서 그 이미지가 어디서 나타나건 그것을 이해하고 느끼기 위해선 우리 또한 항상 그와 유사한 지적 노력을 해야 한다. 그 이미지는 자연에서 찾아내고 선택한 것의 인상을 서술하고 날인한 것이며, 탐구의 결과를 형상화하고 생각을 구체화시킨 것이다.

17. 이제 잠시 생각해보자. 정신이 아름다운 사상을 이해하기 위한 감각을 불러낼 수 없을 때, 뭔가 다른 감각을 자극하기 위해 그 생각의 표현을 계속해서 반복한다면 어떤 결과를 초래할지 말이다. 심각한 일을 하고 있을 때, 예컨대 아주 괴로운 업무를 하고 있을 때 한 동료가 우리 귀에 자기 마음에 드는 시구를 계속해서 하루 종일 들

려주는 것을 상상해보자. 우리는 곧 병이 날 만큼 완전히 싫증이 나는 것은 물론, 그 날이 지나갈 무렵에는 그 소리가 귓가에 맴돌아 구절의 전체 의미가 무감각해지고, 그래서 시에 다시 주위를 기울이자면 상당한 노력이 필요하게 될 것이다. 운율은 하고 있는 업무에도 전혀 도움이 되지 않을 것이며, 동시에 그 시 자체의 즐거움마저 다소간 망가질 것이다. 다른 생각의 형태도 마찬가지다. 마음이 딴 곳에 가 있을 때도 당신이 그 표현을 계속해서 우리의 감각에 퍼붓는다면, 그것은 그 순간에도 효과적이지 못할뿐더러 표현의 예리함과 명료함은 영원히 파괴되어버릴 것이다. 더군다나 고통스럽거나 방해되는 시간에 그것을 표현한다면 훨씬 더할 것이며, 부적절한 상황에 유머러스한 생각을 표현한다면, 그 표현은 그때부터 영원히 고통의 색채를 띠게 될 것이다.

18. 이를 눈에 인지되는 생각의 표현에 적용해보자. 눈은 귀보다 더 속수무책이라는 것을 기억하라. "눈은, 선택할 수 없이 그저 볼 뿐이다." 눈은 귀의 신경만큼 쉽사리 감각을 잃어버리지 않으며, 귀가 쉬고 있을 때도 종종 형태들을 좇고 보기에 바쁘다. 일상적 사물이 포진하고 있거나 불행한 상황에 처해 정신이 눈을 뒷받침할 수 없을 때, 당신이 눈에 어떤 사랑스러운 형태를 들이댄다고 하더라도 이를 통해 눈이 즐거워지지도, 그 일상의 사물이 고양되지도 못할 것이다. 그저 아름다운 형태들로서 눈에 부담을 주고 시치게 할 뿐이다. 오히려 당신이 아름다운 형태를 무기로 공격적으로 변화시키고자 했던 통속적인 사물들이 그 형태를 오염시킬 것이다. 당신은 그 형태를 죽이거나 더럽힌다. 그 이상은 결코 주어지지 않을 것이다. 형태의 신선함과 순수함은 사라진다. 그 오물을 털어내려면 많은 생각의 불구덩이를 거쳐야 할 것이고, 그 형태를 다시 소생시키려면 많은 사랑으로 데워야 할 것이다.

19. 그러므로 오늘날 특히 중요한 보편법칙을 하나만 꼽는다면 그것은 단순한 공통감각의 법칙이다. 바로 날마다의 바쁜 활동에 속한 것들에 장식하지 않는 것이다. 쉴 수 있는 곳이라면 어디든 장식하라. 그러나 쉼이 금지된 곳에는 아름다움도 금지된다. 일은 놀이와 섞일 수 없듯, 장식과도 섞이지 말아야 한다. 먼저 일을 하고 그 다음에 쉬어라. 먼저 일을 하고 그 다음에 응시하라. 황금으로 된 쟁기 날을 사용하지 말고, 에나멜로 세무장부를 제본하지 마라. 조각한 도리깨로 두드리지 말고, 맷돌에 얕은 돋을새김을 새기지 마라.⁹ 뭐라고! 물을 것이다. 우리더러 그렇게 하라고? 그렇다. 언제 어디서든. 오늘날 그리스 쇠시리가 가장 빈번히 나타나는 곳은 상점의 정면이다. 우리의 도시 거리 어디를 둘러봐도 신전을 장식하거나 왕궁을 아름답게 만들기 위해 발명된 장식들을 사용하지 않은 간판과 선반과 계산대는 없다. 그 장식들은 그곳에 전혀 쓸모가 없다. 완전히 무가치하다. 약간의 기쁨도 선사하지 못한 채, 그저 눈을 피곤하게 하고 그 형태들을 세속화할 뿐이다. 그중 대부분이 아름다운 원형을 아주 잘 베낀 그 자체로 훌륭한 복제품이지만, 결과적으로 우리는 그것을 더 이상 즐기지 못할 것이다. 수많은 예쁜 쇠시리와 우아한 받침돌이 우리의 식료품 상점과 치즈 상점과 속옷 상점의 목판과 회벽에 있다. 좋은 차와 치즈와 옷 때문에, 상인의 정직성과 준비성과 믿을 만한 상품 때문에 고객들이 오는 것이지, 가게 창문 위에 두른 그리스 코니스나 가게 앞에 도금활자로 크게 쓴 간판 때문에 오는 것이 아니라는 것을 상인들은 왜 이해하지 못하는 것일까? 받침돌과 프리즈와 커다

9　"보석이 달린 검으로 싸우지 마라"가 추가되어야 했다. 그럼에도 이 원칙은 일면적이고 불확실하다. 내가 본 금속작품 중에서 가장 아름다웠던 것은 메시나Messina에 있는 약국의 절구와 절굿공이였다(14세기의). 언젠가 우리가 쟁기자루를 지혜롭게 장식하는 날이 올지도 모른다. 그러나 그와 같은 실수 또한 공통감각의 일면이라는 것을 눈여겨보라!

란 간판을 내리고, 그 "건축"에 소비했던 자본을 상인에게 되돌려주어 정직하고 동일한 환경의 상가를 만들고, 문 위에 검은 활자로 각자의 간판을 달아 위층에서 아래 거리로 소리치는 일만 없도록 한다면, 그리고 가게마다 소박한 나무진열대를 만들어 거기에 감옥에 가기 위해 그것을 깰 생각이 나지 않을 법한 작은 유리를 넣는다면 얼마나 즐겁게 런던거리를 활보하겠는가! 상인들을 위해서도 얼마나 좋은 일인가 — 고객들의 어리석음을 믿는 것이 아니라, 그들 자신의 진실과 능력을 믿는 것이 얼마나 더 행복하고 더 지혜로운가. 참 희한한 일이다. 거리의 장식체계는 나방이 불에 달려들 듯 사람들이 모두 가게로 몰려들어야 한다는 생각을 바탕으로 하면서 국가의 청렴이나 검약에 대해서는 말하지 않는다.

20. 그러나 중세시대 때는 최고의 목재장식이 대부분 상점의 전면에 있었다고 이의를 제기할 수도 있겠다. 그런데 그것은 상점이 아니라, *가옥의* 전면이었다. 상점은 그 일부였고, 자연스럽게 그 부분에 할당된 가옥의 장식을 받아들였다. 당시 사람들은 그들 상점 *옆에서*, 위에서 온종일 살았으며, 살려고 했다. 그들은 그에 만족했고 그 안에서 행복했다. 그 집은 그들의 궁전이었고 성이었다. 그래서 자신의 거처를 행복하게 만들 만한 장식을 한 것이다. 자신의 안녕을 위해. 맨 위층이 항상 가장 화려했고, 집의 일부인 상점은 주로 문 주위를 장식했다. 이렇게 우리 상인들이 자신의 기계에 거주하고 따로 미래의 빌라를 꿈꾸지 않는다면, 그들의 가옥 전체를 그리고 그에 딸린 상점을 장식해도 좋다. 그러나 민족과 주거의 장식이어야 한다(나는 이 점에 관해 6장에서 좀 더 부연할 것이다). 그럼에도 우리의 도시들은 대부분 너무 커서 온종일 그 안에서 사는 것이 만족스럽지 못할 수 있다. 그래서 나는 상점과 거주지가 분리되어 있는 지금의 체계가 해롭다고 말하지 않겠다. 다만 이렇게 분리되어 있는 곳에서는 상점

에 장식을 할 이유가 없으며 또한 장식을 없애야 한다고 생각한다.

21. 오늘날의 이상하고 사악한 경향을 또 하나 든다면 바로 기차역을 장식하는 것이다.[10] 세계 어딘가에 사람들이 아름다움을 관조하기 위한 필수적인 기분과 평화를 박탈당한 곳이 있다면, 그곳은 바로 기차역이다. 그곳은 불쾌의 신전이다. 그래서 기차역 건설자가 우리에게 베풀 수 있는 유일한 자비는, 우리가 얼마나 빨리 그곳에서 빠져나갈 수 있는지를 최대한 명료하게 보여주는 것이다. 철도여행의 전체 체계는 급히 서둘러야 하기 때문에 일정 시간 불편을 감수해야 하는 사람들을 위해 고안된 것이다. 이를 피할 수 있는 사람은 아무도 그렇게 여행하지 않을 것이다. 터널을 통과하고 좌석 사이에 끼어 있는 대신, 느긋하게 산을 오르고 나무 사이를 누빌 시간이 있다면 말이다. 적어도 기차역에 아름다움을 염두에 둘 만큼 예민한 미적 감각을 갖고 있는 사람들은 그런 여행을 하지 않을 것이다. 철도는 모든 관점에서 가능한 한 빨리 목적지에 도달하는 것이 관건인 냉담한 사업이다. 그것은 한 인간을 여행자에서 살아 있는 보따리로 전락시킨다. 이 시간 동안 그의 고귀한 인간성을 행성과 같은 기관차의 힘을 위해 내려놓는 것이다. 철도역에서 칭찬할 것이 무어냐고 여행자에게 묻지 말라. 차라리 바람에 묻는 편이 나을 것이다. 그를 안전하게 옮기고 곧바로 내쳐라. 그 외의 어떤 것에도 그는 감사하지 않을 것이다. 여행자를 기쁘게 하려는 다른 모든 시도들은 조롱거리에 불과하고, 그래서 당신의 노력에 대한 모욕일 뿐이다. 철도에 관련된 것이나 그 주위의 것들에 장식을 하는 것보다 더 뻔뻔하고 무례한 어리석음은 없었다. 철

---

10 이것도 공통감각인가! 이번에는 반론의 여지가 없는 명백한 증거다. 많은 회사들과 많은 여행객들에게 좋은 일이라면 이 페이지에는 철도신호등을 예로 들 걸 그랬다.

도사업을 집어치워라, 아니면 당신이 알고 있는 가장 추한 나라에나 행하라. 그것이 인간을 비참하게 만드는 것임을 인정하라, 그리고 안전과 속도 외에는 아무것도 베풀지 마라. 차라리 유능한 공무원들에게 봉급을 많이 주고, 우수한 제조업자에게 값을 후하게 쳐주고, 능력 있는 노동자에게 임금을 많이 줘라. 쇠는 단단하게, 조적은 견고하게, 차량은 강하게 만들라. 이 첫 번째 조건들도 쉽게 만날 수 없는 날이 멀지 않은 것 같다. 다른 데 돈을 낭비하는 것은 미친 짓이다. 기차역 장식에 돈을 쏟아 붓느니, 차라리 철둑에 금을 묻어라. 종착역의 기둥이 니네베Nineveh 역주58의 장식문양으로 덮여 있다고 해서 인상된 기차요금을 기꺼이 지불할 여행객이 한 명이라도 있겠는가? 그는 영국 박물관에 있는 니네베의 상아에도 별 관심이 없을 것이다. 옛 영국식으로 보이는 스팬드럴이 크루Crewe역 지붕에 있다면 북서부 사람들은 인상된 요금을 지불할 것이라고 말하는가? 그는 크루 주택에 있는 그 원형을 보더라도 그다지 기뻐하지 않을 것이다. 역사驛舍건축은 오직 자신의 역할에 충실할 때 위엄이 있고, 앞으로도 그럴 것이다. 모루에서 일하는 대장장의 손가락에 반지를 끼우지 말아야 한다.

22. 그러나 지금껏 내가 언급한 남용들이 이렇게 확연한 상황에서만 일어나는 것은 아니다. 오늘날 이런 비난을 면할 수 있는 장식의 적용을 찾기란 매우 힘들다. 우리는 이런 종류의 뜬금없는 장식으로 필요하지만 유쾌하지 못한 부분들을 감추려는 나쁜 습관이 있다. 장식은 여러 곳에서 그런 부분들과 조우한다. 한 가지 경우만 언급하겠다. 예전에도 말한 적이 있는데, 평지붕의 예배당에 솟은 환기구를 감춰주는 장미들이 그 예다. 이 장미 대다수는 매우 아름다운 디자인으로, 우수한 사례들에서 차용한 것이다. 그것의 우아함과 완성도는 멀리 있기 때문에 눈에 띄지 않았다. 그러나 후에 그 형태들이 일반화되고 추한 건물들에도 적용이 되면서 계속해서 나타나게 된다. 그 결과

프랑스와 영국의 초기 고딕의 아름다운 장미들이 모두, 특히 쿠탕스 트리포리움의 장미와 같이 공들여 만든 것들이 그 유쾌한 영향력을 잃게 되었다. 결국 잘못된 사용으로 우리는 그 형태에 먹칠을 했고, 그 덕에 아무런 소득도 얻지 못하게 되었다. 이제는 누구도 그 장미 지붕에서 비롯되는 즐거움을 누리지 못한다. 그 장미들은 아무런 감흥 없이 그저 무관심하게 지나치는 일반적인 것이 되어버렸다.

23. 그렇다면 질문을 할 것이다. 일상과 관련된 형태에서는 아름다움을 찾지 말아야 한단 말인가? 상황에 맞게 사용하고, 그것을 차분히 볼 수 있는 장소라면 그래도 된다. 그러나 아름다운 형태가 가면이 되어 사물의 고유한 조건과 사용을 덮어버린다면, 혹은 노동을 위한 장소에 쑤셔 넣는다면 그것은 안 된다. 작업실 말고 응접실에 장식을 하라. 공예도구 말고 가구에 장식을 하라. 모든 사람은 무엇이 옳은지에 대한 감각을 갖고 있다. 물론 그들이 그 감각을 사용하고 적용할 마음이 있을 때에 한해서다. 모든 사람은 아름다움이 어디서 어떻게 자신에게 기쁨을 주는지 알고 있다. 물론 아름다움을 바라는 욕구가 있을 때다. 원치 않을 때는 강요하지 말자. 런던교를 건너고 있는 보행자에게 가로등에 있는 황동 잎사귀의 형태에 주목하는지 물어보면 그는 당신에게 말할 것이다. 아니요. 그 나뭇잎을 작게 만들어 아침식탁에 오르는 그의 우유병에 넣고 마음에 드는지 물어보자. 그는 당신에게 말할 것이다. 마음에 듭니다. 진실을 생각하고 말할 수만 있다면 사람들은 배울 필요가 없다. 그들이 무엇을 좋아하고 원하는지 물어라. 그 외의 것은 필요치 않다. 아름다움의 올바른 배치는 공통감각이 없거나 시간과 장소를 참작하지 않고서는 이룰 수 없는 것이다. 요컨대 런던교의 가로등에 있는 황동 잎사귀는 볼품없는 것이기 때문에 삼위일체교橋, Ponte santa trinita에 장식해서도 안 되겠지만, 그레이스처치가Gracechurch Street처럼 변화한 거리의 전면에 장식을 하

는 일이 바보 같다고 해서 아주 조용한 시골마을에 있는 가옥의 전면을 꾸미는 일도 그와 똑같은 짓이라 생각해선 안 된다.역주59 내외부 장식의 성공여부는 전적으로 그것을 받아들이고 즐길 수 있는 가능성에 달려있다. 베네치아의 거리에 그렇게 풍부한 외부장식을 한 것은 현명한 판단이었다. 곤돌라만큼 편한 소파는 없기 때문이다. 그래서 재차 말하지만, 관상용이 아니라 사용하는 분수라면 그것만큼 지혜로운 거리장식물도 없다. 아마도 그곳이 하루의 일과 중 가장 행복한 휴식의 장소가 될 것이기 때문이다. 항아리를 한쪽에 내려놓고 깊은 숨을 들이쉬며 이마의 머리를 쓸어 올리고 몸을 대리석 분수대에 기대면, 물 흐르는 소리와 더불어 친절한 말과 가벼운 웃음소리가 섞이고, 항아리가 채워지는 만큼 그 소리가 무르익어간다. 어떤 휴식이 이토록 달콤하겠는가? 태곳적의 깊이가 이보다 충만하고, 고요한 전원의 평온함이 이보다 부드럽겠는가?

24. 2) 지금까지는 아름다움을 위한 장소에 관한 것이었다. 다음으로 우리는 특히 건축에 적용하기 좋은 성질들과, 아름다움의 구성원인 자연형태의 모방을 가장 잘 조정할 수 있는 선택과 배열[11]의 원칙에 대해 알아볼 것이다. 이 물음에 대해 완전히 답변하려면 디자인 예술에 관한 논문을 써야 할 것이다. 그러나 나는 본질적으로 건축적이기 위한 두 가지 조건에 대해 몇 마디만 하고자 한다. 비례와 추상이다. 이 성질들은 다른 디자인 분야에선 그렇게 필수적이지 않다. 풍경화가에게 비례감은 종종 개성과 우연을 위해 희생되고, 추상의 힘은 완벽한 사실성을 위해 포기된다. 화가 앞에 펼쳐진 꽃들은 양으로는 셀 수 없이 많고 배열로는 느슨하다. 또한 양이건 배열이건 의도

---

11 선택, 그리고 배열이다. 열일곱 번째 아포리즘의 "지배"다. 4장 주석 1번을 참고하라.

된 바는 교묘하게 감춰져야 한다. 반면 건축가는 그 의도를 뚜렷이 보여줘야 한다. 그래서 회화에서는 얼마 안 되는 추상의 성질마저도 화가의 스케치에서만 겨우 볼 수 있을 뿐, 완성작에서는 완전히 감춰지거나 사라진다. 반대로 건축은 추상을 매우 좋아하고 형태를 완성하는 것은 두려워한다. 그래서 비례와 추상은 다른 분야와 구별되는 건축설계의 특별한 두 요소다. 조각은 건축보다는 낮은 수위에서 추상과 비례를 사용해야 한다. 대개 조각이 아주 위대할 때는(정말로 건축의 한 부분이 될 때) 건축의 방식에 기대는 경향이 있고, 그 권위가 사라질 위기에 처하거나 단순히 기교적 세공으로 전락할 때는 회화의 방식에 기대는 경향이 있다.

25. 비례에 관해서 쓴 글은 아주 많은데, 내 생각으론 그중 실제로 쓸모 있는 사실들은 수면 위로 올라오지 못하고 특별한 경우나 추정들만 쓸데없이 많다. 비례는 음악에서 나올 수 있는 멜로디처럼 무궁무진하다(색깔, 선, 그림자, 빛, 형태에서 나오는 여러 가지 종류의 것들이다). 베토벤의 <아델라이데Adelaide>나 모차르트의 <진혼곡Requiem>에서 음표의 관계를 수학적으로 분석하여 그 멜로디의 구성을 가르치듯이, 훌륭한 작품의 비례를 분석하여 젊은 건축가에게 어떻게 적절하고 좋은 비례를 만드는지를 가르치려는 시도는 합리적이기는 하다. 그러나 눈과 지성을 갖고 있는 사람은 아름다운 비례를 발명할 것이며, 또한 그것을 피할 수도 없다. 그러나 그는 그것을 어떻게 발명하는지 *우리에게* 말할 수 없다. 워즈워스Wordsworth가 어떻게 소네트sonnet를 쓰는지, 월터 스콧Walter Scott 역주60이 어떻게 소설을 기획하는지 우리에게 말로 설명할 수 없는 것과 마찬가지다. 그러나 말할 수 있는 한두 가지 일반적인 법칙이 있다. 사실 그 법칙들은 심각한 실수를 예방하는 것 외에는 쓸모가 없지만, 거론하고 기억할 만한 가치는 있다. 그리고 미묘한 비례의 법칙(이것은 결코 계산할 수

도 알 수도 없는 것이다)을 논의할 때, 건축가들이 아주 단순한 이 규정들을 끊임없이 잊어버리고 어기기 때문에 더욱 가치 있을 수 있다.

26. 그중 첫 번째는 비례가 어디에 존재하건 간에 그 구성의 한 가지 요소는 나머지보다 크던가, 어떤 면으로든 우월해야 한다는 것이다. 동일한 것에는 비례가 없다. 그것은 대칭일 뿐이다. 그리고 비례가 없는 대칭은 구성이 아니다. 대칭은 완벽한 아름다움을 위해 필요하지만 그 필요 중 가장 사소한 필요이며, 물론 그것을 얻는 것도 어렵지 않다. 동일한 것들의 연속은 편안하다. 그러나 구성하는 것은 동일하지 않은 것을 배열하는 것이고, 그래서 구성을 시작할 때 해야 하는 첫 번째 일은 우선되어야 할 것을 결정하는 일이다. 내 생각에 비례에 관한 글과 생각을 모두 종합해 보더라도, 건축가에게 유일무이한 규칙이 될 만한 것은 없고, 잘 해봤자 "큰 것을 하나 갖고 작은 것을 여러 개 가져라, 내지는 상위의 것을 하나 갖고 하위의 것을 여러 개 가져라, 그리고 그것들을 같이 잘 엮어라" 정도일 것이다. 잘 설계한 집의 층고가 그렇듯이, 가끔은 규칙적인 단계가 있을지도 모른다. 작은 피너클들이 있는 첨탑처럼, 때로 신분이 낮은 수행원을 대동한 군주가 있을 수도 있다. 배열의 다양성은 무한하지만 법칙은 보편적이다. 크기에서든, 임무에서든, 중요도에서든 나머지와 그 위에 있는 하나를 갖는 것이다. 첨탑이 없는 곳에 작은 피너클을 놓지 마라. 사방엔 작은 피너클을 두고 중앙엔 아무것도 없는 추한 교회 탑이 영국에 얼마나 많은가! 뒤집힌 책상처럼 4개의 다리가 허공에서 허우적대는 캠브리지의 킹스 칼리지 예배당 같은 건물들은 또 얼마나 많은가! 뭐! 짐승도 네 발을 가지지 않았냐고? 그렇다. 그러나 다른 형태의 다리고, 그 사이에 머리가 있다. 그래서 귀는 한 쌍이고 뿔도 한 쌍이지만, 그것이 함께 붙어있지는 않다. 킹스 칼리지 채플의 양 끝에서 피너클 한 쌍을 철거하라. 그러면 곧 일종의 비례라

는 것을 얻을 것이다. 그렇게 성당에 교차부탑과 서쪽 끝에 두 탑을 두거나, 혹은 더 나쁜 배열이긴 하지만 서쪽에만 두 탑을 둘 수도 있다. 그러나 서쪽에 2개, 동쪽에 2개를 놓아서는 안 된다. 그 둘을 연계하는 중앙의 고리가 없기 때문이다. 중앙의 고리가 있다 하더라도 양쪽에 커다란 것을 똑같이 놓고 중앙에 작은 연결 부재를 두는 건물은 일반적으로 나쁘다. 왜냐면 중앙을 우세하게 만드는 일이 쉽지 않기 때문이다. 실제로 새나 나방이 넓은 날개를 갖고 있다 할지라도 그 크기만으로 날개에 우월함을 부여하진 못한다. 머리와 생명은 중대하기 때문에 너른 깃털이라 해도 그것은 부수적인 것이다. 박공과 두 탑이 있는 아름다운 서쪽 입면에서 중앙은 규모로 보나 관심으로 보나(주 출입구가 있으므로) 항상 제일의 매스이며, 탑들은 동물의 뿔이 머리에 종속되듯 매스에 종속된다. 탑들이 중앙의 몸체를 누르고 이길 만큼 높이 솟아오르는 순간, 그 탑들은 스스로 제일의 매스가 되어 비례를 망칠 것이다. 그렇게 되지 않으려면 안트베르펜 대성당Antwerpen과 스트라스부르 대성당Strasbourg에서처럼 크기가 서로 다른 탑들 가운데 하나가 전체를 주도하는 역할을 해야 한다. 그러나 보다 순수한 방법은 중앙과 적당한 관계를 유지하면서 탑들을 낮추고, 그것들을 연계하면서 동시에 중앙을 부각시키는 경사진 박공을 세우고 그곳에 화려한 트레이서리를 더해 시선을 끄는 것이다. 이는 아브빌의 생불프랑St. Vulfran에서 고귀하게 행해졌고, 루앙에서 일부 시도되었다. 루앙의 서쪽 입면은 미완성 부분과 추가된 부분이 뒤섞여 있어 개개의 장인들이 본래 무엇을 의도했는지 추측하기가 불가능하지만 말이다.

27. 우월의 규정은 주도적인 부분에서건 아주 사소한 부분에서건 똑같이 적용된다. 흥미롭게도 이는 훌륭한 쇠시리의 배열에서 항상 볼 수 있다. 도판 10은 루앙 성당에서 온 것인데, 이 트레이서리의 배열

은 이미 북 고딕의 가장 고상한 방식의 유형(2장 22절)으로 분류한 바 있다. 세 가지 배열의 트레이서리로, 그중 첫 번째 것은 그림 4와 단면 b에서처럼 나뭇잎 쇠시리와, 그림 4와 단면 c의 소박한 두루마리 쇠시리로 나눠진다. 이 두 가지 분할이 전체 창과 패널을 감싸면서, 그와 동일한 단면을 가진 두 샤프트와 만난다. 두 번째와 세 번째 배열은 트레이서리의 선을 따라가는 소박한 두루마리 쇠시리들이다. 그래서 쇠시리는 전부 4개로 분할된다. 이 넷 중에서 나뭇잎 쇠시리가 단면에서 보듯 가장 크다. 그 다음으로 큰 것이 바깥쪽 두루마리 쇠시리다(c). 그런데 탁월한 변형으로, 후미진 곳에서 기죽지 않으려는 듯 가장 안쪽의 두루마리(e)가 다음으로 크고, 그 사이에 있는 것(d)이 가장 작다. 각각의 쇠시리에는 각각의 샤프트와 주두가 있다. 그리고 작은 두 쇠시리는 가장 안쪽에 숨어 있기 때문에 눈에 보이는 건 사실상 거의 똑같다. 그리고 이 둘은 큰 두 쇠시리보다 작은 주두를 갖지만 같은 높이에 맞추기 위해 그 주두를 약간 끌어올렸다. 세잎 아치의 빛이 떨어지는 벽은 단면 e부터 f에서 보듯 곡면을 이룬다. 그러나 위에 네잎 부분의 벽은 평평한데, 부드럽기보다 명료한 그림자를 얻기 위한 것으로, 그 때문에 후퇴할 수 있는 깊이만큼 완전히 물러난다. 쇠시리들은 e쇠시리를 제외하고 곡면을 따라 거의 수직으로 떨어진다. 그러나 위에 있는 작은 네잎장식의 단순한 쇠시리와 만날 때 잘 어울릴 수 없었다. 그 부분의 단면이 g부터 g_2이다. 건축가는 분명 아래 아치가 가볍게 튀어 올라오는 것과는 달리 위의 인형의 네잎은 무거워 보이는 것에 애가 탔을 것이다. 그래서 그림 2에서 보듯 네잎은 벽에서 떨어져 원과 비스듬히 만나지만, 아래 아치의 정식과 만나는 부분(단면에서 h)에서 원형 꼭대기(g_2)까지 앞으로 밀고나와 옆모습에서 보듯 뒤에서 버팀돌로 지지되고 있다. 이 상황을 나는 버트레스 정면(그림 1)의 패널에서 가져왔다. 네잎장식을 중간에 끊었기 때문에 벽에서 나온 버팀돌이 보인다. 특히 옆모습에서 나타나는 비스듬한 곡선의 우아함은 독보적이다. 한마디로 말해, 나는 이보다 더 뛰어난 조각을 결코 본 적이 없다. 변화무쌍하지만, 엄격한 비례와 보편적인 배열이다(그 시대의 창들이 모두 아름답지만 특히 하위의 작은 샤프트들과 작은 주두의 비례는 유쾌하기 그지없다). 옥의 티라 할 수 있는 것은 중앙 샤프트들의 피할 수 없는 오류다. 맨 안쪽의 두루마리 쇠시리를 키운 것이 화근이었다. 측면의 사중 샤프트에서는 아름다울지라도, 중앙의 삼중 샤프트에서는 양옆이 두꺼워지기 때문에 거북스럽다. 바로 대부분의 사례에서 비난의 대상이 되었던 부분이다. 그 시대 대다수가 그랬던 것처럼 성가대석 창에서 이 어려움을 피하기 위한 유일한 방법은 나뭇잎의 배열이 들어간 평연을 그냥 두루마리 쇠시리로 만드는 것이었다. 그리고 나머지 3개의 크기를 거의 산술급수적으로 증가시켜 e쇠시리가 가장 작아지게 함으로써 중앙의 삼중 샤프트에서 큰 것이 가운데 오도록 하는 것이다. 포스카리 궁전의 쇠시리는(도판 8과 도판 4의 그림 8) 그렇게 단순한 하나의 묶음 치고는 내가 본 것 중에서 가장 웅장한 효과를 낸다. 그것은 두 조수가 달린 커다란 하나의 두루마리 쇠시리로 구성되어 있다.

28. 일반적인 에세이의 범주에서 얽히고설킨 하나의 주제를 세부적으로 다루는 것은 가능하지 않다. 나는 다만 올바른 주요 조건들을 신속하게 거론하려고 한다. 그중 하나의 조건이 대칭을 수평적 분할로, 그리고 비례를 수직적 분할로 접목하는 것이다. 분명한 것은 대칭은 단순히 균등의 감각을 넘어 균형의 감각이라는 것이다. 어떤 것이 위나 아래에 있는 것으로 균형을 잡을 수는 없지만, 옆에 있는 것으로는 그럴 수 있다는 말이다. 따라서 수평적으로 2등분 3등분 또는 다른 비율의 등분으로 건물을 나누는 것은 허용될 뿐 아니라 종종 필요한 반면, 이런 식의 수직 분할은 모두 완전히 잘못된 것이다. 반으로 나누는 것이 가장 나쁘고, 다음으로 나쁜 것이 규칙적인 수

열로 나눠 더욱 균등해 보이도록 하는 것이다. 나는 이것이 젊은 건축가들이 배워야 할 비례의 거의 첫째가는 원칙이라고 생각하지 않을 수 없다. 최근 영국에 세워진 어떤 중요한 건물이 기억나는데, 거기서 원주들은 중앙창의 돌출한 아키트레이브로 인해 반으로 갈라진다. 그리고 현대의 고딕 교회에서 2분의 1 높이에 오는 장식띠가 첨탑을 반으로 나누는 것을 심심치 않게 볼 수 있다. 아름다운 첨탑은 모두 솔즈베리에서처럼 두개의 띠가 있고 세부분으로 나눠진다. 솔즈베리 탑의 장식 부분은 반으로 나뉘지만, 첨탑이 세 번째 매스를 형성하고 아래 두 부분은 그에 종속되기 때문에 허용될 수 있다. 지오토 종탑에서 위의 두 층은 같지만 아래의 작은 분할들보다는 우월하고, 맨 위의 우아한 세 번째 분할에는 종속된다. 이 배열도 처리하기 어렵기는 마찬가지다. 대개는 올라가면 갈수록 분할된 높이가 규칙적으로 증가하거나 감소하는 것이 더 안전하다. 예를 들어 건물의 세 부분이 대담하게 기하급수적으로 증가하는 두칼레 궁전처럼 말이다. 또는 탑의 경우 산마르코의 종탑에서처럼 몸체, 종루, 첨두 사이에서 다른 비례가 번갈아 나타나는 것이다. 그러나 어떤 경우에서건 균등성을 피하고 있다. 유아적인 균등성과 그것들의 획일적인 딱지집을 떠나라. 자연의 법칙과 인간의 이성은 예술에서건 정치에서건, 균등과 반대라는 점에서 일치한다. 내가 알고 있는 이탈리아의 탑 중에서 정말로 못생긴 것이 딱 하나 있는데, 그 이유는 바로 수직적으로 균등하게 분할되있기 때문이다 — 피사의 탑.

29. 또 하나의 비례의 원칙을 말해야겠다. 마찬가지로 단순하지만 마찬가지로 등한시되는 원칙이다. 비례가 생기려면 *최소한* 세 마디가 있어야 한다. 그러므로 첨탑이 없는 피너클도 부족하지만, 피너클 없는 첨탑도 불충분하긴 마찬가지다. 모든 사람이 이를 느끼는데, 이런 느낌을 그들은 대개 피너클이 교차부탑과 그 위 뾰족한 첨탑의 연결

부를 감춰주기 때문이라고 표현한다. 그것도 하나의 이유다. 그러나 좀 더 유력한 이유는, 피너클이 교차부탑과 첨탑에 세 번째 마디를 제공하기 때문이다. 그래서 비례를 확보하려면 건물을 불균등하게 나누는 것으로는 충분치 않고, 적어도 세부분으로 나눠져야 한다. 더 나눌 수도 있지만(디테일로는 더 좋다), 큰 축척에서는 3개가 수직선상에서 보면 거의 최선의 숫자라고 생각한다. 수평적으로는 5개가 그렇다. 경우에 따라 5개에서 7개까지 자유로이 늘어날 수 있으나, 그 이상이 되면 뒤죽박죽되어 명료함이 사라진다(건축에서는, 이란 단서를 달아야 할 것이다. 왜냐면 유기체의 구조에서는 그 숫자가 제한될 수 없기 때문이다). 나는 이 주제에 관해 풍부한 예증을 보여주려고 책을 준비하고 있다. 그러나 여기서는 수직적인 비례에 관해 단 하나의 예를 취할 것이다. 바로 평범한 물속 질경이인 *질경이택사* Alisma Plantago 꽃줄기다. 도판 12의 그림 5는 무작위로 채집한 그 식물의 측면을 간략하게 그린 것이다. 보다시피 5개의 마디를 갖고 있다. 그러나 그중 맨 위의 것은 싹에 불과하다. 그래서 우리는 네 번째까지의 관계만을 생각해 볼 수 있겠다. 맨 아래 마디인 ab는 실제 길이이고, 그 길이를 기록한 것이 선 AB이다. 이때 AC=bc, AD=cd, 그리고 AE=de의 비례가 성립된다. 독자가 이 길이를 측정하고 비교하는 것이 성가시다면, 선 중앙에서 볼 때 맨 위의 점인, AE=AD의 7분의 5이고, AD=AC의 8분의 6, AC=AB의 9분의 7이다. 아주 미묘하게 비례가 감소하고 있다. 각 마디에서 주 가지와 부 가지가 각각 3개씩 나오는데, 번갈아가며 나타난다. 그러나 주 가지들은 매번 아래 마디에 있는 부 가지들 위에 놓인다. 마디 자체가 묘한 배열을 갖고 있기 때문이다. 줄기는 뭉뚝한 삼각형모양인데, 그림 6이 마디의 단면이다. 바깥쪽의 어둡게 칠해진 삼각형은 아래 쪽 줄기의 단면이고, 안쪽의 밝은 삼각형은 윗줄기의 단면이다. 3개의 주 가지들은 볼록한 가장자리에서 나온다. 또한 줄기들은 높이가 줄어드는 만큼 지름도 줄어든다. 주 가지들은 (각각의 관계를 보기 위해서 서로 위에 있는 것처럼 그렸는데 잘못된 그림이다) 줄기마디와 마찬가지로, 제각기 7개, 6개, 5개, 4개, 3개의 관절을 갖고 있다. 이 또한 줄기마디와 같은 미묘한 비례로 되어 있다. 이 마디에서 다시 3개의 주 가지와 부 가지가 솟아나 꽃을 피우는 것이 식물의 *도면인* 듯하다. 그러나 이렇게 무한히 얽혀가는 팔다리들에서도, 식물이라는 자연은 상당한 편차를 허용한다. 이 측정을 한 식물에서 완전히 같은 비례와 수를 가진 것은 2차 마디에서 단 하나뿐이었다.

　이 식물의 꽃이 일반적으로 다섯 마디에서 피는 것처럼 잎은 양편에 5개의 잎맥이 있는데, 더할 나위 없이 우아한 곡선으로 배열되어 있다. 그러나 수평 비례를 위한 예는 건축에서 가져오려 한다. 그 예로 독자들은 5장 14~16절에서 피사 성당이나 베네치아의 산마르코 성당에 관한 설명을 여러 번 접하게 될 것이다. 나는 이 배열을 모범으로서가 아니라 단지 예시로서 제시하는 것이다. 아름다운 비례들은 모두 독특하기 때문에 일반적인 형식이 될 수 없다.

30. 건축의 처리에서 우리가 주목하고자 했던 또 다른 조건은 모방된 형태를 추상화하는 것이다. 그러나 협소한 지면에서 이와 같은 주제를 건드리는 것은 특히나 어렵다. 우리가 예술에서 발견하는 추상의 예들은 어느 정도 부지불식간에 일어나는 것이기 때문이다. 그래서 의도한 바가 어디서부터인지 결정하는 것은 상당히 민감한 문제다. 개인이든 민족이든 정신의 발전과정을 볼 때 모방의 첫 번째 시도는 항상 추상적이고 불완전하다. 위대한 완성은 예술의 진보를 나타내고, 절대적 완성은 늘 그 쇠퇴를 의미한다. 그래서 모방의 형태가 절대적 완성을 보인다는 것은 그 자체로 잘못된 것이라 생각되곤 한다. 그러나 항상 잘못된 것은 아니고, 위험할 뿐이다. 그러면 어디에 그 위험이 있고, 어디에 그 위엄이 있는지 간략하게 확인해보자.

31. 모든 예술에서 그 출발은 추상적이라고 말했다. 다시 말해 묘사된 대상의 성질 중 일부만을 표현하는 것이다. 곡선과 다중선은 직선과 단선으로 재현된다. 형태의 내적인 특징은 거의 없으며, 대부분 상징적이고 틀에 박힌 것들이다. 이 단계에서 위대한 민족의 작품과 아이들의 작품, 또는 무지無知에서 나오는 작품 사이에는 유사점이 있다. 경솔한 관찰자라면 이 작품들을 보고서 뭔가 조롱하고 싶다는 생각이 들 수도 있다. 니네베 조각에 있는 나무형태는 약 20년 전에 나온 수예견본에 있는 것과 상당히 비슷하다. 그리고 초기 이탈리아 예술에 나오는 얼굴과 몸의 유형은 대충 그린 캐리커처라고 생각할 수 있다. 훌륭히 자란 성년成年의 유년기에 있는 특별한 신호(그 신호들은 전반적으로 상징과 추상화된 특성을 선택하는 것이다)에 대해 말하려는 것이 아니다. 다음 단계의 예술로 넘어가기 위한, 즉 무의식에서 출발했던 추상화가 자유의지로 계속되기 위한 힘의 상태에 대해서 말하려는 것이다. 이는 건축뿐만 아니라 조각과 회화에도 해당되는데, 무엇이 됐든 우리는 더 사실적인 예술이 되기 위한 매우 어려운 방법을 다룰 것이다. 나는 그 방법이 상위의 개념에 따라 부수적인 표현을 장소와 목적에 맞게 구성하는 데 있다고 생각한다. 일단 건축이 조각을 위한 틀인지 조각이 건축을 위한 장식인지를 분명히 해야 한다. 후자라면 조각의 첫 번째 직무는 모방한 대상을 재현하는 것이 아니라, 그 대상에서 배열할 수 있는 형태들을 채집하는 것이다. 그 배열은 그에 할당된 장소에서 사람들의 눈을 즐겁게 해주던 것이다. 그림자의 기분 좋은 선과 점들이 빈약한 쇠시리나 단조로운 빛에 더해지면 곧 모방이라는 건축적 작업이 완수된다. 그 작업이 어느 정도의 완성도에 이를지는 그 위치와 다른 다양한 환경들에 달려 있다. 실질적인 사용목적과 정해진 위치를 지키면서 대칭을 이룬다면 그것은 당연히 건축에 종속되는 즉각적인 징후라고 할 수 있다. **그러나 대칭은 추상이 아니다.** 잎사귀가 아주 규칙적으로 조각된다면

초라한 모방에 불과하다. 그와 달리 거칠고 느슨하게 두들겨 때마다 다른 별개의 처리가 된다면 수준 높은 건축이 될 수 있다.[12] 도판 13 에서 두 기둥을 이어주는 한 무리의 잎사귀들보다 더 비대칭적인 것은 있을 수 없다. 그러나 잎의 이미지만을 순수하게 암시하고, 원하는 선들을 얻는 데 필요한 것 외에는 잎의 특성 중 아무것도 가져오지 않았기 때문에 그 처리는 고도로 추상적이다. 장인은 오로지 더도 덜도 아닌 그의 건축을 위해 좋다고 생각한 만큼의 잎사귀를 원했다는 것을 보여준다. 어느 정도가 좋을지는 앞서 말했듯이 일반적인 법칙보다는 위치와 상황에 훨씬 더 좌우된다. 물론 사람들은 일반적으로 이렇게 생각하지 않으며 반면 훌륭한 건축가들은 항상 추상성을 주장한다는 것을 나는 알고 있다. 이 질문은 너무 광범위하고 어려워서 나의 견해를 말하기가 아주 조심스럽다. 그러나 나의 느낌에는 우리 영국의 초기 작품들과 같이 순수한 추상적 방식은 아름다운 형태를 완성하기 위한 여지를 주지 않으며, 눈이 오랫동안 거기에 익숙해지면 그 일관된 엄격함이 싫증난다는 것이다. 도판 10의 그림 5에 내가 그린 솔즈베리의 송곳니장식이 있다. 그 효과를 제대로 재현하진 못했지만, 그럼에도 불구하고 그 위에 있는 아름다운 프랑스 쇠시리보다는 잘 나타냈다고 생각한다. 그리고 솔직한 독자라면 루앙의 쇠시리가 솔즈베리의 것만큼 매혹적이고 활기차면서도 모든 점에서 더 우아하다는 것을 부인하지 못할 것이라 생각한다. 루앙의 대칭은 솔즈베리의 것보다 더 복잡하다. 잎은 양쪽으로 나뉘는데, 각각 두 열편裂片을 가지며, 각 열편은 다른 모양을 하고 있다. 정교한 감수성으로, 양 잎 중 한편이 쇠시리 반대편에서 교대로 한 번씩 생략되어(도판에는 보이지 않지만, 카베토 부분에서 그렇다) 전체에 명랑한 가

아포리즘 21

대칭은 추상이 아니다.

---

12 이 짧은 아포리즘이 이 책에서 가장 중요한 것 중 하나다.

벼움을 주고 있다. 나의 서투른 그림으로는 전혀 판단할 수 없겠지만 만약 독자가 구불구불한 외곽선의 흐름에서 아름다움을 포착한다면 (특히 모서리에서), 내 생각으론 매우 순수한 쇠시리의 장식으로서 이보다 더 우아한 것을 쉽사리 기대하지 못할 것이다.

　이제 그 처리방법에 있어 솔즈베리의 쇠시리처럼 진부하지 않더라도 높은 수준의 추상성이 가능하다는 것을 알 수 있다. 말인즉슨 그 잎들은 그저 윤곽선과 흐름을 재현한 것이 대부분이다. 밑동을 거의 쳐내지 않은, 상당히 심사숙고한 점잖은 곡선으로 뒤에 있는 돌과 연결되어 있다. 톱니모양도 결도 없고, 잎맥도 끝에 달린 줄기도 없다. 오로지 돌의 절개만으로 우아하게 중앙의 잎맥과 함몰된 부위가 표시하는 방향으로 뻗어나간다. 추상의 방식은 건축가가 모방을 원했다면 그쪽을 향하여 훨씬 더 나아갈 수 있었겠지만, 그의 자유의지가 이 지점에 머무르고자 했다는 것을 보여주는 것이다. 그리고 그가 행한 것은 그 범주 안에서 아주 완벽하기 때문에, 그의 작품에서 추상성을 발견하는 한 추상 영역 전체에 걸친 그의 권위를 의문의 여지없이 인정하고픈 마음이 생기게 한다.

32. 다행히도 그의 견해가 솔직하게 표현되었다. 이 쇠시리는 측면 버트레스에서 북문의 높이와 같은 곳에 있다. 그래서 종탑의 나무계단이 아니면 가까이서 볼 수 없다. 즉 그 쇠시리는 가까이 보기 위한 것이 아니라, 적어도 눈에서 40~50피트 떨어진 곳을 염두에 두고 만들어진 것이다. 거의 근접할 수 있는 그 문의 궁륭에는 세 줄의 쇠시리가 있다. 내 생각으로는 같은 예술가가 만든 것이거나, 여하간 같은 설계의 일부다. 그중 하나가 도판 1, 그림 2의 a다. 여기서 추상성은 확실히 덜하다는 것을 볼 수 있다. 담쟁이덩굴 잎들은 줄기가 있고 열매가 달려 있으며 열편마다 잎맥이 있다. 또한 돌에서 떨어져나갈 만큼 밑을 쳐냈다. 반면 위에 있는 포도나무 잎 쇠시리는 남

문에 있는 것으로, 동일한 시대의 것이지만 순수한 추상적 요소들과 사실적인 톱니모양이 양립한다. 마지막으로, 눈에 가장 가까운 문의 장식으로 채택된 동물들에게선 추상성이 거의 사라지고 완벽한 조각품이 되었다.역주61

33. 그러나 눈에 가까이 있다는 것이 건축의 추상성에 영향을 미치는 유일한 여건은 아니다. 그 동물들이 단지 눈에 가깝다는 이유만으로 더 잘 조각된 것은 아니다. 오히려 고귀한 원칙 — 내 생각으론 이 원칙을 처음으로 확실하게 말한 사람은 찰스 이스트레이크인데, 가장 고귀한 대상을 가장 세밀하게 모방해야 한다고 말했다 — 에 따라, 무분별할 정도는 아니더라도 더 잘 조각되어야 하는 것이기에 눈에 가까이 있는 것이다. 나아가 식물이 성장하는 방식과 야생성은 조각에서 *진실하게* 모방될 수 없는 것이기 때문에, 아주 정직한 모방의 처리에서도 구성요소들을 일정 수로 줄여야 하고, 방향은 정연해야 하며, 뿌리 또한 잘라내야 한다. 그래서 내 생각엔 세부적인 부분의 완성도를 전체의 형식과 비례하도록 하는 것이 좋은 판단의 기준이 된다. 한 나무에 대여섯 개의 잎들이 있을 수밖에 없다면, 한 장의 잎에도 대여섯 번의 터치만을 하는 것이다. 그러나 일반적으로 동물의 윤곽선은 완벽하게 표현될 수 있기 때문에, 즉 그 형상만을 떼어내 온전히 재현할 수 있기 때문에 각 부분들을 더 완전하고 충실하게 조각할 수 있다. 그리고 내가 알기론 이 원리는 실제로 예전에 장인들을 지도하기 위해 찾아낸 방법이기도 하다. 동물의 형태가 그저 돌덩어리에서 나온 불완전한 이무깃돌이라면, 혹은 그런 다른 사용을 위한 돌기처럼 오직 머리 하나만 있다면 그 조각은 상당히 추상적이 될 것이다. 그러나 잎사귀 사이에 출몰하는 도마뱀, 새, 다람쥐처럼 온전한 동물이라면, 그 조각은 훨씬 더 완전하게 제작되어야 한다. 그리고 그것의 크기가 작고 가까운 위치에 있다면, 좋은

재료는 물론이고 정말로 할 수 있는 최상의 완성도를 일궈내야 한다고 생각한다. 피렌체 성당의 남쪽 출입구 쇠시리에 생명을 불어넣는 동물들을 마무리가 덜 된 채로 둘 수는 없는 노릇이며, 두칼레 궁전의 주두에 있는 새들 역시 한 오라기의 깃털마저도 더하고 뺄 수 없다는 것을 우리는 분명 알고 있다.

34. 이러한 제약 하에서 나는 완벽한 조각이 가장 순수한 건축의 일부가 될 수 있다고[13] 생각한다. 그러나 처음부터 이 완벽성을 말하는 것은 위험의 소지가 있고, 그럴 가능성은 매우 높다. 왜냐면 건축가가 모방하는 일에 몰두하는 순간, 장식의 의무 즉 구성의 일부로서의 역할을 망각하고, 정교한 조각의 기쁨에 도취되어 음영과 그 효과를 제물로 바칠 수 있기 때문이다. 그렇다면 그는 실패하는 것이다. 그의 건축은 정교한 조각품을 전시하기 위한 단순한 액자에 지나지 않게 된다. 그러느니 그것들을 모두 끌어내려 장식장 안에 넣는 것이 더 좋으리라. 그러므로 젊은 건축가들은 모방 장식을 언어로 치자면 극존칭이라 생각하는 것이 좋다. 처음부터 고려하거나 목적, 의미, 힘, 또는 간명함을 희생하면서까지 얻을 필요는 없다. 그러나 실은 완벽성으로 말하자면 가장 사소하지만, 모든 완벽성 중 으뜸의 것이다. 그 자체로 존중받는 건축의 멋이다.[14] 그러나 그것이 다른 것과 협력할 때는 최고로 훈련된 정신과 힘의 징표가 된다. 내가 생각하기로는 모든 것들을 처음에는 순수한 추상에서 설계하는 것, 그리고 필요할 경우를

아포리즘 22

완벽한 조각은 가장 순수한 건축의 일부이어야 한다.

---

13   옆에 있는 이 아포리즘의 정의에서는, "이어야 한다should be"라고 쓴 것을 볼 수 있다. 본문에도 그렇게 써야 했다. 다음 주석을 보라.

14   결코 아니다. 나는 이 문제에 관한 진실을 말하는 데 있어 너무 절제했다. 이제는 이렇게 말할 것이다. 조각이 그 밖의 모든 것을 앞서고 지배해야 한다고. 아이기나의 페디먼트역주62가 정의를 내리고 논쟁을 끝맺는다.

위해 그 형태를 온전히 완성시킬 준비를 하는 것이 가장 안전한 방법이다. 예를 들어 정교하게 완성해야 좋을 부분들을 표시한 다음, 항상 전체적인 효과에 대해 확고한 기준을 가지고서 그 부분들을 완성하는 것, 그리고 마침내 그보다 점점 추상화되는 나머지들을 급작스럽게 맞부딪치게 하지 않고 추상의 단계별로 연결하는 것이다. 내가 마지막으로 언급하고 싶은 것은 이러한 과정에서 위험부담을 줄일 수 있는 안전장치다. 자연의 형태 외에는 어느 것도 모방하지 말기. 그리고 그중에서 가장 고귀한 것을 가장 완벽하게 만들기. 친퀘첸토Cinquecento의 장식방식이 쇠락한 이유는 자연주의적이거나 진실한 모방을 하지 않고, 추한 모방 이를테면 자연적이지 않은 것들을 모방하는 데 열중했기 때문이다. 조각의 대상을 꽃과 동물들로 제한하는 한 고귀함을 잃어버릴 일은 없다. 도판 11의 발코니는 베네치아의 산베네데토 광장San Benedetto에 있는 어느 집에서 온 것인데, 친퀘첸토 아라베스크의 초기 작품이다. 그 문양의 한 조각이 도판 12의 그림 8이다. 이것은 단지 하나의 줄기와 싱싱한 두 꽃송이의 돌 세공일 뿐이지만, 위의 창을 위해 부족함이 없다(더불어 이 문양은 프랑스와 이탈리아 농민들의 섬세한 취향의 격자창틀에 자주 등장한다). 이 아라베스크는 마치 하얀 돌에 새겨진 문양이 시간의 흔적으로 검게 변한 듯이 세공된 것인데, 아름다우면서도 순수하다. 르네상스의 장식이 이러한 형태에 오래 머물렀다면 망설임 없는 감탄의 대상이 되었을 것이다. 그러나 자연적이지 않은 대상들이 르네상스의 장식들에 더해진 순간, 그리고 무기, 악기, 제멋대로 날아다니는 무의미한 소용돌이 장식들, 둘둘 말린 방패들, 또는 그런 종류의 다른 망상들이 제일의 요소가 된 순간, 장식의 파멸 그리고 그와 더불어 세계 건축의 파멸이 예정되었다.

35. 3) 우리의 마지막 연구는 건축 장식과 관련된 색의 사용이다.
    나는 색과 함께 조각을 건드리는 것에 대하여 자신 있게 말할 수 있는 형편은 아니다. 다만 한 가지 지적하고 싶은 점은, 조각이 개념의 표현이라면 건축은 그 자체로 사실이라는 것이다. 아마도 내 생각에 그 개념이란 아무 색이 없지만 보는 사람의 마음에 의해 색깔이 입혀지는 것이 아닐까 한다. 그러나 사실성은 모든 속성에 사실성을 담보해야 하므로, 건축의 형태와 마찬가지로 색도 그렇게 정해져야 한다. 그러므로 나는 색이 없이도 어떻게든 완벽한 건축이 될 수 있다는 것을 상상할 수 없다. 게다가 앞에서 언급한대로 나는 건축의 색깔이 자연석의 색깔이어야 한다고 생각한다. 내구성이 더 좋기 때문인 이유도 다소 있지만, 사실은 그것이 더 완벽하고 우아하기 때문이다. 왜냐면 돌이나 석고 위에 덮이는 색조가 자극적이지 않고 은은하면서도 생기 있으려면 진짜 화가의 능력과 판단력이 필요하다. 그러나 우리가 현실적인 기준을 마련한다면 그런 다재다능함이 반드시 필요한 것은 아니다. 틴토레토Tintoretto나 조르조네Giorgione가 벽을 칠하겠다고 한다면 우리는 그들의 목적을 위해 우리의 설계 전체를 변경하고 그들의 노예가 되고 말 것이다. 그러나 우리는 건축가로서 평범한 장인의 도움을 기대해도 좋다. 문제는 기계적인 손으로 색깔을 입히고 통속적인 눈으로 색조를 맞추는 것은 서툴게 돌을 자르는 것보다 훨씬 더 괴롭고 불쾌하다는 점이다. 후자는 불완전할 뿐이지만, 전자는 죽음이거나 부조화다. 최선을 다했더라도 그런 색깔은 아름답고 그윽한 자연석의 색조에는 훨씬 못 미치기 때문에 디자인으로 어떻게든 만회하려고 골머리를 앓는 일은 포기함이 현명하다. 그렇게 함으로써 우리가 더 우아한 재료를 선택할 수 있다면 말이다. 우리가 형태를 배우기 위해 자연을 관찰하듯이, 우리가 색을 다루기 위해 자연에 의지한다면 아마도 그 골치 아픈 일을 피하는 게 다른 목적을 위해서도 유익하다는 것을 깨닫게 될 것이다.

36. 그래서 첫 번째, 이러한 준거를 만들 때 우리는 건물을 일종의

유기적 산물로 여겨야 한다고 생각한다. 색을 입힐 때도 우리는 자연 경관과의 연계성을 생각할 게 아니라, 건물을 독자적으로 분리된 체계를 갖는 자연의 유기물로 상정해야 한다. 건물은 그것이 잘 구성될 경우 하나의 대상이므로, 마치 자연이 그 대상 하나하나 — 조개, 꽃, 동물 — 에 색을 입히듯이 해야 한다. 자연이 어떤 집단에 색을 입히듯이 해서는 안 된다.

우리가 자연의 관찰을 통해 추론할 수 있는 첫 번째 결론은 색은 결코 형태를 따르는 것이 아니며 독자적인 체계로 분류된다는 것이다. 동물의 피부에 있는 점의 형태와 그 골격체계에 어떤 신비한 연관관계가 있는지, 그 관계가 어떤 식으로 추적되더라도 나는 알지 못하며 어쨌거나 이제까지 증명된 바도 없다. 그러나 눈으로 보기에 그 체계는 완전히 분리된 것이며 대부분의 경우 우연적으로 변화한다. 얼룩말의 줄무늬는 그 몸통이나 사지의 선들을 따라가지 않으며 표범의 반점들도 그러기는 매한가지다. 새의 깃털에서 각각의 털은 무늬의 일부가 되고 그 무늬는 제멋대로 몸체로 이어져 때로는 근육의 선을 따라가고 때로는 그 반대 방향으로 확장과 축소가 일어나기도 하지만, 그것들은 정말로 형태와 우아한 조화를 이룬다. 어떤 조화가 됐건 뚜렷하게 둘로 나눠진 음악 파트가 조화를 이루듯 가끔씩만 어울린다. 결코 부조화가 아니라, 근본적으로 다른 것이다. 그래서 나는 이것을 건축 색상의 첫 번째 대원칙으로 상정한다. 색을 형태와는 별개로 보는 것이다. 기둥을 절대 수직으로 칠하지 말고 항상 반대로 칠해라. 다른 쇠시리라고 해서 절대 다른 색으로 칠해선 안 된다(이것이 이설異說이라는 것을 안다. 그러나 인간의 권위에 반기를 드는 일이라 할지라도, 그것이 자연의 법칙을 관찰해서 얻은 결론이라면 나는 결코 물러서지 않을 것이다). 또는 조각 장식에서 잎이나 인물을 같은 색으로 칠하고 바탕은 다른 색으로 칠하는 것이 아니라 (나는 엘진의 프리즈역주63를 변호할 수 없다), 바탕과 인물을 같은 색조로 처리하면서 명함에 변화를 주는 것이다. 알록달록한 꽃들을 보면서 자연이 그것들을 어떻게 처리하는지 주목하라. 이 잎은 빨갛고 저 잎은 하얀 게 아니라, 빨간 점과 하얀 영역이 있는 것이다. 혹은 있을 법한 색을 모두 각각의 잎에 사용하기도 한다. 어떤 데는 두 가지 체계가 같이 붙어 있을 수도 있고, 때로는 한두 가지 박자가 병행할 수도 있다. 하지만 색과 형태는 두 가지 배열의 쇠시리가 그렇듯 일치와 불일치 사이를 오간다. 한순간 접촉에 의해 하나가 되기도 하지만, 곧 각자의 방향으로 향한다. 그래서 개개의 요소들은 때로 개개의 색을 가져야 할지도 모른다. 새의 머리와 어깨가 때론 다른 색이듯이, 당신은 주두와 샤프트를 각기 다른 색으로 칠할 수도 있다. 그러나 일반적으로 색을 쓰기에 가장 좋은 곳은 흥미로운 형태가 있는 지점이 아니라 넓은 표면이라고 할 수 있다. 반점이 동물의 가슴과 등에 있는 경우는 일반적이지만, 발이나 눈 주위에 있는 경우는 드물다. 평평한 벽과 두꺼운 샤프트를 다채로운 색으로 대담하게 칠하라. 그러나 주두와 쇠시리 앞에서는 다시 한 번 생각해보라. 형태가 다양할 때는 언제나 색을 단순화하는 것이 안전한 규칙이고 그 역도 마찬가지다. 내가 전체적으로 좋다고 생각하는 것은 주두와 아름다운 장식은 모두 하얀 대리석으로 조각하고 그대로 놔두는 것이다.

37. 독립성을 우선적으로 유지하려면 우리는 색의 체계를 위해 어떤 종류의 윤곽선을 채택해야 할까?

  자연물과 친숙한 사람은 자연의 세심함과 완결성이 어떤 식으로 드러나든 결코 놀라지 않을 것이라 확신한다. 그것이 삼라만상의 상태기 때문이다. 그러나 부주의하거나 불완전해 보이는 것과 부딪칠 때는 놀람과 의혹이 생긴다. 평범한 상태가 아니기 때문이다. 그러므로 특별한 목적을 위해 지명된 것이어야 한다. 그러한 놀라움은 다채로운 유기체의 선들을 열심히 탐구한 다음, 그에 못지않은 근면성으로 색의 선들도 따라 그리려는 사람에게는 매우 당혹스럽게 느껴질 것이다. 형태의 경계선은 그것이 무엇이든 간에 인간의 손이 따를 수 없는 정교함과 정확성으로 그려져 있다는 것을 그는 분명 알게 된다. 색의 선들도 마찬가지로 항상 어색한 대칭이 지배적이긴 하지만, 불규칙하고 얼룩덜룩하며 불완전한 그래서 온갖 종류의 우연과 편차가 있다는 것도 알게 될 것이다. 조가비의 선들은 얼마나 괴상하고 어색하게 쳐져 있는가. 사실 늘 그런 것은 아니다. 그것도 공작 깃털의 눈처럼 이따금 뚜렷한 정밀함이 있지만, 그 매력적인 얼룩을 만들어내는 한 올 한 올의 그림에는 미치지 못한다. 그리고 형태에서라면 매우 괴상하게 보였을 자유로움과 변화무쌍함이, 더 심할 경우 거침과 격렬함이 색의 배열에서는 허용되는 경우가 대부분이다. 물고기의 비늘과 그 비늘에 있는 점들의 규칙성에 어떤 차이가 있는지 관찰해보라.

38. 어째서 이러한 정황들 하에서 색이 가장 잘 보여야 하는지, 지금 당장 그 이유를 알아내려고 애쓰지 않겠다. 또한 즐거움을 주는 모든 방식은 어느 하나에 의해 좌우되지 않도록 하는 게 신의 의지라는 것을 우리가 배워야 하는 지도 결정하지 않을 것이다. 다만 신이 항상 단순하고 거친 형태로 색을 배열했다는 점은 확실하다. 따라서 색이 가장 잘 보일 수밖에 없고, 그래서 그 배열을 정제하기 위해 수성할 필요가 없다는 사실 또한 확실하다. 우리는 경험에서도 같은 것을 배운다. 완벽한 형태와 완벽한 색의 통일에 대한 허튼소리가 끊임없이 쓰이고 있지만, 그 둘은 결코 통일되지도 않고 될 수도 없다. 색이 완벽하기 위해서는 *반드시* 부드럽거나 단순한 윤곽선을 가져야 한다(색은 정제된 선을 가질 수 없다[15]). 그래서 우리는 인물도

---

15   괄호 안의 문장을 빼라. 내가 말하고자 했던 것은 예리한 또는 확실한defined,

잘 그려지고 색도 잘 칠해진 창을 결코 생산할 수 없는 것이다. 당신이 선에 완벽을 기하는 만큼 색채의 완벽성은 잃게 될 것이다. 차라리 한 조각 오팔의 색들을 그 형태와 배열에 집어넣도록 하라.

39. 그래서 나의 결론은, 우아한 형태들에 있는 모든 색의 배합은 색 자체를 위해서는 야만적이라는 것이다. 그래서 그리스 나뭇잎 쇠시리의 아름다운 선에 색으로 문양을 넣는 것은 완전히 야만적인 방식이다. 나는 그런 예를 자연의 색에서 한 번도 본적이 없다. 그것은 동맹관계가 아니다. 자연의 형태는 모두 그 관계 안에 있지만, 자연의 색만큼은 아니다. 그러므로 건축의 색이 그 형태만큼이나 아름다워야 한다면, 모방을 할 때 우리는 이 조건들을 지켜야 한다. 예를 들어 무지개나 얼룩말처럼 단순한 매스나 영역에 국한시키거나, 대리석이나 조가비, 깃털에서처럼 구름이나 불꽃무늬 내지는 다양한 모양과 범위의 얼룩으로 제한하는 것이다. 이 조건들은 다양한 수위의 선명하고 섬세하며 복잡한 배열들을 받아들일 수 있다. 영역은 얇은 선으로 그려지고, 그 내부는 체크나 지그재그로 채워진다. 불꽃무늬의 경우 대략 튤립 꽃잎 같은 윤곽을 가질 수도 있으나, 결국 색삼각형에 있는 온갖 색으로 별모양이나 다른 모양을 채울 수도 있다. 점을 찍어 단계적으로 명도를 달리하며 퍼져나갈 수도 있고, 사각이나 원의 틀 안에 한정할 수도 있다. 가장 탁월한 조화란 이러한 단순한 요소들을 조합하는 것일 게다. 부드럽고 완전하게 분출하고 사그라지는 색의 공간, 때론 불꽃이 튀듯 휘날리고, 때론 은근하고 느슨한 파편들이 무리를 이룬다. 양적으로는 완벽하고 아름다운 비례를, 그

(정제된 refined이 아니고) 가장자리다. 그러나 설사 그렇게 이해한다 하더라도 38절과 39절의 많은 부분은 제외시키거나 항변을 감수해야 한다. 이 책에 누를 끼치지 않으려면 전체를 빼버려야 할지도 모른다.

것의 배분에서는 무한한 창의력을 보여준다. 그러나 어찌됐건 그 모양이 효력을 발휘하려면 양과 크기를 결정하고, 서로의 운행을 견제해야 한다. 점이나 모난 각들이 넓은 면에 끼어든 경우가 그럴 것이다. 그러므로 삼각형과 뻐죽뻐죽한 모양, 혹은 가능한 아주 단순한 형태들이 편리하다. 그때 관객은 색이 주는, 오직 색만이 줄 수 있는 즐거움을 누릴 것이다. 곡선으로 이루어진 윤곽선, 특히 세련된 곡선은 색을 죽이거나 색을 물리치게 만든다. 아주 위대한 채색화가들은 인물을 그릴 때 코레조와 루벤스Rubens의 그림에서 종종 볼 수 있듯 외곽선을 사라지게 하거나, 티치아노처럼 일부러 꼴사나운 형태를 그리곤 했다. 다른 예로는 베로네세Veronese처럼 독특한 무늬를 넣을 수 있는 의상을 이용해 아주 밝은 색조를 입히기도 한다. 그와는 달리 프라 안젤리코Fra Angelico는 특이하게도 색의 절대 미덕은 선을 우아하게 만드는 부속품의 역할이라고 보았다. 그래서 그는 <비너스와 머큐리Venus and Mercury>의 작은 큐피드 날개 같은 코레조의 혼합색을 전혀 사용하지 않고, 항상 순수한 색을 사용했다 — 그 공작 깃털을 보라역주64. 이들 중 누구는 지금 우리의 채색창에 바탕으로 쓰이는 나뭇잎이나 리본을 보았다면 주체할 수 없는 역겨움을 느꼈을지도 모른다. 그럼에도 불구하고 내가 거론한 이들은 모두 르네상스 디자인과 병적인 사랑에 빠졌다. 그래서 우리 역시 화가에게 주제의 자유를 그리고 그와 결부된 선들의 느슨함을 허락해야만 한다. 건물에서는 지나친 사치지만 그림에서는 단순한 문양일 수 있기 때문이다. 요컨대 지나치게 별나거나 모가 난 문양에 색을 입히는 것은 건축에선 불가능하다고 생각한다. 형태면에서는 나의 비난을 받았던 많은 배열들이 색을 위해서는 발명할 수 있는 최상의 것이다. 예를 들어 나는 항상 튜더양식을 업신여기곤 했다. 그 이유는 넉넉함과 넓음의 효과를 모두 포기하고 그 면을 무수히 많은 선으로 분할함으로써 아름다운 선을 만들 수 있는 성질을 버렸기 때문이다. 그렇게 플랑부아양의 변덕을 오랫동안 벌충해온 그 다양성과 우아함을 모두 희생하고 채택한 튜더양식의 주도적 모습이란 고작 미장공의 체에 있는 그물모양만큼이나 많은 기교와 발명을 보여주는 가로 세로가 얽히고설킨 모양이다. 그런데 바로 이 그물이 색에서는 상당한 아름다움을 발휘할지도 모른다. 문장들을 비롯해서 형태로 치자면 괴상한 이런저런 모양들이 색의 소재로는 유쾌할 수 있다(그 안에 펄럭거리거나 지나치게 꼰 선들만 없다면). 살펴보면 그 이유는 색이 단순한 문양을 대치함으로써 조각의 형태가 할 수 없는 자연과의 유사성을 알록달록한 표면에서 입증하기 때문이다. 베로나 성당 뒤에는 아름답고 밝게 칠해진 벽화가 있다. 이 그림에는 왕실의 문장이 들어 있는데, 그 문장의 방패는 초록색(혹은 빛바랜 파랑?)과 하얀색으로 칠해진 막대들 사이에 놓인 황금 공으로, 추기경의 모자와 번갈아가면서 사각형을 채운다. 그러나 이는 물론 사적인 주거용 건물에 적합하다. 베네치아 두칼레 궁전의 정면은 공공건물과 맞는 색 중에서 (하나만 말한다면) 가장 순수하고 품위 있는 예라 할 수 있다. 조각과 쇠시리는 모두 흰색이지만, 벽면은 연한 장밋빛의 대리석으로 바둑판문양을 만들었다. 그런데 이 바둑판은 어떻게 해도 창문의 형태와 맞지도 않으며 조화를 이루지도 못 한다. 마치 벽면을 먼저 구성하고, 거기서 창문을 도려낸 것처럼 보인다. 도판 12의 그림 2에서 독자는 루카의 산미켈레 기둥에 있는 초록색과 하얀색을 사용한 두 가지 문양을 볼 것이다. 기둥마다 다른 디자인이 들어간다. 둘 모두 아름답지만 확실히 위의 것이 최고다. 그때만 해도 조각의 선들이 몹시 거칠었을 테고, 그래서 아래 것의 선들은 충분히 다듬지 못했을 것이다.

40. 색이 건축의 구성이나 조각의 형태보다 하위의 것이라면, 이렇게 단순한 문양들로 제한하여 사용해야 한다. 이를 위해 일반적인 방법에 한 가지를 추가한다면 단색 디자인을 들 수 있다. 채색과 조각의

중간 단계다. 건축 장식의 전체 체계와 관련해서 보자면 다음과 같이 표현될 수 있겠다 :

1. 지배적인 유기적 형태. 진정으로 독립적인 조각상과 깊은 돋을새김, 풍만한 주두나 쇠시리. 형태를 정교하게 완성하며 추상적이지 않다. 순수하게 흰색 대리석을 남겨놓거나, 어느 한 점이나 가장자리 선에만 조심스럽게 색을 살짝 입히는 것이다. 그러나 그 체계에서 볼 때 형태와 동등한 지위를 갖지 않는다.
2. 미약한 유기적 형태. 얕은 돋을새김 또는 음각이다. 깊이를 덜면 덜수록 더 추상화 되고, 그래서 외곽선은 더 확실해지며 간결해진다. 형태의 깊이와 부피가 줄어든 만큼 색은 더 대담하게 강렬해진다. 그러나 아직 그 체계 안에서 형태와 동등한 지위를 갖지 않는다.
3. 외곽선만 남은 유기적 형태. 단색디자인은 윤곽을 훨씬 더 단순하게 정리하므로, 처음으로 색이 외곽선과 동등한 지위를 갖는 것이 허용된다. 다시 말해 그 이름이 의미하듯, 전체 형상은 한 가지 색을 사용함으로써 바탕의 다른 색과 분리된다.
4. 유기적 형태가 완전히 없어진다. 기하학적 문양이나 다채로운 구름무늬 등으로 아주 선명한 색을 사용한다.

이 척도와는 반대되는 방법으로, 회화의 다양한 기법에서 건축과 협력할 수 있는 색채패턴들을 살펴보고자 한다. 첫째, 이와 같은 목적에 가장 잘 맞는 것은 모자이크다. 고도로 추상적인 처리로 매스에 눈부신 색상을 집어넣는 방법이다. 내 생각으론 이 방식을 가장 고상하게 보여주는 것은 토르첼로Torcello의 마돈나[역주65]이며, 가장 화려하게 보여주는 것은 파르마의 세례당Baptistery이다. 다음은 아레나 예배당[역주66]같은 순수하게 장식적인 프레스코화를 들 수 있고, 마지막으로 프레스코화가 주인공이 되는 바티칸 성당과 시스티나 예배당이 있다. 그러나 나는 이러한 회화적 장식에서 안심하고 추상의 원칙을 추적할 수 없다. 왜냐면 그중 가장 고귀한 예들도 고대의 기법을 따라 건축에 적용한 것처럼 보이기 때문이다. 그 추상성과 놀랄 만한 단순성이 화려한 색의 매체로서 꼭 들어맞는 것처럼 보이나, 내 생각에 이는 자발적인 겸손에서 비롯된 것이 아니다. 비잔틴 사람들이 그 인물을 더 잘 그릴 수 있었다면 채색 장식용으로 사용하지 않았을 것이다. 그리고 그 사용은 유년기 특유의 상태로 될성부른 고귀함이긴 하지만, 현재의 장식기법에 포함시키는 건 정당하지도 가능하지도 않다. 같은 이유에서 비롯된 어려움이 창을 채색하는 처리방식에 있다. 우리는 아직 그 어려움에 부딪쳐 본 적이 없지만, 벽을 큰 스케일의 채색창으로 감히 생각하기 전에 우선 그 어려움을 극복해야 한다. 추상성 없는 회화는 그 그림의 소재가 건축의 주인공이 될 수밖에 없으며, 어찌됐건 건축가의 일에서 배제된다. 그래서 그 계획은 베네치아 궁전들에 있는 베로네세와 조르조네의 작품들처럼, 건물이 완성된 후 화가에게 맡길 수밖에 없는 것이다.

41. 따라서 순수한 건축 장식은 위에서 짚은 네 가지 종류에 국한된다고 할 수 있다. 물론 그 경계가 확연히 구분되는 것은 아니고 각각은 서로 소리 없이 넘나든다. 요컨대 엘진의 프리즈는 조각으로 변형되는 단계의, 내 생각으론 혼혈의 피부를 너무 오랫동안 유지하는 단색화[16]다. 내가 순수한 단색화의 예로서 도판 6에 제시한 것은 루카 산미켈레의 고결한 정면에서 온 것이다. 그런 아치가 40개나 있는데, 모두 그렇게 정교한 장식들로 뒤덮여 있다. 그것은 평평한 하얀 대리석을 약 1인치 깊이로 파내고 초록의 사문석을 그 공간에 채

---

16   차라리 이색화 또는 이색성이라 하자 — 푸른색 혹은 피부색이다.

위 넣는 방식으로 그린 것이다. 가장 정교한 조각방식으로 가장자리를 맞출 때는 고도의 주의와 정밀도가 요구된다. 물론 이렇게 하면 두 번 일하는 것이다. 대리석과 사문석 둘 다를 같은 선으로 잘라내야 하기 때문이다. 형태를 극단적으로 단순화시킨 것이 한눈에 인지될 것이다. 예를 들면 인물과 동물의 눈들은 오로지 둥근 점으로만 표시하는데, 지름이 약 0.5인치정도 되는 작은 원형의 사문석을 박아 넣은 것이다. 단순하지만 오른편 기둥 위에 보이는 새의 목덜미처럼 아주 우아한 굴곡을 이룰 때가 많다. 이 사문석 조각이 곳곳에서 떨어져나가 기수의 팔과 새의 목 밑에, 그리고 예전에는 어떤 문양으로 채워져 있었을 반원의 아치주위에 검은 그림자가 생긴다. 손상된 부분을 다시 복구한 것처럼 그렸더라면 내가 주장하는 바가 더 탄력을 받았을 것이다. 그러나 나는 항상 사물을 있는 그대로 그리며 어떤 종류의 복원도 싫어한다. 나는 특히 그 대리석 코니스에 *조각된* 장식에서 형태가 어떻게 완성되는지 독자의 주의를 환기시키고 싶다. 그것은 단색 인물화나 아치들 사이에 있는 공과 십자문양 그리고 왼편 아치를 두르는 세모꼴 장식의 추상성과는 대립되는 것이다.

42. 나는 이 단색 인물화들을 열렬히 사랑한다. 그 작품들 모두에서 놀라운 생명과 정신을 발견하기 때문이다. 그럼에도 불구하고 그들이 내포하고 있는 과도한 추상성으로 인해 그것들을 아직 진행 중인, 혹은 불완선한 예술로 분류하는 것은 불가피하다. 완벽한 건물은 더레 평평하고 넓은 표면의 채색패턴과 어우러지는 최고의 조각(지배적인 유기적 형태와 미약한 유기적 형태)으로 구성되어야 한다고 믿는다. 그리고 실제로 우리는 루카 성당보다 더 고귀한 유형인 피사 성당이 이 조건을 정확히 따르고 있다는 것을 발견한다. 기하하적 문양에 색을 넣은 벽면과 동물의 형상과 사랑스러운 나뭇잎을 조각한 코니스와 원주. 또한 나는 조각의 우아함은 트레이서리의 순수한 색조와 뚜

렷이 대비될 때 가장 잘 드러난다고 생각한다. 반면 색 자체는 우리가 본 바와 같이 날카롭고 모가 난 모양에 들어갈 때 가장 매력적이다. 이리하여 조각은 색의 승인을 받고 돋보이게 되며, 색은 하얀 대리석 조각의 우아함과 대비될 때 최상의 효과를 내게 된다.

43. 나는 이 책 초반부에서 힘과 아름다움이 건축을 인간의 마음에 가장 깊이 각인시킬 수 있는 근거라고 말했다. 그리고 3장과 4장에 걸쳐 그 둘의 조건들을 분리해서 대부분 열거했다. 그 조건들이 어떤 방식으로든 화합하는 건물이 있는지 알아보기 위해, 내용을 되풀이하는 것을 용인해주기 바란다. 그래서 3장의 초반부를 훑어보고 1, 2장에서 결정된 조건들을 덧붙여 삽입해보면, 우리는 고귀한 성격을 규정하는 조건목록을 얻게 된다. 이는 다음과 같다.

단순한 최종 윤곽선으로 표현되는 웅장한 크기(3장 6절). 꼭대기로 향하는 돌출(7절). 평평한 표면의 넓이(8절). 그 표면을 사각형으로 구획하기(9절). 다양하고 뚜렷한 석공(11절). 특히 구멍 뚫린 트레이서리에 의해 생성되는(18절) 강렬한 그림자의 깊이(13절). 위로 올라가면서 생기는 다양한 비례(4장 28절). 수평분할의 대칭(28절). 기단부의 아주 정교한 조각(1장 12절). 넉넉한 수량의 꼭대기장식(13절). 덜 중요한 장식과 쇠시리는 추상적인 조각으로 처리함(4장 31절), 동물의 형태는 완벽한 조각으로 완성함(33절). 이 둘 모두 하얀 대리석으로 제작하기(40절). 평평한 기하학적 문양에 선명한 색상을 쓰고(39절), 그 색상은 자연석에서 얻기(35절).

이러한 성격들은 얼마간 각기 다른 건물에서, 일부는 이 건물에서 일부는 저 건물에서 나타난다. 그러나 이 요소들이 전부 더해졌으면서도 각각의 수준 또한 다른 건물과 비교해 최고인 건물은 내가 아는 한 세상에 오직 하나가 존재하는데, 바로 피렌체 성당의 지오토 종탑이다. 이 책에 있는 상층부의 트레이서리 그림은 그 자체로는 미숙하지만, 그럼에도 불구하고 항상 묘사되곤 하는 얇은 외곽선보다는 독자들이 이 탑의 웅장함을 상상하기에 상당히 도움이 될 것이다. 처음 이방인의 눈에 들어오는 것은 뭔가 유쾌하지 못하다. 그에게는 이것이 지나친 세밀함과 지나친 단호함의 혼합처럼 보일 것이다. 그러나 시간을 갖고 살펴보자. 완벽한 예술은 모두 그 시간을 요구한다. 나는 내가 소년이었을 때 이 종탑을 얼마나 경멸했는지 잘 기억하고 있다. 나는 이 종탑이 작업을 하다가 만 것처럼 밋밋하게 끝나버렸다고 생각하곤 했다. 하지만 창문 밖으로 햇빛과 달빛이 비추는 그 탑을 바라보며 여러 날을 살았다. 그리고 얼마 후 처음으로 솔즈베리의 정면을 마주했을 때, 북 고딕의 미개함이 나에게 얼마나 깊고 우울하게 다가왔는지 지금도 잊을 수가 없다. 그 대비는 정말 이상하다. 언뜻 보면 잔디가 깔린 고요한 공간에 회색의 벽이 우뚝 솟아 있다. 마치 초록 호수에 검은 불모의 바위가 서 있는 듯하다. 그 엉성하고 무너질 듯한, 거친 결의 샤프트들과 삼중의 빛^{역주67}. 그 아찔한 높이에 제비둥지 외엔 트레이서리도 장식도 없다. 밝고 유하게 햇살이 작열하는 벽옥의 표면, 나선형 샤프트와 동화에나 나올법한 트레이서리는 하얗고, 희미하고, 크리스털 같아 그 가냘픈 형상들은 동쪽 하늘의 창백한 어둠 속에선 거의 추적할 수도 없다. 설화석고의 산인 양 솟아 있는 그 고요한 꼭대기는 아침구름으로 채색되고, 조개껍질처럼 홈이 패여 있다. 이것이 내가 믿는 것처럼 완벽한 건축의 전형이자 거울이라면, 그래서 이를 세운 사람의 초기 생애를 돌이본다면 뭔가 배울 점이 있지 않겠는가? 인간 정신의 힘은 광야에서 성장하는 것이라고 나는 말했다. 저 아름다움에 대한 애정과 착상은 더욱이 그래야만 한다. 우리가 보는 아름다움의 선과 색은 모두 기껏해야 신이 날마다 만드는 작품의 빛바랜 이미지 정도이며, 신이 전나무와 소나무를 심고 기뻐했던 그 곳에서 창조의 별빛을 약간 가로챈 정도라는 것을 깨달아야 한다. 피렌체의 성벽 안에서가 아니라 백합이 피는 저 먼 들판에서 그 아이는 누가 방어와 경계의 탑 위에 저 아름다움의 종석宗石을 올려야 할지를 배웠다. 그에게 있었던 모든 일을 기억하라. 이탈리아의 심장을 채웠던 그의 거룩한 사상을 생각하라. 그를 따랐던 이들이 그의 발밑에서 무엇을 배웠는지 물어라. 당신이 그의 노동을 헤아리고 그 노동이 남긴 것을 받들 때, 신이 바로 당신의 종에게 당신 정신의 일부를 아끼지 않고 쏟아 부었다는 것을, 그리고 그가 정말 인간의 아이들 가운데 왕이었다는 것을 당신이 깨닫는다면 그의 왕관에 대한 전설은 다비드의 전설과 같다는 것을 기억하라. — "나는 양을 따르던 너를 양의 우리에서 건져냈다."[역주68]

도판목록

1 루앙, 생로, 베네치아의 장식들
2 노르망디 생로 성당 일부
3 캉, 바이외, 루앙, 보베의 트레이서리
4 교차하는 쇠시리들
5 베네치아 두칼레 궁전의 하부 아케이드에 있는 주두
6 루카의 산미켈레 성당 파사드에 있는 아치
7 리지외, 베로나, 파도바, 바이외, 루앙의 장식들
8 베네치아 포스카리 궁전의 창
9 피렌체 지오토 종탑의 트레이서리
10 루앙과 솔즈베리의 트레이서리와 쇠시리들
11 베네치아 산베네데토 광장에 있는 발코니
12 베네치아, 루카, 아브빌, 피스토이아, 피사 성당의 단편들
13 페라라 성당 남측의 아케이드 일부
14 루앙 성당의 조각들

도판 1. 루앙, 생로, 베네치아의 장식들
1. 루앙 성당의 벽감 / 2. a. 루앙 성당 트랜셉트 b. 생로 성당 남문 c. 코드베크 성당 /
3. 베네치아 산마르코 성당의 장식 / 4. 생로 성당의 정식(頂飾)

도판 2. 노르망디 생로 성당 일부

도판 3. 캉, 바이외, 루앙, 보베의 트레이서리
1. 캉의 남자수도원 / 2. 루앙 성당 트랜셉트 / 3. 쿠탕스 성당 /
4. 루앙 성당의 네이브 / 5. 바이외 성당의 네이브 / 6. 보베 성당 앱스의 클리어스토리

도판 4. 교차하는 쇠시리들
1. 솔즈베리 성당 / 2. 팔레즈 생제르베 성당 / 3. 주르제 시청사 / 4, 5. 프라토 성당
6, 7. 루앙 성당 / 8. 베네치아 포스카리 궁전

도판 5. 베네치아 두칼레 궁전의 하부 아케이드에 있는 주두

도판 6. 루카의 산미켈레 성당 파사드에 있는 아치

도판 7. 리지외, 베로나, 파도바, 바이외, 루앙의 장식들
1. 리지외 성당의 입구 / 2. 파도바 에레미타니 교회의 장식 /
3. 베로나의 작은 예배당 장식 / 4. 바이외 성당의 장식 / 5. 루앙 성당의 트랜셉트 장식

참고도면

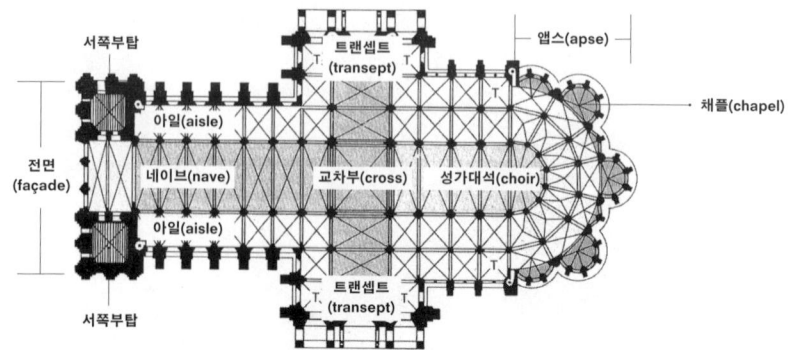

고딕양식 평면도

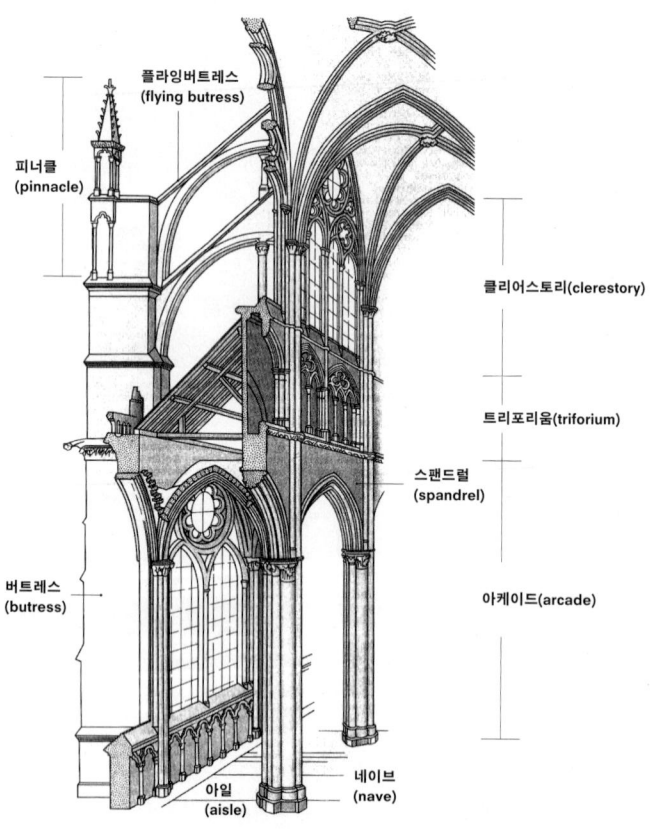

고딕양식 투시도

참고도면

도리스식 오더

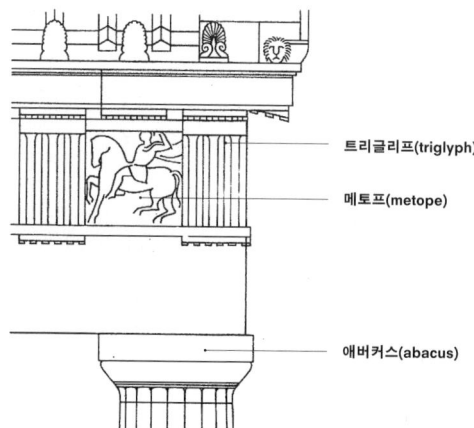

- 트리글리프(triglyph)
- 메토프(metope)
- 애버커스(abacus)

코린트식 오더

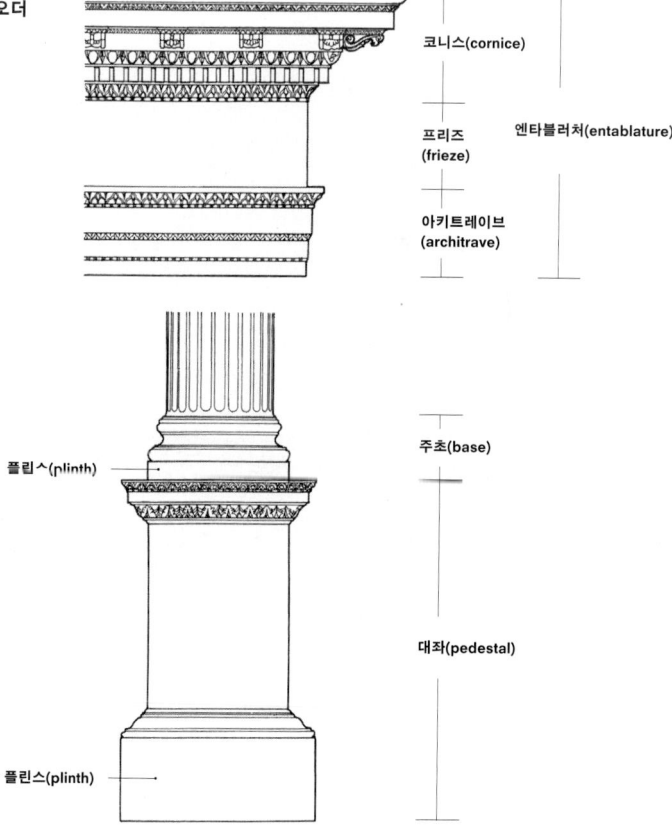

- 코니스(cornice)
- 프리즈(frieze)
- 아키트레이브(architrave)
- 엔타블러처(entablature)
- 주초(base)
- 플린스(plinth)
- 대좌(pedestal)
- 플린스(plinth)

도판 8. 베네치아 포스카리 궁전의 창

Plate IX.

TRACERY FROM THE CAMPANILE OF GIOTTO,
at Florence.

도판 9. 피렌체 지오토 종탑의 트레이서리

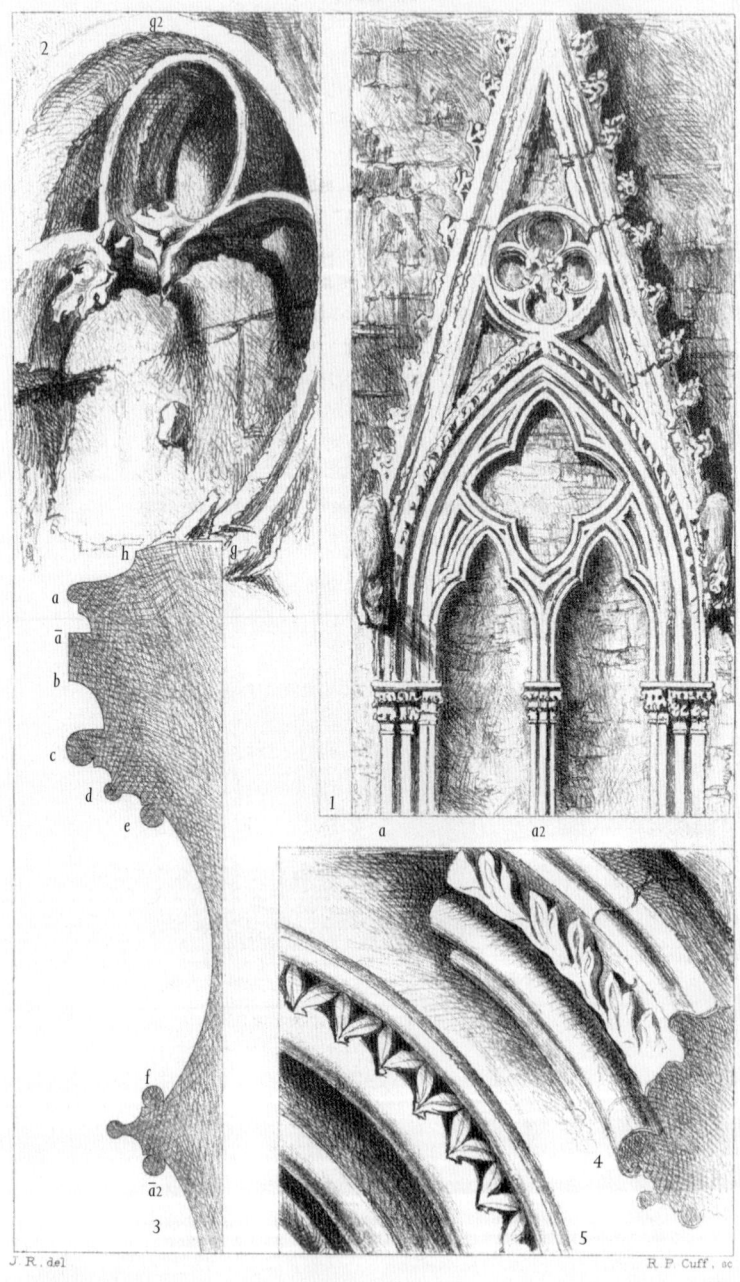

도판 10. 루앙과 솔즈베리의 트레이서리와 쇠시리들
1, 2, 3, 4. 루앙 성당 / 5. 솔즈베리 성당

도판 11. 베네치아 산베네데토 광장에 있는 발코니

도판 12. 베네치아, 루카, 아브빌, 피스토이아, 피사 성당의 단편들
1. 베네치아 산마르코 성당의 설교단 장식 / 2. 루카의 산미켈레 성당의 기둥에 있는 문양들 /
3. 아브빌 생불프랑 성당 / 4. 피스토이아 산탄드레아 교회의 설교단 쇠시리 /
5, 6. 질경이택사 / 7. 피사 성당 파사드의 기층에 있는 장식 / 8. 도판 11 발코니 난간의 문양

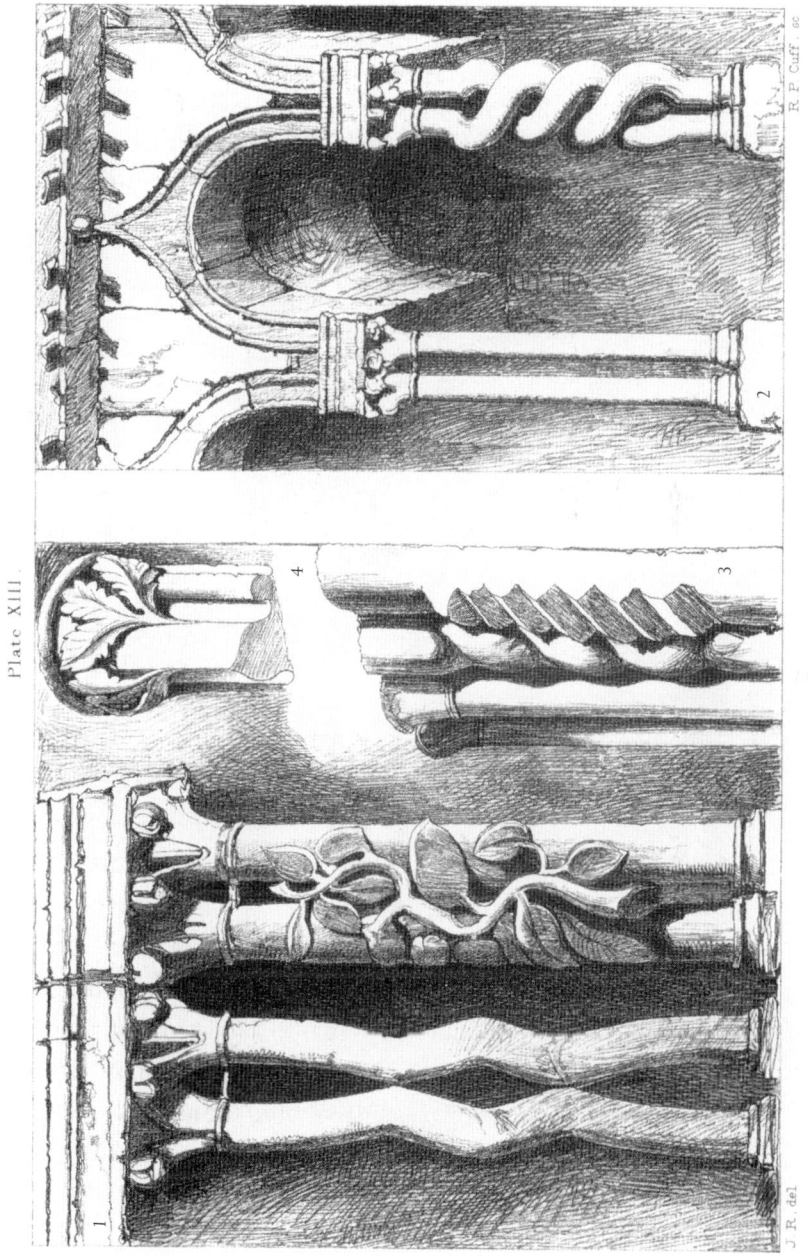

도판 13. 페라라 성당 남측의 아케이드 일부
1, 3. 페라라 성당의 기둥들 / 2. 페라라 성당의 아치 / 4. 쿠탕스 성당의 주두

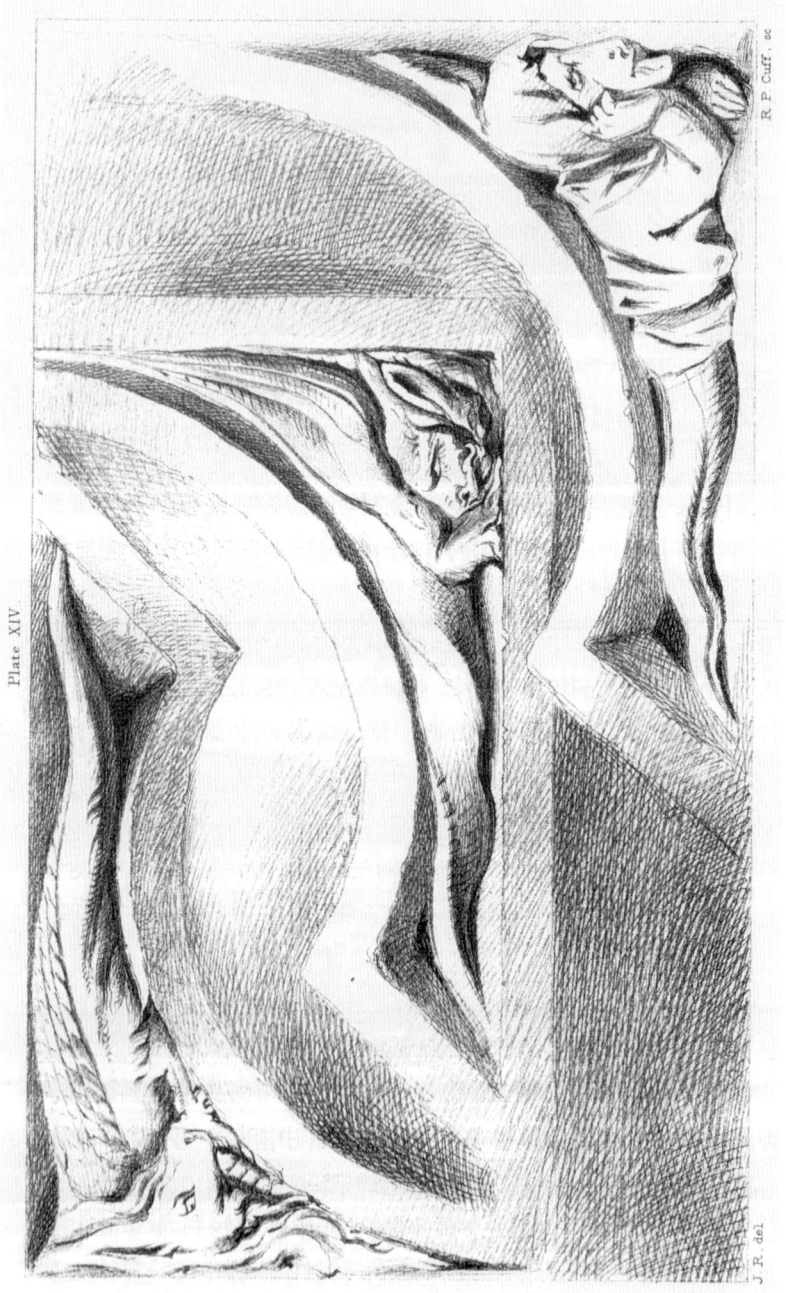

도판 14. 루앙 성당의 조각들

5 생명의 등불 The Lamp of Life

1. 인간 영혼의 본질과 관계들을 물질세계에 비유한 예들은 셀 수 없이 많지만, 그중에서 물질의 활동상태와 휴면상태를 불가분의 관계로 등치시키는 것만큼 충격적인 것은 없다. 그 밖에도 내가 보여주려고 했던 바는 아름다움의 본질적 특징 중 적지 않은 부분이 유기물의 생생한 에너지를 표현하거나, 혹은 태생적으로 수동적이고 무기력한 에너지에 순응하는 데 달려 있다는 것이다. 여기서 내가 일반적으로 인정된다고 생각되는 사실보다 더 나아간 것을 말할 필요는 없다. 그 사실이란 대상들은 물질, 사용목적, 외적 형태 등의 관점에서 보다라도 생명의 충만함의 정도에 비례해서 고귀해지거나 저급해진다는 것이다. 그 대상들이 스스로 즐기는 생명이거나, 생명의 효과를 흔적으로 남기는 것을 말한다. 이를 테면 바닷가 모래가 물의 움직임을 증명함으로써 아름다워지듯이 말이다. 그리고 이는 특히 창조력의 최고 지위인 인간 정신이 각인되는 모든 대상들에 해당된다. 그 대상들은 자신에게 각인된 정신 에너지의 양에 따라 고귀해지거나 저급해진다. 그러나 이 규정이 가장 특이하고 결정적으로 나타나는 것은 건축이라는 창조물이다. 건축은 인간 정신 외의 다른 생명체를 온전히 반아들일 수도 없고, 그렇다고 기분 좋은 소리의 음악이라든지 흠잡을 데 없는 색의 그림과 같이 본질적으로 자신 안에 즐거운 것들을 구성하지도 못하는, 즉 자력으로 행동할 수 없는 물체이다. 때문에 건축은 자신의 위엄과 즐거움을 위해서는 상당부분 그 생산에 관여하는 인간의 지성을 생생하게 표현하는 수밖에 없다.[1]

> 아포리즘 23
>
> 모든 사물은 생명이 충만할수록 고귀하다.

---

1   4장 주석 1번을 보라.

2. 지금 인간 정신의 에너지를 제외한 온갖 종류의 에너지들 중 무엇이 생명이고 무엇은 생명이 아닌지에 대한 질문이 아니다. 살아있음의 감각은 식물이든 동물이든 실제로 그 존재에 대해 의심을 품을 만큼 아주 희미하게 약화될 수도 있다. 그러나 어찌됐건 생명의 존재가 명백할 때, 그것은 그 자체로 명백한 것이다. 생명을 위해 생명을 모방하거나 가장하는 오류란 있을 수 없다. 역학이나 전기가 그 자리를 대신할 수 없고, 또한 판단하기가 망설여질 만큼 확실하게 그와 유사한 무엇도 있을 수 없다. 인간의 상상력은 어떤 대상이 죽은 사물이라는 사실을 분명하게 잊고 있지 않음에도 그것에 생기를 불어넣고 즐거움을 상승시키는 경우가 많다. 아니, 오히려 상상력 자체의 지나친 생명력으로 열광한다. 구름에 표정을 주고, 파도에 행복을, 바위에 목소리를 집어넣을 때다.

3. 그러나 인간의 에너지에 관심을 갖게 되면 우리는 곧바로 이중자아 double creature와 마주해야 한다는 것을 알게 된다. 이중자아의 본질은 가상의 짝패를 갖는 것일 텐데, 그 짝패의 대부분은 벗어던지거나 부정하지 않으면 위험한 것이다. 요컨대 진짜와 가짜의(다르게 말하면 살아 있는 것과 죽은 것, 혹은 가장한 것과 가장하지 않은 것) 믿음을 갖는다. 진짜와 가짜의 희망을, 진짜와 가짜의 자애를 그리고 마침내 진짜와 가짜의 생명을 갖는다. 그의 진짜 생명은 하등한 유기체의 생명처럼 독자적인 힘을 가지고 외부의 것들에 영향을 미치고 그것들을 지배한다. 이것이 그 주위의 모든 것들을 먹이나 도구로 도치시키는 동화同化의 힘이다. 그리고 그 힘은 고등한 지성의 안내를 겸손하게 귀담아 듣고 고분고분 따를지라도 복종이나 반란을 결정할 수 있는 판단원리로서 자신의 권한을 결코 포기하지 않는다. 가짜 생명은 실제로는 죽음[2]

---

2   그렇다, 죽음이다. 은유나 부정확한 형이상학을 말하느니, 단순히 이렇게

이나 지각마비의 상태겠지만, 사실 생명이 있다고 말할 수 없을 때조차도 영향을 미치는 것으로 진짜와 항상 쉽게 구별되지 않는다. 바로 관습과 우연의 생명이다. 우리 대부분은 그 관습과 우연의 생명 안에서 이 세상의 많은 시간을 쓴다. 그 안에서 우리는 우리가 의도하지 않은 것을 행하고, 우리가 뜻하지 않은 것을 말하며, 우리가 이해하지 못한 것에 동의한다. 그 생명은 외부 것들의 무게로 짓눌린, 그것을 동화시키기보다는 그것에 의해 만들어진 생명이다. 건강한 이슬을 먹고 성장하기 보다는 하얀 서리처럼 그 자체로 완전히 굳어져 나무모양의 얼음이 나무가 되듯 진짜 생명이 된다. 그에 외국의 사상과 습관들이 덧붙어 사탕덩어리가 되면 깨지기 쉽든, 단단하든, 얼음 같든 어쨌거나 휠 수도, 자랄 수도 없다. 그래서 그것이 우리의 길을 가로막는다면 때려 부수거나 으깨버릴 수밖에 없는 것이다. 모든 사람들은 얼마간 이런 종류의 동상에 걸릴 소지가 있으며, 모두가 어느 정도는 이런 쓸모없는 외피를 두르고 거추장스러워한다. 그들 안에 진정한 생명이 있을 때만, 그 껍질에 고귀한 균열을 낼 수 있다. 자작나무가 자신의 내면의 강도로 껍질을 갈라 검은 줄무늬를 만드는 것과 같다. 그러나 훌륭한 인재들이 온갖 노력을 해도 대부분은 한낮의 꿈으로 사라진다. 그들과 같은 몽상가의 눈에는 그 꿈 안에서 그들이 항상 활동하고 각자의 역할을 충분히 수행하는 듯 보이지만, 그들 주위에 혹은 그들 안에 무엇이 있는지는 분명히 의식하지 못하기 때문이다. 한편으론 눈이 멀었고 다른 한편으론 삼삭을 잃었다. 눈한 사람들. 나는 그 무딘 심장과 닫힌 귀가 얼마나 암울한 상

칭하는 것이 더 좋을 것이다. 신중하지 못하게 우리가 가짜 희망, 가짜 자애라고 말하는 것은 잘못 알고 있는 희망이고 잘못 알고 있는 자애다. 진정한 물음은 오로지 — 우리는 죽었는가, 살아 있는가? — 이다. 우리의 행동에서 마음은 죽었는데 허울만 살아 있을 뿐이라면, 우리는 이미 죽음의 씨앗을 뿌린 것이기 때문이다.

황을 만드는지 굳이 정의 내리지 않을 것이다. 다만 민족이든 개인이든 시대를 거치면서 현실적으로 매우 빈번하게 나타나는 상태에 관해서 다룰 것이다. 한 민족의 생명은 대개 용암 줄기와 같아서 처음에는 눈부시고 격렬하지만, 점차 느려지고 진득해지다가 결국은 얼어붙은 바위처럼 된다. 그리고 그 바위는 몇 번이고 굴러 떨어져야만 전진할 수 있다. 그 마지막 상태를 보는 것은 매우 슬픈 일이다. 이 모든 단계가 예술에도 아주 분명하게 나타나는데 건축이 다른 분야보다 더 심하다. 왜냐면 건축은 우리가 방금 말했듯이 진짜 생명의 온기에 특히 의존적이어서 가짜라는 차가운 독약에 더욱 민감하기 때문이다. 그래서 정신이 한 번 이러한 특성을 자각하면, 내가 아는 한 생명력을 잃은 건축의 모습보다 사람을 더 숨 막히게 하는 것은 없다. 유년기의 미약함은 흥미와 가능성을 기대하게 하고 불완전한 지식에 대한 논쟁은 에너지와 끈기를 북돋지만, 다 자란 인간의 모습에 파고든 무기력과 경직을 보는 것 그리고 한때는 신선한 사상으로 무장했으나 지금은 너무 써먹어 닳고 닳아버린 전형들을 보는 것, 성인의 모습이지만 색깔도 바래고 주인도 소멸한 생물체의 껍데기를 보는 것, — 이는 모든 지식이 일거에 사라지고 속수무책의 유년으로 회귀하는 것보다 더 치욕적이고 우울한 광경이다.

　아니, 그러한 회귀가 언제나 가능하기를 바래야 할 것이다. 우리가 중풍 걸린 노인을 아이로 바꿀 수 있다면 희망은 생길 것이다. 그러나 나는 우리가 어느 정도까지 다시 아이가 될 수 있고, 우리의 잃어버린 생명을 소생시킬 수 *있을지는* 모르겠다. 근 몇 년간 우리의 건축적 노력과 관심에서 감지됐던 동요를 많은 사람들은 좋은 조짐이라고 생각한다. 그러기를 기대한다. 그러나 나에겐 그것이 병적으로 보인다.[3] 그것이 정말 싹을 돋우고 뼈대를 흔들지에 대해선 말

3　내가 이런 통찰력을, 게다가 일찍이 갖고 있었다는 것은 반가운 일이다. 다만

할 수 없다. 그리고 나는 독자들이 이 질문에 시간을 소비하는 것이 헛되다고 생각하지 않는다. 우리가 지금까지 원칙적으로 최상의 것이라고 확정하고 추측한 모든 것이 그것에 영향을 미치고 가치와 즐거움을 주는 정신이나 활력 없이도 그냥 의례적으로 수행될 수 있단 말인가?

4. 이제 중요한 첫 번째 문제를 살펴보자. 현재 예술에서 보이는 죽음의 징후는 차용과 모방이 아니라, 흥미를 끌지 못하는 차용과 무작위적인 모방이라는 것이다. 위대한 민족의 예술은 일찍이 자신만의 노력으로 완성한 것으로, 그보다 더 고귀한 예들을 알지 못한 채 스스로 발전시킨 것이며 이러한 예술은 언제나 가장 지속적이면서도 포괄적인 성장을 보여준다. 아마도 원형을 스스로 창조했다는 점에서 특별한 존경을 받는 듯하다. 그러나 롬바르드 건축과 같은 건축의 생명력에 여전히 훨씬 더 장중한 무언가가 있다는 것이 나의 생각이다. 그것 자체는 거칠고 유아적이지만, 즉각 감탄할 수 있고 재빨리 모방할 만한 고귀한 예술의 단편들로 둘러싸여 있다. 그러면서도 새로운 직관이 강렬히 작동하여, 차용하고 복제한 각각의 단편들을 자신의 생각으로 조화를 이룰 때까지 재구성하고 재배열한다. 처음에는 어긋나고 어색한 조화지만 결국에는 혼연일체의 완전한 유기체가 되어 차용된 요소들을 모두 자신의 본래적이고 변치 않는 생명

내가 약간만 더 말을 줄였다면, 그리고 내 인생의 많은 시간을, 그것도 가장 힘이 넘치는 시기를 쓸데없이 침을 튀기며 떠드는 데 소비하지 않고 신중하게 데생작업을 하며 보냈다면 좋았을 것이다! 나는 그 시간에 산마르코와 라벤나Ravenna를 구석구석 그렸을지도 모른다. 이런 한심한 장광설을 늘어놓는 책에서도 여전히 뭔가 좋은 것을 얻어낼 수 있는 사람들이 — 그들이 그것을 필요로 하기 때문에 — 있을 수도 있다. 그러나 *나는* 그것을 보지 못할 것이다. 지금 영국에 남아 있는 유일하게 생명력 있는 예술은 포스터다.

력으로 거느리게 된다. 독립적인 존재가 되기 위해 몸부림치는 그 장엄한 흔적을 발견하는 것보다 나를 더 격렬히 흥분시키는 일은 없다. 차용된 생각들을 간파하는 것, 아니 다른 시대, 다른 사람의 손에 의해 조각된 바위와 돌이 새로운 표현과 의미를 담아 새로운 벽에 들어가는 걸 발견하는 것이다. 그 벽은 아직 진행 중인 용암의 심장부에서 흔들림 없는 바위 한 덩어리를(우리가 앞에 썼던 표현으로 돌아간다면) 발견한 것과 같다. 생석회로 연소하는 파편들을 제외하곤 모든 것을 불구덩이 속에서 하나로 용해하는 힘의 위대한 증거다.

5. 그러면 물을 것이다. 활기차고 생기 있게 만들어진 모방이란 어떤 것인가? 불행히도 생명의 징후를 열거하는 것은 쉬운 반면, 생명을 정의하거나 전달하는 것은 불가능하다. 예술에 관한 글을 쓴 명민한 작가들은 모두 진보한 시대와 퇴보한 시대의 복제에는 차이가 있다고 주장하지만, 그 복제자의 생명력을 아주 미약하게라도 전달할 수 있는 이는 아무도 없었다. 그럼에도 불구하고 생동하는 모방의 아주 다른 두 성질을 주목하는 것은 별 이득은 없더라도 적어도 흥미롭기는 할 것이다. 솔직함과 대범함이다. 그 솔직함은 특히 독특하다. 그들은 차용한 것의 출처를 전혀 감추려 하지 않는다. 라파엘로는 마사초Masaccio의 인물상을 그대로 가져왔으며 페루지노의 전체 구성을 차용했다. 젊은 소매치기만큼이나 태연하고 꾸밈없는 순수함으로. 그래서 그 로마네스크 바실리카의 건축가는 뭔가 발견을 하면 어디건 개의치 않고 개미가 먹이를 모으듯 기둥과 주두를 주워 모았다. 이러한 솔직한 수용을 볼 때, 채택한 것은 무엇이든 변형하고 일신할 수 있다는 정신의 힘을 추측하게 된다. 자의식이 너무 강하고 열정이 지나쳐서 표절에 대한 고발을 염려하지 않으며, 너무도 확실히 그것의 독립성을 증명할 수 있고 증명했으므로, 자신이 경탄한 것에 대해 아주 공공연하고 명백한 방식으로 찬사를 보내는 일을 두려워

할 필요가 없었다. 이런 자의식의 필연적 귀결이 내가 말한 다른 징후 — 처리의 대담함이다. 전례前例가 불편하다고 판단되는 곳이라면 주저하지 않고 그것을 일거에 쓸어버리는 희생이 필요할 때다. 예를 들어 이탈리아 로마네스크의 특징적인 형태를 보면, 이교의 사원에서 노천 부분이었던 것을 탑처럼 높은 네이브가 대신하자 서쪽 전면에 박공이 생기고 그로 인해 전면은 세 부분으로 나뉘었다. 그중 중앙의 것은 갑자기 단층이 융기하여 경사진 능선이 생긴 듯 옆의 날개에서 떨어져 나와 우뚝 솟는다. 그래서 아일의 끝에는 2개의 작은 삼각의 박공조각이 남게 되는데, 그곳은 더 이상 어떤 장식방법으로도 중앙과 연속되는 표면이 될 수 없었다. 전면의 중앙에 열주가 들어선 후 그 어려움은 더욱 커졌다. 그 열주가 날개의 양 끝까지 이르지 않고 중단된다면 매우 괴로운 상황이 되기 때문이다. 그런 상황에서 전례를 중시하는 건축가들은 어떤 방법을 선택했을지 모르겠지만, 어쨌건 그 피사 사람이 썼던 방법을 쓰지는 않았으리라는 것은 확실하다. 그는 열주를 박공에 계속 나열했고, 기둥들이 점점 짧아지자 결국 마지막 기둥은 아예 샤프트가 없어지고 모퉁이에 주추와 주두만이 남는 형국이 되었다. 나는 지금 이 배열이 우아한지 아닌지에 대해서는 말하지 않을 것이다. 다만 거의 유례가 없는 대범함의 한 예로서 제시할 뿐이다. 길을 막고 있던 기존의 원리를 모두 내던지고 자신의 직관을 실현하기 위해 모든 불화와 어려움을 감내한 것이다.

6. 그러니 솔직함이 나태에 의해 반복되고 대범함이 어리석은 변혁이 되면 용서받지 못하게 된다. 고귀하고 확실한 생명력의 표징을 찾아야만 한다. 바로 그 양식만의 고유한 성격이나 장식특성과 같은 독자적인 표징 그리고 지속가능한 양식에 모두 있기 마련인 결정적인 표징이 있어야 한다.

내가 생각하기에 이 가운데 가장 중요한 것은 시공을 할 때 솜씨의 세련됨을 전혀 염두에 두지 않거나 심지어 경멸하는 것이다. 또는 어떤 일이 있어도 기획 의도를 충실히 따라서 시공하는 것이다. 보통은 자기도 모르게 그렇게 되지만, 의도적으로 그렇게 해야 할 경우도 종종 있다. 이 점에 대해 나는 자신 있게 그러면서도 삼가면서 조심스럽게 말해야 하는데, 그렇지 않으면 오해를 살 여지가 많기 때문이다. 이에 대해 정확히 관찰하고 적절히 말한 사람이 로드 린지다. 그에 따르면 이탈리아 최고의 건축가들이 역시 시공의 완성도에 있어서도 가장 신중하단다. 그리고 석공이든 모자이크든 혹은 다른 무엇이건 간에 그들 작품의 안정성과 마무리는 지금과 비교한다면 완벽했다는 것이다. 지금은 아예 디테일을 경멸하는 사람도 있으니 디테일에 신경 쓸 만큼 몸을 낮추는 위대한 건축가가 있을 리도 만무하다. 아무튼 나는 린지가 말한 이 중요한 이 사실에 진심으로 동의하고 거듭 강조하는 것은 물론 완벽하고 정교한 마감과 그것의 올바른 위치는 최고의 회화 학파와 최고의 건축 학파에서 모두 나타나는 특징이라고 주장할 것이다. 그러나 다른 한편으로 완벽한 마감이 완벽한 예술에 속하는 것처럼, 진보적인 마감은 진보적인 예술에 속한다. 그래서 나는 미성숙한 예술에 따라다니는 무감각이나 무감동의 징표가 자신만의 고유한 제작능력을 뒷전에 두거나 장인의 기량이 디자인을 앞서가는 것보다 더 치명적이라고 생각하지 않는다. 그러므로 올바른 위치에 놓인 완전무결한 마무리를 완벽한 학파의 속성으로 인정하더라도, 나는 매우 중요한 두 질문에 대해 내 방식대로 대답할 권리를 가져도 좋을 것이다 — 무엇이 마감*인가*? 그리고 무엇이 그것의 올바른 자리*인가*?

> 아포리즘 24
>
> 완벽한 마무리는 최고의 건축이나 최고의 회화에서 동일하게 나타나는 특징이다.

7. 그러나 이 질문의 어느 것을 예증하건 우리가 기억해야 할 것은 현존하는 예들에서 시대를 앞서간 설계를 채택한 사람은 거친 기량

의 장인이었기 때문에 기량과 생각의 일치가 어려울 수밖에 없었다는 점이다. 초창기 기독교 건축이 모두 이런 부류에 속하며, 필연적인 귀결로 아름다움에 대한 이상과 그것을 실현시키는 능력 사이에 뚜렷한 간극이 있었다. 처음에는 거의 야만적이라 할 만큼 거칠게 고전의 디자인을 모방했다. 그 예술이 진보하면서 디자인은 고딕의 그로테스크와 혼합되고, 둘 사이에 조화가 생겨나자 좀 더 온전한 시공을 할 수 있었다. 이후 디자인과 시공이 균형을 이루면서 새로운 완성으로 나아가게 된다. 이제 이러한 토대가 재편되는 전체 시기 동안 살아 있는 건축의 확실하고 오해할 수 없는 징표가 나타나는데, 바로 지독한 성급함이다. 뭔가 이루지 못한 것을 향한 몸부림, 그것은 하위의 것들을 모두 경시한다. 그래서 아주 만족스럽다고 인정되는 것이나, 많은 시간과 신경을 필요로 하지만 그럴 가치가 없다고 생각되는 것들 모두를 가차 없이 경멸하는 풍조가 생긴다. 제도를 열심히 잘하는 학생이 연습용 스케치를 할 때 정확한 선을 긋고 배경을 완성하기 위해 시간을 허비하지 않는 것과 같은 이치다. 그 스케치는 지금 당면한 목적에는 필요하지만 그가 앞으로 해야 할 것에 비하면 완전하지도 중요치도 않다는 것을 알고 있는 것이다. 그래서 초기 건축학파의 활력은 훌륭한 모범의 세례를 받았든 아니면 스스로 빠른 발전 단계를 거쳤든 간에 아주 신기하게도 여러 징표들 중에서 하필 생명력을 잃은 건축에서는 아주 지독한 필수품이라 할 수 있는 정확한 대칭과 치수를 무시하는 흔적을 보여준다.

8. 도판 12의 그림 1은 거친 시공과 대칭의 무시를 모두 보여주는 매우 독특한 예다. 베네치아 산마르코의 설교단 장식패널에 새겨진 작은 기둥과 스팬드럴로, 나뭇잎장식의 불완전함(단지 단순한 것만이 아니라 실제로 거칠고 못생겼다)이 바로 눈에 들어온다. 그 시대 작품에서는 일반적이지만 이렇게 소홀히 조각된 주두를 발견하는 것

도 그리 흔한 일은 아니다. 주두의 불완전한 소용돌이 문양은 저쪽보다 이쪽에서 훨씬 높아졌고, 그 결과 한쪽 편의 남은 공간을 채우기 위해 뚫은 부수적인 구멍은 쪼그라들어 있다. 이 외에도 아치와 밑에 있는 평연을 따라가는 둥근 쇠시리 a는 모퉁이 b에서는 자연스럽게 만나는데, 다른 쪽에선 외각의 장식 쇠시리가 아주 무례하고 단호하게 밀고 들어오면서 갑작스레 뚝 끊겨버린다. 이런 모든 것에도 불구하고 우아함, 비례 그리고 전체 배열의 느낌은 너무도 위대해서 그 자리에 더 바랄 것이 없다. 세상의 모든 과학과 대칭도 이를 깨트릴 수 없었다. 그림 4는 니콜라 피사노Nicola Pisano 역주69가 조각한 피스토이아의 산탄드레아Sant'Andrea 교회의 설교단으로 훨씬 더 고귀한 작품인데, 이런 작품에서 하위의 부분들을 제작할 때 어떤 개념이 부여되는지 설명해보려고 한다. 이 설교단은 아주 신중하고 정교하게 제작된 인물조각들로 덮여있다. 그러나 단순한 아치 쇠시리에 이르면 그는 과도하게 정확한 제작이나 선명한 그림자로 시선을 끄는 일이 없도록 했다. 단면 k, m은 특히 단순하고, 오목하게 패인 곳도 경미하고 뭉툭해서 결코 선명한 선을 생산하지 않는다. 언뜻 보기에는 아무렇게 만든 것처럼 보이는, 사실 조각을 *스케치하는* 정도라 할 수 있다. 화가가 배경을 가볍게 처리하는 것과 똑같다. 선들은 나타났다 다시 사라지고, 때로는 깊게 때로는 얕게, 때로는 갑작스레 끊어진다. 커스프와 바깥 아치의 말미가 n에서 만나는데 곡선의 접점에 관한 모든 수학적 법칙에 거침없이 도전한다.

9. 위대한 장인의 정신이 이렇게 대담하게 표현될 때 정말 전율이 일만큼 기분이 좋다. 나는 지금 인내의 "완성작"이 아니라, 인내 없음이 진보 학파의 영예로운 특징이라는 것을 말하는 것이다. 그래서 나는 특히 로마네스크와 초기 고딕을 사랑하는데 그것들이 그에 대한 여지를 많이 허용하기 때문이다. 치수 혹은 제작의 우연적인 부주의

함은 처음에는 대칭의 규칙성을 의도했지만 끊임없이 치솟는 풍부한 상상력으로 인해 둘이 교묘하게 뒤섞인 결과다. 그리고 이 둘이 두 양식의 탁월한 특성이다. 내가 생각하기론 건축 법칙의 엄격성이 그 양식의 우아함과 돌발성으로 얼마나 빈번히, 얼마나 위대하고 얼마나 찬란하게 깨어지는지 충분히 연구되지 않고 있다. 더더욱 연구되지 않는 것은 절대적인 대칭이라고 공언하는 중요한 부분조차도 같은 치수가 아니라는 점이다. 나는 현대의 통상적인 정확성에 관하여 자신 있게 언급할 만큼 요즘의 제작환경과 친숙하지 않지만, 피사 성당의 서쪽 전면에서 나온 다음의 치수가 오늘날의 건축가들에게는 아주 잘못된 측정치로 여겨질 수 있겠다는 생각은 든다. 그 전면은 7개의 아치로 구획되고, 그중에서 두 번째, 중앙인 네 번째, 그리고 여섯 번째에 문이 있다. 7개는 아주 미묘하게 엇갈린 비례를 갖고 있는데, 중앙의 것이 가장 크고 그 다음이 두 번째와 여섯 번째이며 그 다음이 첫 번째와 일곱 번째, 마지막이 세 번째와 다섯 번째이다. 이런 배열에서는 당연히 세 쌍은 치수가 같아야 하고 눈에는 그렇게 보이기도 한다. 그러나 나는 실제 치수는 다음과 같다는 것을 발견했다. 기둥과 기둥 사이의 간격을 이탈리아 단위인 브라챠braccia, 팔미palmi 역주70 그리고 인치로 표시했다.

	Braccia.	Palmi.	Inches.		Total(Inches)
1. 중앙 문(4. 배열)	8	0	0	=	192
2. 북쪽 문(2. 배열)	6	3	1½	=	157½
3. 남쪽 문(6. 배열)	6	4	3	=	163
4. 북쪽 끝 공간(1. 배열)	5	5	3½	=	143½
5. 남쪽 끝 공간(7. 배열)	6	1	0½	=	148½
6. 북쪽의 중간 공간(3. 배열)	5	2	1	=	129
7. 남쪽의 중간 공간(5. 배열)	5	2	1½	=	129½

이런 차이가 있는데, 개별적으로 보면 2, 3에는 5½ 인치의 차이가, 4, 5에는 5인치의 차이가 있다.

10. 그러나 이는 아마도 종탑이나 성당의 벽을 건조하는 동안에 우연히 틀어진 것을 약간 조정하면서 생긴 오차일지도 모른다. 내 의견으론 둘 중 성당의 벽이 훨씬 더 놀랍다. 나는 벽에 있는 기둥 가운데 완전히 수직인 것은 없다고 생각한다. 바닥포장석의 높이가 들쑥날쑥한 건지 아니면 벽의 기초가 계속 다른 깊이로 꺼진 것인지, 아무튼 서쪽 전면 전체가 말 그대로 위로 매달려 있다(나는 그것을 측량해보진 않았지만, 기울어짐이 캄포 산토의 곧은 벽기둥과 뚜렷한 대조를 이루면서 눈에 보일 정도다). 가장 기이한 뒤틀림은 남쪽 벽의 석공에서 나타나는데, 그 기울기는 이미 첫 번째 층에서 시작되었다는 것을 알 수 있다. 남쪽 벽 첫 번째 아케이드 위의 코니스는 15개의 아치 중 11개의 정수리를 건드리다, 돌연 서쪽 끝의 4개의 정수리에서는 떨어지는 것이다. 아치들이 서쪽으로 기울어 땅으로 꺼져 들어가는 반면 코니스는 올라간다(혹은 올라가는 것처럼 보인다). 이것이 올라가는 건지 저것이 내려가는 건지는 모르겠지만 아무튼 코니스와 서쪽 아치의 정수리는 2피트 이상 떨어져 있고, 그곳을 부차적인 석공으로 메우고 있다. 호기심을 불러일으키는 또 하나는 건축가가 주 출입구의 기둥 사이에 휘어진 벽과 싸운 흔적이다(이 주목들은 우리의 당면 과제와 약간 무관해 보이지만, 나에겐 매우 흥미로운 점들이다. 그리고 어쨌든 이것들이 내가 주장하는 관점들 중 하나를 증명한다. 즉 열성적인 장인은 대칭으로 보이는 것에서 지극히 많은 불완전성과 다양성을 감내할 수 있다. 그들은 디테일에서는 사랑스러움을 전체에서는 고귀함을 기대하지만, 사소한 치수에는 아랑곳하지 않는다). 그 주 출입구의 기둥들은 이탈리아에서도 가장 아름다운 것으로 원통형에 아라베스크로 조각된 풍부한 나뭇잎장식을

하고 있다. 주추에서 시작된 장식들이 점점 올라가면서 가볍게 얽히고 검은 벽기둥이 될 만큼 거의 전체를 감싼다. 그러나 위로 갈수록 잎사귀는 단순한 선으로 처리되어 방패모양처럼 되고, 그 면적은 점점 줄어들어 결국 꼭대기에서 장식은 앞부분만을 가린다. 그런데 옆에서 보면 최종선이 대담하게 밖으로 기울어진 것을 볼 수 있다. 내가 추측하기론 서쪽 벽이 예상치 않게 기울어지자 이를 감추기 위해 같은 방향으로 기울기를 과장해서 상대적으로 그 벽이 외견상 수직으로 보이게 하는 것이다.

11. 이 서쪽 전면의 중앙 문 위에는 또 다른 아주 흥미로운 왜곡의 예가 있다. 7개의 아치 사이는 모두 검은 대리석으로 채워져 있는데, 각 중앙에 동물 모자이크가 새겨진 하얀 사각형이 있고 그 위에 전체를 지나가는 하얀색의 넓은 띠가 있다. 그러나 띠는 대체로 아래의 사각형을 건드리지 않는데 중앙 아치의 북쪽에 있는 사각형만 애매모호한 위치로 밀려나 하얀 띠를 건드리고 있다. 그리고 마치 건축가가 그러거나 말거나 관심이 없었음을 일부러 증명이라도 하는 양, 하얀 띠는 갑자기 그곳에서 두꺼워지면서 다음 두 아치로 넘어간다. 최고의 완성도를 보여주는 명인의 솜씨이기 때문에 이 차이들은 더욱 신기하다고 할 수 있다. 게다가 틀어진 돌들은 마치 머리카락 두께를 계산한 것처럼 깔끔하게 들어맞는다. 허투루 하거나 잘못한 것이 전혀 없어 보인다. 그 장인은 잘못된 것이나 이상한 것을 전혀 못 느꼈다는 듯 모든 요소들이 태평하게 잘 어울리고 있다. 내가 바라는 것은 우리가 그의 뻔뻔함을 다소라도 본받는 것이다.

12. 독자들은 아직 이 모든 다양성이 아마도 건축가의 감수성이라기보다는 나쁜 지반地盤에서 비롯된 문제라고 말할 것이다. 허나 그렇다고 할 수 없는 것이, 외견상 대칭으로 보이는 서쪽 전면 아케이드의

비례와 크기가 탁월한 정교함으로 변화되기 때문이다. 내가 피사의 탑은 이탈리아에서 유일하게 못생긴 탑이라고, 그 이유는 층들의 높이가 똑같거나 거의 그렇기 때문이라고 말했던 것을 기억할 것이다. 이 유일한 결점은 그 시대의 장인정신에 반하는 것으로, 그저 일종의 불운한 변덕이라고 생각할 수 있다. 그런데 아마도 독자들이 떠올리는 피사성당 서쪽 전면의 일반적인 인상은 외견상 내가 전개시킨 규칙역주71의 또 다른 모순이라는 생각이 들지도 모르겠다. 그 전면에서 상층에 있는 네 열의 아케이드가 똑같아 아래층 7개의 대형 아치에 종속되었더라면 그런 생각이 들지 않았을 텐데 말이다. 앞에서 솔즈베리의 첨탑과 관련해서 피력한 방식으로, 실제로 루카의 성당과 피스토이아의 탑이 그런 경우다. 그러나 피사의 전면은 훨씬 더 미묘한 비례를 이룬다. 네 열의 아케이드 중 어느 것의 높이도 같지 않다. 가장 높은 것이 위에서 세 번째 것이고, 그 다음은 거의 산술적인 비례로 번갈아가며 줄어든다. 세 번째, 첫 번째, 두 번째, 네 번째 순이다. 그 아치들의 불균등도 주목하지 않을 수 없다. 얼핏 보기엔 모두 똑같아 보이지만, 균등함으로는 결코 얻어지지 않는 우아함이 감돈다. 면밀히 관찰해보면 19개의 아치로 이루어진 첫 번째 열에서 18개는 똑같고 중앙의 것만 크다. 두 번째 아케이드에서 중앙에 있는 9개의 아치는 아래의 9개 아치 위에 있는데, 아래 열처럼 아홉 번째 중앙 아치가 가장 크다. 그러나 측면이 어깨처럼 기울어진 박공이 되자 아치들은 사라지고 쐐기모양의 프리즈가 나타나는데, 그 프리즈는 밖으로 갈수록 점점 가늘어진다. 박공의 끝에도 샤프트가 올 수 있도록 하기 위해서다. 그리고 샤프트의 높이가 급격히 짧아지는 바로 그곳에서 샤프트들은 촘촘해진다. 위의 5개의 샤프트, 아니 4개의 샤프트와 하나의 주두가 아래 4개의 아치와 대응하면서 간격은 아래 19개 대신 21개가 된다. 다음의 세 번째 아케이드에서는 — 가장 높은 아케이드라는 것을 기억하자 — 동일한 8개의 아치들이 아래 9개의 공간을 차지하고 있다. 그 결과 이제 중앙 아치가 있는 곳엔 중앙 샤프트가 있고, 아치의 경간徑間은 높이가 높아진 만큼 증가하고 있다. 마지막으로 맨 위의 아케이드는 가장 낮은데, 그곳의 아치들은 바로 아래의 아치 수와 같지만 파사드의 어느 것보다도 좁다. 왜냐면 8개 전부가 아래에 있는 6개와 거의 맞먹으며, 아래 아케이드의 마지막 아치 위에 돌출한 인물상으로 장식한 측벽을 얹었기 때문이다.

13. 이제 나는 이 *피사성당*을 살아 있는 건축이라 부르겠다. 거기에는 매 인치마다 감동이 있고 개개의 건축적 필요성에 따른 조정이 있다. 이것이 결정적으로 배열에 다양성을 부여하는데 이는 유기체의 구조에 있는 상대적 비례와 융통성과 정확히 일치한다. 믿기 어려울 만치 놀라운 이 건물의 앱스에는 훨씬 더 아름다운 비례의 외부 샤프트들이 있지만 나는 그것까지 검토할 여력은 없다. 오히려 나는 독자들이 이 건물을 특별한 예로 생각하지 않도록 다른 교회의 구조에 대해 말하고 싶다. 그것은 로마네스크 작품 중 가장 우아하고 웅장한 것으로, 북부 이탈리아 피스토이아에 그 일부가 남아있는 산조반니에반젤리스타San Giovanni Evangelista이다.

그 교회의 측면은 3층의 아케이드로 이루어져 있는데, 그 높이가 대담하게 기하급수적으로 줄어든다. 반면 아치는 대체로 산술적 증가를 보인다. 예를 들어 두 번째 아케이드에서 2개의 아치는 세 번째 아케이드에서 3개와, 첫 번째 아케이드에서 1개와 대응한다. 그러나 이 배열이 너무 형식적이지 않도록 맨 아래 14개의 아치 중에서 문이 있는 아치는 나머지 아치보다 크고, 가운데가 아니라 서쪽에서 여섯 번째에 위치해 있다. 그래서 한쪽으로는 5개가 남고 다른 쪽으로는 8개가 남는다. 더 나아가 맨 아래의 아케이드는 아치 넓이의 거의 반에 해당하는 넓고 평평한 벽기둥으로 끝나는 반면 위에 있는 아케이드는 계속되다가 서쪽 끝에 오는 마지막 2개의 아치만이

다른 나머지 보다 큰데, 아래의 마지막 아치 위에 놓이는 대신 마치 배열 상 그래야만 하는 것처럼 아치와 넓은 벽기둥 둘 모두를 받아들이고 있다. 그러나 이조차도 건축가의 눈을 만족시키기에 충분히 무질서하지 않았다. 왜냐면 여전히 아래의 아치 하나에 위의 아치 2개가 대응하고 있기 때문이다. 그래서 그가 행한 것은 아치가 더 많아 눈속임하기가 쉬운 동쪽 끝에 *아래의* 마지막 두 아치를 겨우 0.5브라챠 *좁아지게* 하는 것이었다. 동시에 그는 아래 9개 위에 18개가 아니라 17개가 올 만큼 위의 하나를 살짝 넓혔다. 이제 눈은 완전히 혼란스러워져 전체 건물은 하나의 매스로 뭉친다. 그 원인은 위에 얹어진 샤프트들 중 정확히 자기 자리를 지키는 것도, 그렇다고 확연히 자리를 벗어나는 것도 없는 것처럼 조정된 신기한 변화 때문이다. 그리고 이를 더욱 교묘하게 처리하기 위해, 이미 말했듯이 0.5브라챠 좁아지게 하는 것 외에도 4개의 동쪽 아치는 1인치에서 1.5인치씩 점차적으로 증가하고 있다. 그 치수들은 동쪽에서 시작하면 다음과 같다.

	Braccia.	Palmi.	Inches.
1st	3	0	1
2nd	3	0	2
3rd	3	3	2
4th	3	3	3½

위의 세 번째 아케이드도 같은 원리로 처리된다. 처음에는 아래 2개의 아치에 위의 3개의 아치가 있는 듯이 보인다. 그러나 실제로는, 아래 27개에 대해 38개만이(혹은 37개, 아주 확실하지는 않다) 있을 뿐이다. 그리고 그 기둥들은 온갖 방식으로 연관된 위치에 놓인다. 그 장인은 이 조차도 만족스럽지 않아 아치의 솟아오름을 불규칙하

게 만들어야 했다. 그래서 실제로 일반적인 효과는 대칭의 아케이드 인 반면, 높이가 같은 아치는 하나도 없다. 그들의 정수리는 방파제 를 따라 파도가 일렁이듯이 벽을 따라 물결친다. 그중 몇몇은 위에 있는 돌림선을 건드리고, 나머지는 5내지 6인치 정도가 떨어진다.

14. 다음으로 베네치아에 있는 산마르코 성당의 서쪽입면을 검토해 보자. 이 성당은 여러 관점에서 불완전할지라도, 비례와 풍부하고 환상적인 색에 있어서는 인간의 상상력으로 빚어낸 꿈처럼 아름답다. 그러나 이에 대한 반대의견을 한번쯤 들어보는 것도 흥미로울 것이다. 앞에서 대체적으로 비례에 관한 것을 강조했으니, 이제는 균형 잡힌 성당의 탑들과 다른 규칙적인 설계들의 잘못에 관하여 좀 더 이야기하겠다. 내가 자주 언급하는 두칼레 궁전과 완벽함의 전형인 산마르코의 종탑이다. 내가 전자를 칭찬하는 이유는 특히 두 번째 아케이드 위에 있는 돌출과 관련 있다. 다음은 우드John Wood 역주72의 컬럼에서 발췌한 것이다. 이것은 베네치아에 막 도착한 건축가가 쓴 것으로, 그 신선한 솔직함이 유쾌할 뿐 아니라 내가 이제까지 틀에 박힌 기존의 원리만 되뇌지 않았다는 것을 보여줄 것이다.

> "이상한 모양새의 교회, 대단히 추한 커다란 종탑, 이는 실수일 리가 없다. 이 교회의 외부는 극단적인 추함으로 다른 어떤 것보다도 더 당신을 놀라게 할 것이다."

> "이 총독의 궁전은 내가 예전에 언급했던 그 어떤 것보다도 추하다. 아무리 다른 디테일을 생각해봐도, 그것을 괜찮게 만들 만한 대안이 떠오르지 않는다. 그러나 이 우뚝 솟은 벽이 작은 아치들이 있는 두 층보다 *뒤로 후퇴했다면*, 매우 고귀한 작품이 되었을지도 모르겠다."

좀 더 관찰한 후 그는 "확실히 정당한 비례"에 대해 그리고 그 교회의 풍요와 힘의 발현에 대해 인정했고 그것이 유쾌한 효과를 발휘한다는 것을 알았다. 그는 계속 말하길,

"몇몇 사람들은 불규칙성이 탁월함을 위해 반드시 필요한 부분이라는 의견을 피력한다. 나는 단호히 그 의견에 반대한다. 그리고 같은 종류라면 규칙적인 설계가 훨씬 더 우월하다고 확신한다. 직사각형의 훌륭한 그러나 너무 뽐내지 않는 건축이 아름다운 성당으로 이끌도록 하자. 그 성당은 2개의 우뚝 솟은 탑 사이에 모습을 드러내고, 전면에는 2개의 오벨리스크가 있어야 한다. 그리고 성당의 각 측면엔 다른 광장들이 접하도록 하자. 우선은 진입을 위한 열린 광장이 있고, 다른 하나는 항구나 해변으로 내려가는 광장이 필요하다. 그러면 당신은 존재하는 모든 것에 도전하는 광경을 경험할 것이다."

우드 씨가 어째서 산마르코 성당의 색을 즐길 수 없었는지 혹은 두 칼레 궁전의 장중함을 인지할 수 없었는지, 독자들은 카라치와 미켈란젤로와 관련된 다음의 두 발췌문을 읽고 난 후 알게 될 것이다.

"이곳(볼로냐)의 그림들은 베네치아의 그림들보다 내 취향에 맞다. 베네치아 학파가 색에 있어서 그리고 어쩌면 구성적인 면에서도 우월하다면, 볼로냐 사람들은 데생과 표현에서 확실히 월등하기 때문이다. 카라치의 그림은 *여기서 신처럼 빛난다*."

"이 예술가(미켈란젤로)에게 그 많은 찬사가 쏟아지는 것은 무엇 때문일까? 몇몇 사람은 인물의 선과 배치에서 보여주는 구성의 장중함 때문이라고들 한다. 고백컨대 나는 이것을 이해하지 못한다. 그러나 내가 건축에 있는 어떤 형태와 비례의 아름다움을 인정한다면,

불행히도 내가 그것을 식별할 수 없다고 해서 유사한 장점들이
회화에도 존재한다는 것을 줄곧 부정할 수는 없는 노릇이다."

이 단락은 매우 가치 있다고 생각한다. 자신의 예술분야인 건축으로 회화를 이해하는 옹졸한 지식과 잘못된 취향을 반성하고, 특히 비례와 관련된 뭔가 독특한 개념 혹은 개념의 결핍이 때로 건축을 수행한다고 생각하기 때문이다. 우드 씨는 그의 관찰력 일반으로 볼 때 결코 무식하지 않으며, 고전예술에 관한 그의 비평은 종종 매우 쓸 만한 것이었다. 그러나 카라치보다 티치아노를 더 사랑하는 사람들, 미켈란젤로에게서 감탄할 무언가를 보는 사람들은 아마도 나와 함께 산마르코에 대한 애정 어린 검토를 기꺼이 계속하고자 할 것이다. 왜냐면 유럽에서 일어나는 현재의 시류를 보면 우드 씨가 제기했던 변화가 이미 실행되고 있음을 예측할 수 있지만, 그럼에도 우리는 여전히 11세기의 장인이 어떻게 그 교회를 남겼는지 먼저 알게 된 것을 행운으로 여기는 사람들이기 때문이다.

15. 산마르코의 전체 전면은 위와 아래의 아치 열로 구성되고, 벽면은 모자이크 장식으로 처리되었다. 아래의 아치들은 아래 위 두 열로 이루어진 샤프트로 지지된다. 그러면서 파사드는 5개의 수직 분할을 갖는다. 요컨대 아래에는 두 단으로 된 샤프트와 그것들이 지지하는 아치 벽, 위에는 한 단으로 된 샤프트와 그것들이 지지하는 아치 벽이 있다. 그러나 아래 위 두 수직 분할을 함께 묶어주기 위해, 아래의 중앙 아치(주 출입구)는 측면 아치의 왕관노릇을 하는 회랑과 난간 위로 솟아오른다.

아래층의 기둥과 벽의 비례는 아주 아름답고 또한 편차가 심해서 이를 온전히 이해하려면 따로 지면을 할애해야 할 것이다. 그러나 일반적으로 설명하면 아래 샤프트, 위 샤프트, 벽의 높이를 각각 a, b, c로 표현할 때, a:c는 c:b(a가 가장 높다)이고, 대체적으로 a샤프트 지름에 대한 b샤프트 지름의 비는 a의 높이에 대한 b의 높이의 비와 같거나 약간 적다. 왜냐면 중간의 널따란 플린스가 위 샤프트의 실질적인 높이를 감소시켰기 때문이다. 폭의 비율에 관해 말하자면 아래 샤프트 하나 위에 위의 하나가 얹혀 있지만, 때로는 위에 또 다른 샤프트가 더해지기도 한다. 그러나 맨 끝에 있는 아치는 아래 1개의 샤프트가 위의 2개를 버터내기 때문에 진짜 나뭇가지 같은 비율을 보인다. 말하자면 위의 각 지름은 아래 것의 3분의 2이다. 이렇게 아래층에는 세 가지 항項의 비율이 생겨나는 반면, 위층은 겨우 두 가지 요소로 나뉜다. 하지만 전체 높이가 짝수로 나뉘지 않도록 피너클로 세 번째 항을 추가하고 있다. 수직적 분할에 한해서 그렇다. 수평적으로는 훨씬 더 섬세하다. 아래층에 7개의 아치가 있다. 중앙 아치를 a라고 하면, 끝으로 가면서 a, c, b, d 순으로 엇갈려가며 줄어든다. 위층은 5개의 아치에 2개의 피너클이 첨가된다. 이것들은 *규칙적인* 순서로 줄어드는데, 중앙의 것이 가장 크고 맨 끝에 있는 것이 가장 작다. 그러므로 하나의 비례가 올라가면 다른 하나는 내려가는 것이 마치 음악의 성부聲部 같다. 그러면서도 전체적으로 피라미드 형태가 유지되고, 더불어 또 하나 주목해야 할 점은 위층 아치의 샤프트 중 어느 것도 아래층 샤프트 위에 놓이지 않는다는 것이다.

16. 이 정도의 설계라면 다양성이 충분히 확보되었다고 생각할 수도 있었을 것이다. 그러나 장인은 이조차 만족하지 않았다. 왜냐면 ― 이것이 지금 우리의 주제와 관련 있는 지점이다 ― 중앙아치라고 부르는 a는 양옆의 b와 c로 이어지는데, 북쪽의 b와 c는 남쪽의 b와 c보다 꽤 넓고, 남쪽의 d는 북쪽의 d보다 훨씬 넓으며 더불어 코니스 아래에서 많이 밑으로 내려와 있기 때문이다. 그래서 나는 이밖에도 파사드에서 대칭의 효과를 내는 요소가 실제로 다른 어떤 것과 일치

하는 치수라고 믿을 수가 없다. 내가 실제 치수를 말할 수 없는 것이 유감이다. 나는 그 과도한 복잡성과 아치의 오르내림이 주는 당혹감 덕에 즉시 측정하기를 포기했다.

비잔틴의 장인들이 이것을 지을 당시에 이렇게 다양한 원리를 이미 머릿속에 담고 있었으리라 내가 상상할 것이라고 생각하지 않길 바란다. 내가 보기에 그들은 모두 느낌으로 건설했으며 그랬기 때문에 이 놀라운 생명력과 변화무쌍함과 배열마다 관통하는 섬세함이 있는 것이다. 그래서 우리가 이 아름다운 건물에 대해 추론하는 것은 마치 지구상에 있는 나무들이 자신의 아름다움을 모른 채 훌륭하게 성장하는 것에 대해 우리가 이러쿵저러쿵 추론하는 것과 같다.

17. 그러나 대칭을 가장하고 대담하게 다양성을 감행한 것 중에서 내가 지금까지 보여주었던 예들보다 더 기막힌 경우는 아마도 바이외 성당의 전면이라 할 수 있다. 전면은 가파른 박공을 가진 5개의 아치로 구성되는데, 양 끝에 있는 2개는 막혀있고 중앙의 3개는 문이 있다. 언뜻 보면 중앙에 중심이 되는 아치가 가장 크고 양 끝으로 갈수록 규칙적인 비례로 점차 줄어드는 것 같다. 중앙아치 양옆에 있는 문들은 매우 신기하게 처리되었다. 팀파눔Tympanum 역주73엔 네 단으로 된 얕은 돋을새김이 있는데, 그중 맨 밑단에 인물조각이 들어간 작은 사원이나 성문이 있다(오른쪽 것은 루시퍼가 있는 하데스의 문이다). 이 작은 사원을 마치 주두처럼 독립된 샤프트가 받치고 있고, 이 샤프트가 전체 아치의 폭을 약 3분의 2로 나누고 큰 쪽을 바깥쪽에 둔다. 그리고 큰 부분에 출입문이 있다. 양쪽 두 출입문을 이렇게 똑같이 처리함으로써 우리로 하여금 그 폭에서도 어떤 일치가 일어나리라 기대하게 만든다. 하지만 전혀 그렇지 않다. 작은 북쪽의 출입구는 영국의 인치와 피트로 문설주에서 문설주까지 4피트 7인치이고, 남쪽은 정확히 5피트다. 5피트 안에서 5인치란 상당한 변화

다. 북쪽의 포치는 샤프트에서 샤프트까지 13피트 11인치이며, 남쪽 포치는 14피트 6인치로 7인치의 차이가 있다. 박공 장식의 변화로는 역시 독특한 수치다.

18. 이로써 나는 충분한 예를 제시했다고 생각한다. 나는 이러한 변화들이 단순한 실수나 부주의가 아니며, 치수의 정확도를 싫어하는 것이 아니라면 그에 대한 확고한 냉소의 결과라는 것을 입증해줄 예들을 무한히 늘어놓을 수 있다. 대부분의 경우 그 예들은 자연의 다양성처럼 대칭의 효과를 주면서도 미묘한 편차를 도출하기 위한 해법이라고 생각한다. 이 원리가 때로 어느 정도까지 진행되었는지 우리는 아브빌 생불프랑 성당 탑들의 매우 독특한 처리방식에서 보게 될 것이다. 나는 이것이 옳다고 말하는 것도 아니고 그르다고 말하는 것은 더더욱 아니며 다만 생명력 있는 건축의 용감무쌍함에 대한 놀라운 증거를 보여주려 할 뿐이다. 왜냐면 우리는 늘 이렇게 말하기 때문이다. 프랑스의 플랑부아양은 병적이긴 하지만 죽음을 앞둔 정신의 상태가 그렇듯 그 생기 면에서는 생생하고 열정적이라고 그리고 그 양식이 거짓을 말하지만 않았어도 지금까지 살아 있었을 것이라고 말이다. 나는 앞에서 수평분할의 일반적인 어려움에 대해 언급했다. 똑같이 둘로 나눌 때 중재의 역할을 하는 세 번째 요소가 없으면 그렇다는 것이다. 나는 이제 이를 중재하고 화해시키는 방식을 소개하기 위해 등대 역할을 하는 두 탑에 효과적인 방법을 예시하고자 한다. 아브빌의 건축가는 그 매듭에 자신의 칼을 아마도 너무 예리하게 꽂은 것 같다. 그래서 두 창 사이에 통일성이 떨어지자 초조한 나머지 말 그대로 창의 머리들을 함께 모았다. 그 결과 S형 곡선이 왜곡되어, 아치의 바깥쪽에는 3개가 붙어 있던 세잎장식이 안쪽에는 위로 향한 하나만 남게 되었다. 이 배열은 도판 12의 그림 3에서 볼 수 있다. 플랑부아양의 변화무쌍한 곡선들의 파동에 힘입어 전

체적인 효과는 하나의 매스로 묶이기 때문에 실제 탑에서는 거의 드러나지 않는다. 이것이 추하고 잘못되었다는 것을 인정하면서도 나는 그런 종류의 죄업을 좋아한다. 이를 저지를 수 있는 용기 때문이다. 도판 2에서(생로 성당의 서쪽 전면에 붙어 있는 작은 예배당의 일부다) 독자들은 동일한 건축양식에서 특별한 의미를 위해 자신의 원리를 위반한 예를 볼 것이다. 플랑부아양 건축가가 풍부하게 장식하기를 좋아했던 부위가 있었다면 그것은 벽감 혹은 맹창盲窓이었다— 코린트 양식으로 치자면 주두에 해당한다 할 것이다. 하지만 전에도 이미 아치의 주요 벽감에 못생긴 벌집을 집어넣는 경우가 종종 있었다. 내가 그 의미를 올바르게 해석했는지는 확실치 않지만, 거의 의심치 않는 바는 그 생불프랑 아치 밑에 지금은 떨어져 나간 두 조각상이 원래는 성모희보聖母喜報를 재현했었다는 것이다. 그리고 같은 성당의 다른 곳에서 나는 성령강림을 발견한다. 빛의 광선에 둘러싸여 있으며, 거의 같은 형태의 벽감에서 재현되고 있다. 그 결과 벽감은 광채의 재현이 목적인 듯 보이지만 동시에 아래에 있는 정교한 인물상들을 위한 캐노피가 되기도 한다. 이 의미가 맞건 안 맞건 간에 그 시대의 통상적인 습관에서 탈피한 모험적인 출발로서 기록될 만하다.

19. 훨씬 더 눈부신 것은 루앙 생마클루성당St. Maclou의 정문에 있는 파격적인 벽감장식이다. 팀파눔의 얕은 돋을새김은 최후의 심판을 주제로 하고 있는데, 지옥편의 조각은 그 힘의 정도가 무시무시한 그로테스크의 수준이어서 나는 다만 오르카냐와 호가스William Hogarth 역주74의 혼합이라고 밖에는 묘사할 수가 없다. 그 사탄들은 아마 오르카냐의 사탄보다 훨씬 더 무서울 것이다. 그리고 완전히 절망적일 만큼 사악한 인간성의 표현들은 적어도 그 영국 화가에 필적할 만하다. 심지어 인물상들의 위치만 보더라도 거친 분노와 공포를 상상하기에

부족함이 없다. 악의 천사는 날개를 펴고 선고받은 무리들을 재판정 앞에서 몰아낸다. 왼손으로 뒤에 있는 구름을 끌어내 그들 위에 수의 壽衣를 덮듯 펼친다. 그러나 너무 맹렬히 쫓아내는 바람에 그들은 그 조각의 무대인 팀파눔을 벗어나 *아치의 벽감* 속으로 쫓겨난다. 보는 바와 같이 그들을 쫓는 화염은 천사의 날개가 일으키는 강풍과 뒤섞여 벽감 속으로 돌진하는데, 그 기세가 *트레이서리*를 뚫고 아래 세 벽감을 모두 불태울 듯하다. 또한 통상적인 궁륭과 늑골로 이루어진 천장 대신, 지붕에 사탄이 날개를 활짝 펴고 검은 그림자를 드리우며 싱긋이 미소를 짓고 있다.

20. 나는 이제 이런 종류의 대담함에 내포된 생명력을 충분히 보여 주었다. 그 생명력이 마지막 예처럼 확실히 현명한 것인지 아니면 불필요한 것인지는 모르겠다. 그러나 쓸 수 있는 모든 재료를 그 목적에 맞게 전환시키는 능력, 바로 동화의 생명력을 보여주는 독보적인 예로서 나는 독자들에게 페라라성당Ferrara 남쪽 아케이드의 빼어난 기둥들을 소개하고자 한다. 도판 13 오른쪽에 있는 아치를 보라. 이런 아치 4개가 모여 하나의 그룹을 이루는데, 같은 도판의 왼쪽에 보이는 두 쌍의 기둥이 그 그룹 사이에 추가되고 계속해서 또 다른 4개의 아치들이 온다. 매우 긴 아케이드로서, 내가 생각하기에 아치가 적어도 40개 혹은 그 이상이다. 이들 기둥에 나타나는 비잔틴 곡선의 우아함과 단순성에 견줄 만한 것을 나는 알지 못한다. 마찬가지로 기둥에 대한 공상 역시 이에 필적할 만한 것을 나는 분명 알지 못한다. 같은 것이 거의 없을 만큼, 그 건축가는 어디서건 아이디어나 닮은꼴을 차용할 준비가 되어 있다. 두 기둥 위로 자라나는 식물은 기괴하지만 섬세하다. 그 옆에 있는 꼰 기둥은 그보다는 선뜻 받아들이기 어려운 이미지다. 보통 비잔틴의 이중 마디를 이용한 사문석 배열은 대체로 우아한데, 그림 3의 네 기둥 그룹 중 하나인 너무

나 못생긴 이 기둥의 유형은 어떻게 이해할지 도무지 알 수가 없었다. 그러던 어느 날 운 좋게도 페라라에 장이 섰는데 마침 이 기둥의 스케치를 마쳤을 때였다. 나는 온갖 물건을 늘어놓은 노점을 정리하는 상인들을 이리저리 피해 길을 걷고 있었다. 노점은 장대로 차양을 받쳐 해를 피하고 있었는데, 그 장대는 태양의 높이에 따라 차양을 올리고 내릴 수 있도록 두 부분으로 나뉘어 있었으며 톱니막대에 걸어 때에 맞게 조절할 수 있었다. 거기서 나는 그 추한 기둥의 원형을 발견했다. 나는 앞에서 자연의 형태 외에는 그 어느 것도 모방에 적합하지 않다고 말했기 때문에 이 건축가가 수행한 것을 완전히 모범적이라고 부각시킬 수는 없는 노릇이다. 그러나 생각의 동기를 찾기 위해 이러한 출처에도 몸을 낮추는 겸손은 교훈적이라 할 수 있다. 또한 이제까지 있었던 모든 형태들과는 완전히 동떨어진 것을 받아들이는 그 대범함, 그리고 이렇게 별나고 투박한 재료마저도 동화시키는 생명과 감수성을 통해서 조화로운 교회건축을 만들어낼 수 있었던 것이다.

21. 그러나 어쩌면 나는 이 생명력의 형태에 대해 너무 오랫동안 이야기하고 있는 것 같다. 그것의 오류나 그로 인한 대가 또한 익히 알려진 사실인데 말이다. 생명력의 형태의 운용에 대해 간단하게 요약하자. 선례에 의해 대치될 수도 없고 적당히 얼버무릴 수도 없는 자잘한 디테일에서, 그것은 힝싱 옳으며 필요하다.

이 에세이 초반에 나는 수작업은 항상 기계작업과 구별될 수 있다고 말했다. 그러나 그와 동시에 관찰할 수 있는 것은 인간은 스스로를 기계로 강등시켜 자신의 노동을 기계 수준으로 떨어뜨릴 수도 있다는 것이다. 하지만 인간이 인간으로서 일을 하는 한, 즉 그들이 하는 일에 마음을 담아 최선을 다하는 한 그들이 무능한 장인

아포리즘 25
좋은 작품은 모두 손으로 만든 것이다. 24절과 비교해 보라.

일지도 모른다는 것은 문제가 되지 않는다. 그 솜씨에 값을 매길 수 없는 무언가가 있기 때문이다. 다른 곳보다 더 많은 기쁨을 주는 몇몇 장소들이 분명히 있다. 그곳에 가면 가만히 멈춰 서서 주의를 기울이게 된다. 그러면 망치를 조심스럽지 못하게 때린 곳, 빠르게 때린 곳이 보일 것이다. 그리고 이곳에는 정을 세게 쳤고, 저곳에는 가볍게 그리고 곧 소심하게 친 곳도 보일 것이다. 인간의 정신이 그의 마음과 함께 작업에 머문다면 모든 망치질은 올바른 곳을 향할 것이고 하나가 다른 하나를 돋보이게 할 것이다. 똑같은 디자인을 기계나 활력이 없는 손으로 자른 것과 비교한다면 그 전체효과는 같은 시詩를 기계적으로 암송하는 투박한 소리와 가슴속 깊이 느껴 낭송하는 부드러운 소리처럼 완전히 다를 것이다. 이 차이를 감지할 수 없는 사람들이 많다. 그러나 시를 사랑하는 사람들에게 그것은 모든 것이다. 병든 소리로 시를 들으니 차라리 듣지 않을 것이다. 활력 있는 손의 강약은 건축을 사랑하는 사람들에겐 전부와도 같다. 그들은 병든 세공 — 즉 생명력을 잃은 세공의 장식을 보느니 차라리 장식을 포기할 것이다. 너무 자주 반복해서는 안 되겠지만, 조악한 조각이나 무딘 조각을 말하는 것이 아니다. 물론 그것도 나쁘기는 하다. 그러나 생명력을 잃은 조각은 *차가운* 조각이다. 곳곳에서 이런 문제점이 보인다. 무심한 노동이 매끄럽게 분배된 평온, 이는 규칙적인 쟁기 자국이 새겨진 평활한 들판이다. 그 오싹함은 사실 다른 어디서보다 완벽한 작품에서 더욱 두드러진다. 완벽한 인간일수록 냉정하고 피곤한 것처럼. 완벽함은 갈고 닦는 것이라고, 사포의 도움으로 얻을 수 있는 것이라고 생각한다면 우리는 즉시 선반旋盤에 그것을 올려놓기만 하면 될 것이다. 그러나 *올바른* 완성이란 의도한 인상을 그대로 재현하는 것이고, *고도의* 완성이란 좋은 의도를 생생한 인상으로 재현하는 것이다. 그리고 그러한 재현은 정교한 처리보다 거친 처리에 의해 실현되는 경우가 더 많다. 조각은 단순히 어떤 것의 *형태*를 돌에 새기는 것이 아니라, 그 형태의 *효과*를 깎아내는 것임을 충분히 보여줬는지 모르겠다. 정확한 형태는 대리석으로 옮겨지면 전혀 다른 모습이 되는 경우가 아주 빈번하다. 조각가는 그의 끌로 그림을 그려야만 한다. 그의 작업의 반은 그 형태를 실현하는 것이 아니라, 그 형태 안에 힘을 불어넣는 것이다. 바로 솟은 부분은 올리고 패인 부분은 주저앉히는 빛과 그림자의 힘이다. 솟은 부분과 패인 부분을 재현하기 위해서가 아니라, 빛의 선과 어둠의 점을 얻기 위해서다. 거친 예를 들자면 이러한 종류의 제작은 프랑스의 옛 목공예에서 뚜렷하게 나타난다. 눈의 홍채가 동굴처럼 대담하게 파여 듣도 보도 못한 괴물이 만들어진다. 그 구멍들이 여기저기 있는데다 항상 어둡기까지 해서 힐끗 보고 슬금슬금 피할 만한 온갖 종류의 괴상하고 기괴한 표정들이 만들어진다. 아마도 이러한 종류의 회화적 조각의 최고봉은 미노 다 피에솔레Mino da Fiesole 역주75의 작품들일 것이다. 그 작품들은 이상하게 모가 난, 외관상 거칠어 보이는 끌의 터치로 최고의 효과를 달성한다. 바디아교회Badia의 무덤조각을 가까이서 보면 그중 한 아이의 입술은 만들다 만 것처럼 보인다. 그렇지만 그 표현은 내가 이제까지 보았던 그 어떤 대리석 작품보다 더 나아간 형용할 수 없는 무엇이다. 특히 그 아이의 부드러운 표정과 미묘함을 생각해보면 그렇다. 한층 엄격한 예로 산로렌조San Lorenzo의 성구실에 있는 입상이 그와 견줄 만한데, 이 또한 불완전성에서 비롯된다. 그런 결과를 얻는 것치고 그 형태들이 절대적으로 사실적이거나 완전한 예를 나는 알지 못하나(그리스의 조각에서는 시도된 적도 없다).[4]

22. 정교한 디테일이 시간이 지남에 따라 손상될 것을 대비해 그 효

---

[4] 괄호 안의 문장은 완전히 틀렸다. 그러나 이 단락의 나머지는 모두 진실하며 중요하다. 그리스 조각에서의 끌 처리 방식은 나의 『대리석의 명장들Arata Pentelici』에서 상세히 검토된 바 있다.

과를 지속시키기 위한 건축적인 장치로서 이러한 남성적 처리는 분명 가장 편리한 방법이다. 또한 큰 건물을 모두 최고의 디테일로 덮으면 좋겠지만 그것이 가능하지 않을 때, 오히려 불완전함을 덧붙여 더욱 강력한 효과를 얻어내는 것을 보면 그 지성의 소중함을 깨닫게 된다. 더욱이 그 터치가 거칠며 몇 개 되지 않을 때, 가벼운 정신으로 하는 경솔한 터치와 진중한 마음에서 우러나온 신중한 터치가 얼마나 큰 차이를 만들지 짐작할 수 있다. 이와 같은 조각의 특성을 그림으로 잡아내기란 쉽지 않다. 그러나 도판 14의 루앙 성당 북문에 있는 얕은 돋을새김에서 독자들은 한두 가지 실례가 될 수 있는 점을 발견할 것이다. 그 문의 양 측면에는 각각 세 줄의 벽감이 있고 그 아래에 3개의 장방형 대좌가 놓이며, 문의 중앙에는 하나의 벽감과 하나의 대좌가 있다. 두 면으로 된 대좌는 각 면이 5개의 네잎장식이 들어간 패널이다. 그래서 그 문을 감싸고 있는 마지막 줄이나 바깥 기주의 네잎장식을 빼고, 포치 아래 있는 네잎장식만 세어도 70개에 이른다. 각각의 네잎장식은 얕은 돋을새김으로 채워져 있고, 전체 패널의 높이는 대략 사람 키만하다. 현대의 건축가라면 물론 대좌의 각 면을 모두 동일한 5개의 네잎장식으로 채웠을 것이다. 중세인은 그렇지 않았다. 일반적인 형태는 사각형의 면에 반원을 모아 만든 네잎장식으로 보이지만, 잘 살펴보면 그것은 반원의 호가 아니고 사각형의 바탕이 아니라는 것을 발견하게 될 것이다. 후자는 장방형으로 크고 작은 크기에 따라 뾰족하거나 뭉툭한 각을 갖고 있다. 그와 면해 있는 호들은 장방형의 각 안에서 얻을 수 있는 만큼의 자리를 차지한다. 네 각은 각기 다른 형태로 남는데, 그 모퉁이를 동물이 한 마리씩 차지하고 있다. 그래서 전체 패널의 범위는 편차가 생기는데, 5개 중 맨 아래 2개는 높고 그 다음 2개는 낮으며 맨 위의 것은 맨 아래 것보다 약간 더 높다. 반면 문을 감싸고 있는 얕은 돋을새김의 줄은 맨 아래 2개(이 둘은 똑같다)를 a 라 하고, 다음의 2개를 b,

다섯 번째와 여섯 번째를 c와 d라 한다면 d(가장 큰 것):c = c:a = a:b 이다. 이 변화가 전체의 우아함을 얼마나 많이 좌우하는지 정말 놀라울 따름이다.

23. 말했듯이 각 모퉁이에는 동물이 한 마리씩 들어가 있다. 그래서 70×4=280마리의 동물이 나오는데 모두 다르게 생겼다. 단순히 간격을 메우는 얕은 돋을새김인데 말이다. 이 중 3마리 야수를 돌 위에 종이를 대고 그려 실제 크기로 도판 14에 옮겨 놓았다.

    동물의 일반적인 디자인이나 날개와 비늘의 선들에 대해 말할 만한 것은 없다. 아마도 중앙의 용을 제외하면 훌륭한 장식 작품에 흔히 있는 것 이상은 아닐 것이다. 그러나 그 생각과 상상력의 흔적은 분명히 범상치 않은, 적어도 오늘날엔 없는 것이다. 왼쪽 위에 있는 놈은 뭔가를 물어뜯고 있지만 그게 무엇인지는 돌이 닳아버려 알아볼 수가 없다. 아무튼 뭔가를 물어뜯고 있다. 독자들은 특히 뒤로 돌아간 눈에서 짐작하는 바가 있을 것이다. 내 생각으로는 장난으로 뭔가를 물어뜯어 그것을 가지고 도망가려는 개의 눈이 아닐까 한다. 이것이 단지 끌로 새긴 것임을 감안하면 그 흘끗거림의 의미는 오른쪽에 있는 놈의 눈과 비교했을 때 감지될 수 있다. 그놈은 우울하고 화가 난 듯 시무룩한 얼굴로 웅크리고 있다. 그 머리의 배치, 이마 위에 얹힌 모자의 까닥거림은 섬세하다. 허나 손에 있는 약간의 터치가 특히 뛰어나다. 앙심을 품은 그놈은 속을 태우며 머리를 싸매고 있다. 그 손이 뺨을 심하게 누른 나머지 압력으로 인해 눈 밑에 *주름이 잡혔다*. 만약 이를 정교한 에칭의 인물들과 비교한다면, 그 모두는 정말 지독히도 조악하게 보일 것이다. 그러나 단지 외부의 성당 입구 틈새를 메우는 것이고 300개가 넘는 것(나는 아까 바깥쪽 기주의 대좌는 포함시키지 않았다) 중 하나라는 것을 고려한다면 그 시대의 예술이 얼마나 고귀한 생명력을 가지고 있었는지 증명된다.

24. 나는 장식과 관련된 모든 질문 중에서 결정적인 것은 단지 이것뿐이라고 생각한다. 그것은 즐겁게 행해졌는가? 그 조각가는 이를 행하는 동안 행복했는가? 돌을 조각하는 것은 아마도 우리가 생각할 수 있는 가장 힘든 일일 것이다. 그만큼 많은 기쁨을 주기 때문에 더 힘들 수도 있다. 그러나 그 일을 하는 것이 행복하지 않다면, 더 이상 살아 있는 것이 아닐 것이다. 나는 노동의 고충이 그 행복을 얼만큼 잊게 만드는지에 대해선 생각하고 싶지 않다. 그러나 이 조건은 절대적이다. 루앙 근처에 최근 세워진 고딕 교회가 있다. 전체적인 구성은 정말 졸렬하기 그지없지만 디테일은 극도로 화려하다. 그 디테일의 대부분은 안목이 있으며, 모두 옛 작품을 세밀하게 연구한 사람이 만든 것이 분명하다. 그러나 그 모든 것이 12월의 나뭇잎처럼 죽어 있다. 파사드 어디에도 섬세한 터치나 따뜻한 타격을 찾아볼 수 없다. 그 일을 행한 자들은 그 일을 싫어했고 그 일이 끝난 것에 감사했다. 그렇게 하는 한 그들은 그저 흙을 뭉쳐 벽을 쌓아 올린 것이다. 페르 라 셰즈 묘지Père la Chaise에 있는 죽지 않는 가짜 화환이 더 유쾌한 장식이다. 당신이 돈을 지불한다고 해서 그 느낌을 얻을 수는 없다 — 돈으로는 생명을 살 수 없다. 당신이 그것을 지켜보거나 기다린다고 해서 얻을 수 있을지도 장담하기 어렵다. 때로는 그 느낌을 내면에 품은 장인을 찾을 수 있다는 것 또한 사실이다. 그러나 그는 보잘것없는 일에 만족해하며 늙어져 있지 않을 것이며 — 먹물Academian이 되려고 몸부림칠 것이다. 그러면 대부분의 장인에게서 그 힘은 사라진다. 어떻게 그 힘을 되돌릴 수 있을지는 나도 모른다. 내가 아는 것은 오직 현재 그 힘의 상태로는 조각 장식에 들인 모든 비용이 말 그대로 희생을 위한 희생, 혹은 그보다 더 나쁘게 되어버린다는 것이다. 화려한 장식기법 가운데 우리에게 열려 있는 유일한 것은 기하학적인 유색 모자이크로, 이 방식에 우리가 집요하게 매달린다면 좋은 결과가 나올 수도 있다. 그러나 어찌됐건 기

계 장식과 주철작업 없이 우리 힘으로 할 수 있는 한 가지다. 우리는 찍어낸 금속과 인조석, 모조나무와 구리, 이 발명품에 환호하는 소리를 매일같이 듣지만 — 간단히 말해 전부 싸구려이며 어려움 자체가 명예가 되는 일을 그저 쉽게 처리하는 방법이다 — 이미 방해받고 있는 길 위에 놓이는 또 하나의 새로운 걸림돌일 뿐이다. 우리 중 단 한 사람도 그 덕분에 행복해지거나 지혜로워지지 못할 것이다. 그것들은 판단에 대한 자부심도 즐거움에 대한 특권도 확장하지 못할 것이다. 오로지 우리의 인식을 더 얄팍하게, 우리의 가슴을 더 차갑게, 우리의 지혜를 더 희미하게 만들 뿐이다. 그리고 이는 아주 당연하다. 왜냐하면 우리는 우리가 열정을 쏟을 수 없는 어떤 일을 하기 위해 이 세상에 보내진 것이 아니기 때문이다. 밥벌이를 위해 해야 하는 일이 있다. 그리고 그 일은 열심히 해야 한다. 우리의 기쁨을 위해 하는 일은 다른 일이며, 그 또한 마음을 다해서 해야 하는 일이다. 대강 하는 게 아니라 의지로 하는 일이다. 가치 없는 일에는 노력이 행해지지 않는다. 아마도 우리가 해야 할 일은 마음과 의지를 단련하는 것이 전부이며, 나머지는 모두 쓸모없는 것인지도 모른다. 그러나 그 쓸모없는 것도 우리의 손을 쓸 필요가 없고 공력을 들일 가치가 없다면 하지 않는 것이 좋으리라. 인간의 존엄과 어울리지 않는 가벼운 편리함을 활용하고, 없이 지낼 수도 있을 어떤 도구들을 소유하면서 인간과 인간이 지배하는 사물 사이에 그 도구가 있음을 참아낸다고 해서 우리가 불멸하는 것도 아니다. 그리고 자기 정신의 산물을 자신의 손이 아닌 다른 도구로 만드는 사람은 쉽고 빠르게 천상의 소리를 듣기 위해 할 수만 있다면 하늘의 천사들에게 손풍금이라도 들려주려 할 것이다. 족히 몽상적이고, 족히 세속적이고 그리고 족히 감각적인 것이 인간 존재 안에 있다. 그것이 타오르는 몇 안 되는 순간을 기계 안으로 던져버리지 않는다면 말

아포리즘 26

"당신의 손이 할 일을 발견하면 그 일이 무엇이든 당신의 힘으로 해라." 다른 것의 힘을 빌리지 말고.

이다. 우리의 인생은 기껏해야 잠깐 나타났다 사라지는 증기에 불과하다. 그 증기가 적어도 하늘로 올라가 구름이 되도록 하자. 폭발하는 용광로와 구르는 수레바퀴를 조용히 덮어버리는 짙은 어둠이 아닌.

6 기억의 등불 The Lamp of Memory

1. 삶의 순간들에서 필자가 특히 감사의 마음으로 되돌아보는 시간은 일상의 행복을 만끽했던 순간이나 확실한 깨달음의 순간이라기보다는 그 이상의 뭔가가 있었던 때이다. 그중 하나가 떠오르는데, 몇 년 전이었다. 쥐라산맥에 있는 샹파뇰르Champagnole 마을 근처 앵강Ain River을 둘러싸고 퍼져있는 소나무 숲 사이로 해가 질 무렵이었다. 황량함이라고는 찾아볼 수 없는 알프스의 장엄함을 모두 집약시킨 한 점이었다. 그곳에는 지상의 시작을 선포하는 위대한 힘의 감각이 그리고 소나무 언덕의 길고 낮은 선에서 솟아오르는 깊고 장엄한 화합의 감각이 있었다. 그 힘찬 산의 교향곡은 우렁찬 첫 음을 내기가 무섭게 다시 알프스의 일렁이는 벽에 부딪히며 거칠게 부서졌다. 그러나 그 여운은 여전히 남아 푸른 초원으로 이어지는 산등성이를 따라 계속해서 나아간다. 마치 저 깊은 곳에서 올라온 바다의 해일이 잔잔한 물결이 되어 굽이치는 듯하다. 광막한 단조로움이 배어 있는 깊은 부드러움이다. 중앙 산맥의 파괴적인 힘과 단호한 모습은 물러간 듯하다. 얼음을 쪼개고 먼지를 휘날리던 고대 빙하의 길도 그 부드러운 쥐라의 초원을 어지럽히지 못한다. 폐허에 나뒹구는 돌들도 그 숲의 단정한 열을 깨지 못한다. 좁은 계곡을 세차게 흐르는 황색의 물결도 바위 사이를 구불구불 흐르는 자연의 길을 살라놓지 못한다. 낭랑하게 굽이굽이, 쾌청한 초록의 물결은 그 바닥을 훤히 알고 있는 듯 유유히 흐르고 흔들림 없는 소나무 숲의 고요한 그늘 아래서 해마다 환희의 꽃무리들이 피어난다. 지상의 모든 축복 중에 이에 비견할 것이 있으랴. 또 봄이 왔다. 북적이는 무리 속에서 진짜 나의 사랑을 찾기 위해 모든 것이 앞다투어 피어나고 있었다. 모두를 위해 충분한 공간이었지만, 서로에게 다가가기 위해 기기묘묘한 형상으로 자신의 이

파리를 비벼대고 있었다. 별이 하나 둘 뜨자 총총히 꽃잎을 닫고 성운星雲으로 돌아가는 바람꽃이 있고, 마리아의 달月 역주76에 처녀들이 행진하듯 여기저기 무리지어 피어나는 괭이밥이 있었다. 갈라진 석회암의 어두운 틈을 메우는 두터운 눈처럼 괭이밥이 그곳을 메우고 담쟁이가 그 모퉁이를 어루만진다. 담쟁이덩굴은 포도덩굴처럼 가볍고 사랑스러웠다. 여기저기 양지바른 곳에 파란 제비꽃과 노란 앵초가 딸랑거리고, 좀 더 트인 대지에는 살갈퀴와 꽃마리, 서향 그리고 작은 사파이어 봉오리와 산딸기 한두 개가 짙은 호박색 이끼가 깔린 부드러운 황금빛 벌판에 만발하고 있었다. 그때 나는 계곡의 끄트머리에 도착했다. 저 아래 기슭에서 불현듯 낮은 물소리가 들리는가 싶더니 소나무 가지에 앉아 있던 지빠귀의 노랫소리와 섞인다. 계곡 맞은편에는 잿빛 석회암절벽이 둘러쳐 있고, 매 한 마리가 벼랑 끝에 날개를 스치며 천천히 날아오자 그 깃털이 소나무 그림자와 함께 저 위에서 나풀거린다. 그의 가슴 아래 수백 패덤 떨어진 곳, 거기에는 매끄럽게 반짝이는 초록 강물이 아찔하게 굽이치고 매가 날 때마다 포말도 함께 춤을 춘다. 외딴 곳의 고독하고 심원한 아름다움만큼 다른 관심사를 차단하는 것도 드물 것이다. 그러나 나는 그 감동의 출처에 더 깊이 다가가기 위해 그 순간 이곳을 신대륙의 원초적인 숲으로 상상하려 했다. 그때 엄습하던 갑작스러운 공허와 냉기를 나는 잘 기억한다. 꽃들은 즉시 빛을 잃었고, 강은 음악을 잃었다. 언덕은 질식하리만치 쓸쓸해 보였다. 숲에 빛이 사라지고 나뭇가지에 어둠의 무게가 내려앉자 방금 전의 힘이 제 것이 아닌 생명에 얼마나 기대고 있었는지 여실이 드러난다. 또한 끝없이 새롭게 피어나는 소멸하지 않는 탄생은 사실 그 자체보다 그것을 기억하는 소중한 마음으로 훨씬 찬란히 빛나는 것임을 알게 된다. 언제나 피어나는 저 꽃들, 항상 흐르고 있는 개울이 인간의 노력과 용기와 덕으로 짙게 채색되어 있었던 것이다. 저녁 하늘에 솟아오르는 어두운 산봉우리는 주 성Château de Joux의 철통 같은 벽과 그랑송 성Château de Granson의 견고한 요새 위로 멀리 그림자를 드리웠기에 깊은 숭배의 대상이 되었다.역주77

2. 이 성스러운 기억의 요체이자 수호자로서, 건축은 우리에게 있어 가장 진지하게 생각되어야 하는 것이다. 우리는 건축 없이도 살 수 있고 기도도 할 수 있지만, 그것 없이 기억을 할 수는 없다. 모든 역사가 얼마나 냉랭하고 모든 표상이 얼마나 맥없겠는가. 생동하는 민족이 순백의 대리석에 써내려간 역사와 비교한다면! 몇 개의 돌을 쌓았더라면 저 많은 의심스러운 기록에 지면을 할애하지 않아도 되었으리라! 바벨탑의 건설자들은 이 세상에 대한 야망의 방향을 제대로 잡았다. 인간의 망각을 거부하는 강한 정복자는 오로지 둘뿐이기 때문이다. 시와 건축. 건축은 어떤 면에서 시를 포함하며, 현실적으로 더 강력하다. 건축은 인간이 생각하고 느끼는 것뿐 아니라 그들의 생애 동안 그들의 손이 다루고 그들의 힘이 만든 것, 그들의 눈이 포착한 것을 잘 간직하기 때문이다. 호메로스의 시대는 어둠에 싸여 있고 그의 개인적 됨됨이는 의혹을 사지만 페리클레스의 시대는 그렇지 않았다. 그러므로 우리가 그리스의 달콤한 가수나 군인, 역사가 보다 그들의 부서진 조각품에서 더 많은 것을 배웠다고 인정할 때, 낯은 도래할 것이다. 실제로 과거에 대한 지식에서 뭔가 얻을 것이 있거나, 혹은 장차 기억될 것을 생각하면서 뭔가 즐거운 것이 있다면 그리고 그것들이 오늘날 분발하는 데 힘을 더해주거나 노력하는 데 끈기를 보태줄 수 있다면 국가 건축의 중요성은 아무리 강조해도 지나치지 않다. 그와 관련된 두 가지 의무가 있다. 첫째는 오늘날의 건축이 역사가 되도록 하는 것이고, 둘째는 지나간 시대의 건축을 가장 귀중한 유산으로서 보존하는 것이다.

> 아포리즘 27
> 건축이 곧 역사가 되어야 하며, 그 자체로 보존되어야 한다.

3. 기억이 진정 건축의 여섯 번째 등불이라고 말할 수 있는 것은 이 두 가지 지침 중 첫 번째에 해당한다. 왜냐면 공공건물과 주거건물이 진정한 완벽성을 획득하려면 기억하거나memorial 기념할monumental 수 있어야 하기 때문이다. 그리고 이러한 견해에 동의한다면 건물들은 좀 더 견고하게 지어질 것이고, 다른 면에서는 결과적으로 장식들이 은유적, 역사적 함의를 담아 생명을 얻게 될 것이다.

주거건물에 관한 한 이런 종류의 견해는 인간의 감정으로 보나 능력으로 보나 확실히 한계가 있다. 그럼에도 불구하고 나는 오직 한 세대를 버티기 위한 집을 짓는 것은 그 사람의 악덕을 표시하는 것이라고밖에 생각할 수 없다. 선한 사람의 집에는 어떤 신성함이 있다. 그 신성함은 그 집이 폐허가 되고 나서 다시 짓더라도 재건할 수 없는 것이다. 나는 선한 사람들은 대개 이를 느낄 것이라 생각한다. 그들이 삶을 행복하고 고결하게 보낸 후 눈을 감는 순간, 그들의 모든 영예와 기쁨과 고통을 지켜보았고 거의 공유했던 지구상의 거처 — 그들의 모든 기록이 그대로 들어있고, 그들이 사랑했고 다뤘던, 그래서 그들 자신이 날인된 모든 것들이 있는 곳이다 — 가 그들이 무덤에 자리를 마련하자마자 쓸어 없어질 것을 생각한다면 몹시 슬퍼질 것이다. 그 거처에 어떤 존경도 표하지 않고 어떤 애착도 없으며 그들의 아이들에게 어떤 이용가치도 주지 못한다고 생각하면, 또한 교회에는 그들을 기리는 기념물이 있는데 정작 그들의 가정과 집에는 따뜻한 기념물 하나 없다고 생각하면 그리고 그들이 예전에 아꼈던 모든 것들이 경시되고 그들을 보호하고 안락하게 해주었던 장소가 먼지 속으로 사라질 것을 생각하면 얼마나 우울하겠는가. 선한 사람은 이를 두려워할 것이라고, 나아가 착한 아들, 고상한 자손은 아버지의 집을 이렇게 하는 데 두려움을 느끼리라고 나는 말하는 것이다. 내가 말하는 바는, 정말로 인간이 인간답게 살았다면 그들의 집은 신전과 같

아포리즘 28

선한 사람들을 위한 집의 신성함.

은 것이다. 우리가 감히 훼손하지 못한다는 점에서 그리고 그 안에서 사는 것만으로도 우리 자신을 성스럽게 할 것이라는 점에서 그렇다. 각자가 오직 자신만을 위해 집을 짓고 짧은 자기 인생만을 위해 집을 짓는 것은 이상하게도 그의 집이 제공하고 부모가 가르쳤던 모든 것들에 대해 감사하지 않으며 당연히 있어야 할 본능적인 애정이 없어지는 것을 의미한다. 또한 우리가 우리 아버지의 명예에 대해 불신하거나, 혹은 우리의 거처는 우리 아이들에게 도저히 성스러운 장소가 될 수 없다는 이상한 의식이 싹터야 한다. 그래서 나는 우리 수도首都 주변에 파헤쳐진 벌판에서 하얀 곰팡이가 피듯 빠르게 솟아오르는 그 석회와 진흙의 보잘것없는 응결을 바라본다. 가냘픔에 비틀거리는, 나무쪼가리와 가짜 돌로 만든 근본 없는 껍질들을 바라본다. 차이도 없고 동질감도 없는, 홀로 독특하지도 서로 닮지도 않았지만 모두 엇비슷한 정형화된 정밀함이 주는 음울한 열들을 바라본다. 불쾌해진 눈빛엔 자제할 수 없는 혐오감이 드러나고, 훼손된 풍경을 바라보는 비애와 동시에 고통스러운 예감이 스쳐간다. 우리 민족의 위대성의 뿌리가 그것이 나고 자란 땅에서조차 굳건히 자리 잡지 못하고 헐겁게 박혀있다면, 그것은 물론 심하게 훼손될 것이며 그로 인해 생겨난 안락하지도 공경할 만하지도 않은 주거지는 대중의 불만족이 널리 확산되는 계기가 된다. 그 조짐이 나타나는 시기는 모든 사람의 목표가 지금 자신의 위치보다 훨씬 더 높은 곳에 있을 때 그리고 과거의 인생에 대해 습관적으로 냉소할 때이다. 사람들이 자신이 건설한 장소를 떠나길 희망하면서 건설할 때, 그리고 그들이 살아온 시간을 잊기를 희망하면서 살 때이다. 가정의 안락, 평화, 신성이 더 이상 느껴지지 않을 때이다. 단지 생존을 위해 쉼 없이 발버둥치는 대중들로 가득한 공동주택이 아랍인들이나 집시들의 천막과 다른 점은 공동주택은 천막보다 폐쇄적이어서 건강에 좋지 않고 그만큼 위치를 마음대로 정하지 못하니 자유롭지 않으며, 자유를 희생하고도 평온을 얻지 못하고 안정된 거처도 아니면서 화려한 변화를 누리지도 못한다는 점이다.

4. 이는 사소하거나 문제될 게 없는 악덕이 아니다. 불길하고 전염되기 쉬운 악덕으로, 다른 오류와 불행을 잉태하고 있다. 사람들이 자신의 화덕을 사랑하지 않고 문지방을 존경하지 않는다면, 그 둘 모두를 모독하는 것인 동시에 기독교적 제식의 진정한 보편성을 결코 인정하지 않겠다는 표시이다. 그때 제식은 이교도의 우상숭배를 대체하는 것이지, 신앙심이 아니다. 우리의 신은 하늘의 신이자 가정의 신이다. 신은 모든 사람의 집에 제단을 가지며, 제단을 가볍게 부수고 그 재를 뿌리는 자를 예의 주시하고 있다. 이는 단지 시각적인 기쁨의 문제도 아니며, 그렇다고 어떻게 또한 어떤 관점에서 내구성과 완결성을 가지고 한 국가의 주거건물을 세울 것인지 고민하는 지적 자부심이나 또는 세련되고 예리한 취향의 문제도 아니다. 도덕적 의무의 하나며, 그 의무를 지각하는 것은 섬세하게 조율된 균형 잡힌 양심성에 의존하기 때문에 처벌하지 않더라도 소홀히 할 수 없는 것이다. 또한 우리의 거주지를 신중하게 그리고 끈기와 애정으로 애써 완성하는 것이며, 나아가 적어도 일정기간 동안 내구성이 유지되도록 하는 것이다. 그 기간은 정상적인 방법으로 민족의 변혁이 일어나는 시간 정도나, 소수의 관심사가 확장되어 전체가 변화하는 시간 정도라 할 수 있다. 최소한 이 정도다. 그러나 더 좋은 것은, 가능하다면 자신의 집을 세상을 떠나려는 시점에 마련하기 보다는, 오히려 시작하는 시점에 그 상태에 적합한 규모로 지어서 가장 강력한 인간의 작품인 그 건축을 유지하고 싶을 때까지 유지할 수 있도록 튼튼하게 짓는 것이다. 그래서 그들의 아이들을 위해 그들이 누구였는지, 또 허락된다면 그들의 삶이 어디서 비롯됐는지를 기록하는 것이다. 가옥들이 그렇게 지어진다면 우리는 다른 모든 건축의 출발로서의 진정한 주거건축을 갖게 될 것이다. 그 시작은 건물이 크건 작건 간

에 정중하고 신중하게 다루는 것을 소홀히 하지 않고 이 세속의 협소함을 여유로운 삶의 크기로 채우는 것이다.

5. 나는 명예롭고 당당하면서도 평화롭고 차분한 정신, 그리고 그에 기반을 둔 만족스러운 삶과 그 삶에서 오는 지혜를 기대한다. 이는 아마도 모든 시대에 있었던 위대한 지성의 주요 근간일 것이며, 그래서 옛날 이탈리아와 프랑스에서는 이를 의심의 여지없이 위대한 건축의 제일 근원으로 받아들였던 것이다. 오늘날까지 그들의 아름다운 도시들이 주는 흥미로움은 고립된 궁전의 아름다움이 아니라, 아주 작은 주택에서도 소중하게 보존했던 그들의 번영기에 탄생한 매우 아름다운 장식 덕분이다. 베네치아 건축에서 가장 정성 들여 만든 작품은 대운하Canal Grande 들머리에 있는 작은 집이다. 지층과 위의 2개 층으로 구성된 이 집은 2층에는 3개의 창이, 3층에는 2개의 창이 있다. 가장 아름다운 건물들 대부분이 이 좁은 운하에 있는데, 결코 큰 규모가 아니다. 15세기 북부 이탈리아 건축에서 가장 관심을 끄는 작품 중 하나는 비첸차Vicenza의 시장 뒷골목에 있는 작은 집 한 채다. 1481년에 탄생한 그 집의 명판엔 이렇게 쓰여 있다. "가시가 없는 것은 장미가 아니다." 그 집도 마찬가지로 3개 층인데 층마다 3개의 창과 각각의 발코니가 있다. 창은 풍부한 꽃장식으로 도드라지고, 중앙 발코니는 날개를 편 독수리가 받치고 있으며, 양옆의 발코니에는 풍요의 뿔이 빛치는 닐개 달린 그리핀이 있다. 살 지으려면 일단 집이 커야 한다는 생각은 전부 현대의 성장이 몰고 온 결과로, 사람크기보다 더 큰 인물을 그리지 않고는 역사적인 그림이 될 수 없다는 생각과 같은 이치다.

6. 그래서 나라면 우리가 사는 평범한 주택은 오래가면서도 사랑스럽게, 있을 법한 즐거움을 내외부에 모두 채워서 지을 것이다. 양식

과 방법이 어느 정도 유사해야 할지는 다른 글에서 말해야겠지만 어쨌거나 각자의 성격과 직업이, 그리고 부분적으로는 자신의 역사가 드러날 정도의 차이는 있어야 할 것이다. 집에 대한 이러한 권리는 나의 인식으로는 그 집의 첫 번째 건설자에게 속한 것으로, 그의 아이들에게 존경받아 마땅한 것이다. 나아가 몇 군데 빈 돌을 남겨 그의 생애와 경험을 요약하여 새김으로써 그 집이 일종의 기념물로 고양된다면 좋을 것이다. 동시에 예전엔 보편적이었으며 스위스와 독일의 일부 지역엔 아직도 남아 있는 좋은 관습을 좀 더 체계화시켜 교육적으로 발전시킬 수도 있다. 그 관습은 고요히 쉴 곳을 짓고 집을 소유하게 해주신 신의 은총에 감사하는 것이다. 우리가 그 감사를 말로 표현한다면 이런 부드러운 언어가 되지 않을까 한다. 이 글은 최근에 그린델발트Grindelwald에서 하류 빙하지대로 내려가는 초원에 지어진 오두막의 벽에서 가져온 것이다.

> "정성을 다해
> 요한네스 무터와 마리아 루비가
> 이 집을 짓도록 해주셨습니다.
> 사랑하는 신이 모든 불행과 위험에서
> 우리를 지켜주셔서
> 이 집을 은혜 안에 있게 하셨습니다
> 고통의 시간을 지나
> 하늘의 천국으로 가는 이 여행길,
> 모든 거룩함이 머무는,
> 그곳에서 신이 그들을 영접하리니
> 영원으로 가는
> 평화의 왕관을 들고."

7. 공공건물에서 역사적 의미는 훨씬 더 분명하게 드러나야 한다. 이는 고딕 건축의 장점 중 하나인데, — 나는 고딕이란 말을 고전과 반대되는, 확장될 수 있는 만큼의 가장 포괄적인 의미로 사용한다 — 전혀 제한 없이 풍부한 기록을 담을 수 있기 때문이다. 섬세하고 무수한 조각 장식들은 상징적이든 사실 그대로든 민족의 감성과 업적을 알리는 데 필요한 모든 수단을 제공한다. 하지만 사실 장식은 고상한 내용을 위해서만 쓰이는 것이 아니며, 대개 그보다 더 많은 것이 요구되곤 한다. 장식은 아주 이성적인 시대에도 상상의 자유에 맡기는 경우가 많았고, 반대로 몇몇 민족의 문장이나 상징을 단순히 반복하기도 했다. 그러나 그러한 반복은 단순한 표면 장식이라 하더라도 일반적으로 고딕 건축의 정신이 허용하는 다양성의 힘과 특권을 포기하는 어리석은 짓이다. 그러므로 더욱 중요한 형태들 — 기둥의 주두나 부조, 코니스, 모든 고백이 들어있는 얕은 돋을새김 — 에서 그것을 포기하는 것은 더욱 어리석은 짓임은 말할 필요도 없다. 의미 없이 화려한 것보다 이야기를 전달하고 사실을 기록하는 거친 작품이 더 좋다. 웅장한 시민 건물에는 정신적인 배경을 의도하지 않는 장식은 하나도 들어가서는 안 된다. 역사를 사실적으로 재현하는 일이 현대에는 어려워졌다. 다루기 힘든 무대의상과 같이, 사소하지만 끝까지 우리를 괴롭히는 어려움이다. 그럼에도 불구하고 대범한 상상력과 솔직한 상징을 사용한다면 충분히 극복될 수 있는 장애다. 아마도 조각 자제까지 만족스러울 만큼은 안 되더라도, 여하튼 웅장하고 의미심장한 건축의 요소가 될 정도까진 할 수 있다. 예를 들어 베네치아 두칼레 궁전에서 주두의 처리를 보자. 역사적 묘사는 물론 인테리어를 맡은 화가에게 넘겨졌지만, 아케이드의 주두는 모두 의미를 지니고 있다. 입구^{역주78} 옆에 전체의 모퉁이 돌이 되는 그 커다란 주두는 엄격한 정의正義를 상징화하는 데 바쳐졌다. 주두 위는 솔로몬의 재판을 조각한 것으로, 처리방식에서 장식의 목적에 아름답

게 순응한 것이 돋보인다. 주제 위주로 그 인물들을 구성했다면 인물들은 어설프게 모퉁이 선에서 갈라졌을 테고, 그 선의 분명한 힘을 약화시켰을 것이다. 그래서 그들 가운데, 즉 사형집행인과 선처를 호소하는 어머니 사이에 그들과 전혀 관계없는 육중한 나무줄기가 실제 뻗어 있다. 그 나무가 위의 샤프트를 받치고 연결시키는 반면 위의 나뭇잎들은 조각 전체에 음영을 주고 풍부하게 만든다. 아래에 있는 주두는 나뭇잎 사이에 왕관을 쓴 정의의 인물, 바로 과부에게 정의를 행하는 트라야누스Trajanus 역주79와 "정의를 말하는" 아리스토텔레스Aristoteles 그리고 이제는 쇠락해서 알아볼 수 없는 한두 개의 주제들을 묘사하고 있다. 그 다음 주두들은 계속해서 민족의 평화와 힘을 보존하는 덕과 파괴하는 악덕을 재현하고, 마지막은 믿음과 "신 안에 최고의 믿음이 있다"라는 명문으로 끝맺고 있다. 이 주두의 맞은편엔 태양을 숭배하는 인물상이 보이고, 그 다음엔 새들이 조각된 환상적인 주두가 한두 개 오며(도판 5) 그 다음에 일련의 묘사들이 등장한다. 첫 번째는 여러 가지 과일들, 그 다음은 민족의상들 그리고 베네치아 령에 속하는 여러 지역의 동물들을 묘사하고 있다.

8. 이제 중요한 공공건물들이 아닌 우리의 인도 주택을 이렇게 역사적이고 상징적인 조각으로 꾸민다고 상상해보자. 첫째로 튼튼하게 짓는다. 그 다음 우리의 인도 전투를 묘사한 얕은 돋을새김을 새기고, 동양적인 나뭇잎 무늬를 조각하거나 동양의 돌을 상감세공으로 집어넣는다. 그리고 그 장식에서 중요한 구성요소들을 인도 사람과 풍경으로 채운다. 주로 힌두 숭배의 환영을 표현하면서 십자가에 복종하는 것이다. 수천 가지의 역사책보다 이런 작품 하나가 낫지 않겠는가? 그러나 우리는 이런 과제를 수행하는 데 필요한 창의력이 없다고 혹은 우리는 대륙의 나라들만큼 우리 자신에 대해 말하는 것을, 설사 그것이 대리석이라 할지라도 별로 즐기지 않는다고 고상하게

변명을 늘어놓으며 이 분야의 부족함을 시인할지도 모른다. 하지만 적어도 건물의 내구성을 결정하는 지점에서 부주의한 것은 핑곗거리를 찾지 못할 것이다. 이 물음은 다양한 장식의 방식 중 하나를 선택할 때 매우 중요하기 때문에 상세히 파고들 필요가 있다.

9. 대중이나 다수에게 호의적인 인간의 배려나 의도들이 그들 세대를 넘어 확산되는 일은 좀처럼 없다. 그들의 청중으로서의 후세에게 뭔가를 기대할 수도 있고, 주목해주기를 바라며 칭찬받기 위해 애쓸 수도 있다. 지금 인정받지 못하는 공적에 대해 후세들이 알아주리라 믿을 수도 있고, 현재 잘못된 것에 대해 그들의 판단을 요구할 수도 있다. 하지만 이 모든 것은 단순한 이기심이다. 후세의 생각이나 관심을 조금도 고려하지 않기 때문이다. 그러나 우리는 그들이 환호할 것이란 명목 하에 우리에게 아첨하는 무리를 쾌히 부풀리고, 그들의 권리를 들먹이며 우리가 현재 논쟁하고 있는 주장을 뒷받침하려 한다. 후세를 위해 자기를 부정하고 아직 태어나지 않은 채무자를 위해 절약을 수행하며, 우리의 자손이 그 그늘 아래서 살 수 있도록 숲을 가꾸고, 미래의 종족이 거주하도록 도시를 건설하는 이념은 내 생각으로는 결코 공공이 인정하는 분발의 동기로서 효력을 행사하지 못할 것이다. 그럼에도 불구하고 이는 우리의 의무가 아닐 수 없다. 우리가 의도하고 계획한 좋은 쓸모가 동시대인을 넘어 우리 인생여정의 계승자에게 전해지지 않는다면, 이 지상에서 우리의 역할을 다했다고 할 수 없다. 신은 우리에게 우리의 삶 동안 이 땅을 빌려주셨다. 이는 위대한 신탁상속이다. 우리 뒤에 올 사람들도 마찬가지의 권리를 가진다. 그들의 이름도 우리와 마찬가지로 피조물의 방명록에 이미 적혀 있기 때문이다. 그래서 어떤 일을 행하거나 소홀히 함으로써 그들을 불필요한 벌칙에 휘말리게 하거나,

> 아포리즘 29
> 이 땅은 상속되는 것이지, 소유하는 게 아니다.
> 20절과 비교해 보라.

전해주어야 마땅한 이득을 빼앗을 권리가 우리에겐 없다. 그리고 이는 인간노동의 조건으로 지명된 것이기 때문에 더더욱 그렇다. 씨를 뿌려 수확하는 시간과 비례해서 열매가 얼마나 탐스럽게 맺히는지가 결정되는 조건이다. 일반적으로 말해 우리가 목표를 길게 잡으면 잡을수록 우리가 행한 노동의 결과를 우리가 직접 보려고 하지 않으면 않을수록, 성공의 외연은 더 넓고 커지게 된다. 인간은 후대 사람들을 이롭게 하는 만큼 동시대를 함께 하는 이들을 이롭게 할 수는 없다. 그래서 인간의 목소리가 뻗어 나가는 설교단 중에서 무덤보다 더 멀리 목소리를 전달할 수 있는 설교단은 없는 것이다.

10. 또한 미래를 고려하는 것이 현재의 손실을 의미하는 것은 아니다. 인간의 모든 행위는 앞으로 올 것을 고려할 때 명예와 품격과 진정한 탁월함을 얻는다. 그와 같은 넓은 시야와 조용하지만 자신감 있는 끈기가 무엇보다 인간이 인간임을 넘어 그의 창조자와 가까워지는 속성이다. 모든 예술과 행위는 이것을 척도로 하여 그 위대성을 측정할 수 있다. 그러므로 우리가 건물을 지을 때 이렇게 생각하도록 하자. 영원을 위해 짓는다고. 현재의 기쁨이나 현재의 쓸모만을 위해서가 아니라, 우리의 자손이 우리에게 감사할 정도가 되도록 하자. 우리가 돌 한 장 한 장을 쌓을 때, 우리의 손이 그 돌을 스쳐갔으므로 그것이 신성시 될 시간이 올 것이라 생각하자. 그리고 사람들이 그 노동과 노동을 통해 만들어진 물질을 보면서, "봐라! 이것이 우리 아버지들이 우리를 위해 행   아포리즘 30
한 것이다"라고 말할 것이라 생각하자. 왜냐면 실제로 건물의 가장 위대한 영광은 돌이나 금과 같은 재료에 있는 것이 아니다. 그 영광은 건물이 얼마나 오래되었는지에 달려 있고 말하고자 하는 바의 울림과 엄밀한 관찰의 깊이에 달려 있으며, 또한 찬성이나 비난이 교차하더라도 인간애의 물결로 오랫동안 씻긴 그 벽을 보며 우리가 느끼는 불가사의한 공감에 달려 있다. 오랜 시간을 견뎌온 그 증인이 인간을 마주할 때, 그리고 잠시 머물다 가는 모든 사물과 조용히 대비를 이룰 때 영광이 있다. 계절이 바뀌고 시간이 지나며 왕조의 탄생과 쇠퇴가 반복되고 지구의 표면과 해안의 경계가 바뀔지라도, 거기에 있는 돌은 그 고된 시간 동안 자신의 모습을 유지하며 잊힌 시대와 다가올 시대를 서로 연결하고 공감을 이끌어내는, 그래서 이미 그 민족 정체성의 절반을 구현하는 힘의 크기 안에 그 영광이 있다. 우리가 기대하는 건축의 진정한 빛과 색과 고귀함은 시간이라는 저 황금의 얼룩 안에 있다. 건물이 이와 같은 성질을 띠기 전에는, 즉 인간의 명예와 노동이 신성하게 바쳐진 후 그 벽이 고난의 증거가 되고 그 기둥이 죽음의 그림자를 떨치고 솟아오르기까지는 건축의 존재가 실제 그를 둘러싼 자연의 대상보다 오래갈지라도 바로 자연이 소유하고 있는 언어와 생명을 선사 받지 못하는 것이다.

11. 그래서 우리는 그 시간을 건설해야 한다. 그렇다고 현재의 완성의 기쁨을 거부하라는 것도 아니고, 가능한 최고의 완성도를 이루기 위한 정교한 제작을 주저하라는 것도 아니다. 물론 우리는 시간이 지나면 그러한 디테일이 사라질 수밖에 없다는 것을 알지만 말이다. 다만 이런 종류의 작업을 위해 내구성을 희생하지 말고, 건물의 인상은 소멸할 어떤 것으로 인해 좌우되지 않는다는 것을 주지하기 바란다. 정말로 이는 어떤 상황에서도 훌륭한 구성의 법칙일 것이다. 큰 매스의 배치가 소소한 처리보다 항상 더 중요할 때다. 그러나 바로 그 소소한 처리에 능숙할수록 또는 시간이 만들어 낼 수 있는 여타의 효과를 정확하게 고려하면 할수록, 건축에는 더 많은 것이 담긴다. 그리고 (더 중요한 것은) 시간의 작용 자체에 아름다움이 있다는 점이다. 다른 어떤 것도 대신할 수 없는, 우리가 지혜롭다면 참고하고 바랄 만한 아름다움이다. 지금까지는 단지 오래됨이 주는 느낌에

대해서 말했지만, 오래됨의 흔적 자체가 주는 아름다움도 있다. 어떤 예술학파들의 특정 주제로서 종종 선택될 만큼 그리고 그 학파들을 막연하나마 대체로 "픽쳐레스크"라는 성질로 표현할 만큼 그것의 아름다움은 크다. 이 표현이 오늘날에도 일반적으로 사용되는 한, 그 진정한 의미를 밝히는 일은 지금 우리의 목적을 위해 상당히 중요하다. 왜냐면 그 말이 사용되면서 논란을 일으켰고 그 논란에서 한 가지 원칙이 생겨났기 때문이다. 요컨대 우리가 예술을 판단할 때 진실하고 정당한 많은 근거들이 이해되기 어려운 것처럼, 어떤 표현이 사용이 된다고 해서 결코 그것을 곧바로 확실히 쓸 만한 것으로 이해할 수는 없다. 아마도 언어에서 (신학적 표현을 제외하고) 이 단어만큼 그렇게 자주 그리고 오랫동안 논쟁을 불러일으킨 주제도 없을 것이다. 게다가 수용하긴 했지만 이보다 더 모호하게 남아 있는 주제도 없다. 그래서 내가 보기엔 누구나가 다 느끼는 이 개념의 본질을 연구하는 데는 티끌 만한 관심도 없고, 그저 유사한 것들에 대한 (외관상 드러나는) 관심 정도만 있는 듯하다. 결국 이를 정의하기 위한 모든 시도들은 그 단어에 붙어 있는 효과나 목적을 단순하게 열거하는 데 그치거나 또는 다른 주제마저 망쳐버리는 그 어떤 형이상학적 연구보다 더욱 한심한 추상성에 머무는 정도다. 예를 들면 예술에 대한 최근의 어떤 비평은 그 이론을 근엄하게 발전시키고 있다. 말인즉슨 픽쳐레스크의 본질은 "일반적인 쇠퇴"를 표현한다는 것이다. 죽은 꽃과 썩은 열매의 그림에서 픽쳐레스크의 이런 개념을 예증하는 시도가 어떻게 끝날 것인지 보는 일은 흥미진진하다. 그렇다면 마찬가지로, 그 이론에 따라 당나귀 새끼와 대비되는 당나귀의 픽쳐레스크에 대해 설명하는 논거를 추적하는 일은 얼마나 흥미롭겠는가. 그러나 이러한 논증에서 완전히 실패하더라도 충분히 변명의 여지는 있다. 어차피 인간 이성에 속한 모든 주제 중에서 가장 애매모호한 것이기 때문이다. 그리고 그 개념 자체가 연구 분야에 따라 여러 사람들의 정신 속에서 다채롭게 변화하기 때문에 어떤 정의定義도 이렇게 무한히 증식한 모습들을 포용하지는 못할 것이다.

12. 어쨌거나 특별한 성질로 인하여 픽쳐레스크는 보다 높은 예술분과에 속하는 주제가 될 수 없다(이것이 정의를 내리고자 하는 현재 우리의 목적에 필요한 전부다). 그 성질을 간략하게 한마디로 표현하면, 픽쳐레스크는 그 의미상 *기생적 숭고*Parasitical Sublimity다. 물론 모든 숭고는 모든 아름다움과 마찬가지로, 단순히 어원적 의미에서 보면 픽쳐레스크하다. 즉 그림의 대상이 되기에 적합하다는 뜻이다. 그런데 모든 숭고는 내가 전개시키고자 하는 특별한 의미에서조차 아름다움과는 다른 픽쳐레스크이다. 예컨대 페루지노가 선택한 주제보다 미켈란젤로의 것에 좀 더 픽쳐레스크한 성질이 있다. 아름다움 이전에 숭고의 요소가 더 많이 깔려 있을수록 그렇다. 그러나 극단적으로 추구할 경우 일반적으로 예술을 타락시킬 여지가 있는 성질이 바로, *기생적* 숭고다. 예를 들어 우연에 기대는 숭고 또는 대상의 본질적 성격에 최소로 기대는 숭고다. 그래서 픽쳐레스크는 숭고의 성격이 발현되는 그 생각의 지점에서 멀어지면 질수록 더 뚜렷하게 전개된다. 그러므로 두 가지 개념이 픽쳐레스크의 본질이다. 첫째는 숭고의 개념이고(순수한 아름다움은 전혀 픽쳐레스크하지 않다. 숭고한 요소가 섞일 때만 픽쳐레스크한 아름다움이 된다), 둘째는 그 숭고에 종속하거나 기생하는 태도다. 그러므로 선이든 그림자든 어떤 표현이든, 숭고를 만들어내는 한 당연히 픽쳐레스크함도 만들어내게 된다. 나는 이제부터 이 성질이 무엇인지 상세히 설명하려고 노력할 것이다. 그러나 일반적으로 인정되고 있는 것들을 거론한다면 모나고 깨진 선들, 빛과 그림자의 극명한 대비 그리고 무겁고 짙고 대담하게 대비되는 색을 들 수 있겠다. 이것들은 모두 상당히 효과적이다. 특히 진솔하고 본질적인 숭고가 존재하는 대상들, 즉 바위나 산

태풍을 머금은 구름이나 파도와 유사하거나 그것을 상기시키는 표현을 할 때다. 그렇다면 이제 이러한 성격들, 혹은 더 고상하고 추상적인 다른 숭고가 우리가 감상하고 있는 대상의 본질과 심장에서 발견된다면 예를 들어 고상한 선들의 배열보다는 그 인물의 정신적 특성을 표현하는 데 훨씬 더 주력하는 미켈란젤로의 숭고가 발견된다면, 그런 성질을 표현하는 예술은 픽쳐레스크하다고 불리기에는 적절하지 않을 수 있다. 그러나 그 성질이 우연적이고 외적인 것에서 발견된다면 그 특유의 픽쳐레스크함을 초래할 것이다.역주80

13. 그래서 프란차Francesco Francia나 프라 안젤리코Fra Angelico가 그린 작품에서 사람 얼굴의 처리방식을 보면 그림자는 다만 얼굴의 윤곽선을 완전하게 잡기 위해서 사용되었다. 그래서 관객의 마음은 오로지 이 얼굴로 향하게 된다(즉 표현된 것의 본질적인 성격들로). 모든 힘과 숭고가 여기에 머문다. 그림자는 오직 용모를 위해 사용된다. 반대로 렘브란트Rembrandt, 살바토르 로사Salvator Rosa, 카라바조Caravaggio는 *그림자를 위해* 그 용모를 사용했다. 그래서 시선이 향하고 화가의 힘이 발현되는 곳은 그 용모를 스쳐가거나 그 주변을 맴도는 우연적인 빛과 그림자의 성질이다. 렘브란트의 경우 그 밖에도 착상과 표현에서 본질적인 숭고를 종종 보여주는데, 항상 빛과 그림자 자체에 있는 높은 수준의 숭고다. 그러나 대부분은 그림의 대상과 관련된 기생하고 접목된 숭고다. 바로 그런 한에서 픽쳐레스크하다.

14. 다시 파르테논 신전 조각들의 처리를 보자. 그림자는 대부분 어두운 바탕으로 사용되고 그 위에 형태들이 도드라진다. 이는 메토프metope에서 확연히 나타나는데, 그 정도가 거의 페디먼트pediment에 버금간다. 그러나 그림자의 사용은 전적으로 그 인물들의 경계를 강조하기 위한 것이다. 그 조각이 의도하고 눈이 향하는 곳은 *그 선들*

이지, 그 뒤에 있는 그림자의 형태가 아니다. 인물이 될 수 있는 한 많이 인지되도록 환한 빛과 밝은 반사광이 더해진다. 화병의 어두운 바탕과 하얀 인물처럼 그렇게 그려지는 것이다. 그래서 조각가들은 형태를 설명하는 데 꼭 필요치 않은 그림자는 모두 없애거나 피하려 애쓴다. 반대로 고딕 조각에서 그림자는 그 자체로 사고의 대상이 된다. 그림자는 어두운 색상으로서 알맞은 매스에 배치되고 분배되는 것으로 여겨진다. 심지어 그림자를 분할하기 위해 인물들을 이용하는 경우도 아주 빈번하고, 인물의 의상은 그 밑에 있는 형태를 빌미로 음영의 지점들을 복잡하고 다양하게 증식시키기 위한 수단으로 사용된다. 이렇게 조각과 회화 두 분야 모두에서 얼마간 대립되는 학파가 있는데, 하나는 대상의 본질적 형태를 추적하는 것이고 다른 하나는 그 형태에 떨어지는 우연적인 빛과 그림자를 추구하는 것이다. 그 상반성에는 다양한 수위가 있다. 코레조의 작품처럼 중간 단계가 있는가 하면, 온갖 수위의 고상함과 천박함이 여러 가지 방식으로 산재한다. 그러나 전자는 항상 순수 학파로, 후자는 픽쳐레스크 학파로 인정된다. 픽쳐레스크한 처리가 그리스 작품에서 발견되기도 하고, 그림 같지 않은 순수한 처리가 고딕 작품에서 발견되기도 한다. 둘 모두에 수많은 사례가 있지만 미켈란젤로의 작품은 발군의 것으로, 거기서 그림자들은 표현매체로서 중요한 가치를 지니므로 본질적인 특성에 속한다. 다만 이 일반적 정의의 광범위한 적용가능성을 입증하고 싶다는 마음만으로 무수히 많은 차이와 예외를 지금 여기서 거론할 수는 없다.

15. 다시 말하면, 형태와 음영 중 어떤 대상을 선택하는가에 따라 이 차이가 생겨날 수도 있지만, 본질적 형태와 비본질적 형태 중 무엇을 선택하는가에 따라서 그 차이를 인지할 수도 있다. 서사적인dramatic 학파의 조각과 픽쳐레스크 학파의 조각의 주된 차이는 머리카락을

처리하는 방식이다.역주81 페리클레스 시대의 예술가들은 그것을 이상생성물이라고 생각했기 때문에 몇 안 되는 거친 선으로 표시했고, 철저하게 그 용모와 인물에 종속시켰다. 이것이 얼마나 전적으로 대중이 아닌 예술가들의 생각이었는지를 입증할 필요는 없을 것이다. 다만 테르모필레역주82 전투 전날 저녁 페르시아의 간첩이 기록한 스파르타 인들의 활동을 기억하거나 이상적인 형태에 대한 호메로스의 저술을 일별할 필요는 있다. 그러면 그들이 불리한 재료로 인물 형태의 또렷함을 저해하지 않기 위해 머리카락 표현을 줄였던 그 법칙이 얼마나 순수하게 *조각적인지* 알게 될 것이다. 반대로 후기 조각에서는 장인이 가장 신경 쓰는 부분이 머리카락이었다. 그래서 얼굴과 팔다리는 서툴고 무딘 반면, 머리카락은 곱슬곱슬 말아 대범하고 그늘진 굴곡이 생기는 공들인 장식매스가 된다. 이 매스의 선과 명암법에는 진정한 숭고가 있다. 하지만 재현된 인물에 기대는 관계이므로 기생적이고 그래서 픽쳐레스크하다. 같은 의미에서 우리는 현대의 동물 그림에도 이 단어를 적용해볼 수 있다. 그 그림들은 유달리 색이나 광채, 피부조직에 집중한다. 이 정의가 예술에만 통용되는 것은 아니다. 동물의 숭고가 근육의 형태나 움직임 또는 다른 필수적인 주요 속성에 기댄다면 아마 다른 무엇보다 말이 그럴 텐데, 우리는 그것을 픽쳐레스크하다고 하지 않고 순수하게 사실적 주제와 관련된 것이라고 생각한다. 그런데 숭고의 성질이 이상생성물에서 보이면 보일수록, — 사자의 경우 갈기와 수염으로, 사슴은 뿔로, 앞에서 말한 당나귀는 털이 많은 가죽으로, 얼룩말은 알록달록함이나 깃털로 전환될 때 — 그 동물들은 픽쳐레스크해지며 마찬가지로 예술에서도 이러한 이상생성물들의 성격이 두드러지면 두드러질수록 픽쳐레스크해진다. 그것들이 두드러지면 아주 편리할 때가 많다. 표범이나 멧돼지가 그렇듯 이상생성물 안에 최고의 위엄이 내재되어 있는 경우가 종종 있기 때문이다. 틴토레토나 루벤스 같은 인간의 손에서 그러한 속성은 매우 고귀하고 이상적인 인상을 심화시키는 수단이 된다. 그러나 그들 머릿속에 픽쳐레스크한 성향이 있다는 것을 뚜렷이 인지할 수 있는데, 왜냐면 그 표피 즉 별로 본질적이지 않은 부분에 매달려 그로부터 그 생명체에 내재하는 숭고와는 다른 숭고를 발전시키기 때문이다. 이 숭고는 사실 어느 창작품에나 얼마간은 있는 보편적인 것으로 그 구성요소 또한 동일하다. 덥수룩한 털의 뭉치나 갈래, 절벽의 갈라진 틈 또는 덤불이나 언덕배기에 엉켜 있는 잡초, 밝음과 어두움이 교차하는 알록달록한 조개껍질이나 깃털, 구름 등은 그와 동일한 요소다.

16. 이제 우리가 당면한 주제로 돌아가면, 건축에서 덧붙여진 아름다움과 우연한 아름다움은 흔히 그 본래의 성질을 보존하는 것과 모순된다. 그러므로 폐허에서 픽쳐레스크함을 찾고, 쇠락하는 것에 그것이 있으리라 가정한다. 그래서 갈라진 틈이나 부서진 곳, 얼룩진 곳이나 초목에서 숭고를 찾았다 할지라도 단지 그것들의 숭고일 뿐이다. 그 숭고는 건축을 자연의 작품에 동화시켜 차이를 없앤 것이며, 인간의 눈이 일반적으로 사랑하는 색과 형태의 환경을 건축에 부여한 것이다. 이것이 건축의 진정한 성질을 소멸시키는 한 그것은 픽쳐레스크하다. 그리고 원주의 샤프트 대신 담쟁이덩굴의 줄기에 눈이 머무는 예술가는 인물의 표정보다 머리카락에 주력하는 저급한 조각가가 그러하듯 그 이상의 대담한 방종을 감행하게 된다. 그러나 픽쳐레스크하거나 이질적인 건축의 숭고를 그 내재적 성질과 일치시킬 수 있다면 다른 대상의 픽쳐레스크한 숭고보다 좀 더 고귀한 기능의 숭고를 갖게 된다. 바로 오래됨을 표현하는 것이다. 앞서 말했다시피 건축의 가장 위대한 영광이 거기에 있기 때문이다. 이 영광의 외적 신호는 단순히 감각적인 아름다움에 속하는 그 어떤 것보다 위대한 힘과 목적을 갖기 때문에 순수하고 본질적인 성질의 지위를 갖는

다고 볼 수 있다. 내 느낌에 그와 같은 성질은 너무 본질적이어서 4, 5세기가 지나기 전까지는 건물은 최고의 아름다움을 드러낼 수 없다고 본다. 그래서 디테일의 전체적인 선택과 구성은 그 정도의 시간이 지날 것을 기준으로 해야 하며, 기후의 영향이나 시간의 경과로 인한 역학적인 쇠락이 재료를 손상시키는 일은 결코 없어야 한다.

17. 이런 원칙의 적용에 관해 질문을 던지는 것이 나의 목적은 아니다. 그 질문들은 너무 거대한 이해와 복잡성을 갖기 때문에 나의 현재 한계 내에서 다루기에는 역부족이다. 그러나 포괄적으로 지적하자면, 앞에서 조각과 관련해 설명한 픽처레스크한 건축양식들은 순수한 외곽선보다는 음영의 배열지점에 따라 장식의 효과가 좌우된다. 디테일이 부분적으로 닳아 없어진다 할지라도 오히려 풍부한 효과를 얻는 경우가 대부분이다. 따라서 이런 양식들, 특히 프랑스 고딕은 벽돌, 사암, 부드러운 석회암 같이 항상 닳기 쉬운 재료들을 채택했다. 그리고 이탈리아 고딕처럼 선의 순수함에 상당히 의존하는 양식들은 모두 단단하고 분해되지 않는 재료들인 화강암, 사문석, 크리스털 대리석 등으로 시공되어야 했다. 물론 손에 넣기 쉬운 재료가 이 두 가지 양식을 형성하는 데 영향을 끼쳤다는 점은 의심의 여지가 없다. 그리고 그 용이성은 지금도 여전히 무언가를 선택할 때 결정적인 힘을 발휘해야 하는 요소다.

18. 내가 위에서 말한 두 번째 의무, 우리가 소유하고 있는 건축의 보존에 대해 상세히 설명하는 것은 현재 나의 계획에 속하지 않는다. 그러나 현 시대에 특히 필요한 몇 마디는 괜찮지 않을까 한다. 공중公衆도, 공중의 기념물을 돌보는 사람도 복원이라는 단어의 진정한 의미를 이해하지 못하고 있다. 복원은 건물에 가해질 수

> 아포리즘 31
>
> 복원이라 부르는 것, 그것은 파괴의 가장 나쁜 수단이다.

있는 가장 완전한 파괴를 의미한다. 어떤 잔여물도 거두어들일 수 없는 파괴다. 더불어 파괴된 작품에 대해서 거짓된 묘사를 하는 것과 같다.[1] 이렇게 중요한 문제에 있어 스스로를 속이지 말자. 건축에서 언젠가 위대하고 아름다웠던 것을 복구하는 것은 마치 죽은 자를 깨우는 것처럼, *불가능하다*. 내가 앞 장에서 생명의 전부라고 주장했던 그것, 오직 장인의 손과 눈으로만 주어지는 그 정신을 결코 다시 불러들일 수 없다. 다른 시간대는 다른 정신을 만들고 그래서 그것은 새로운 건물이다. 허나 죽은 장인의 정신은 다른 손, 다른 생각을 지시하기 위해서 호출되거나 명령될 수 없다. 아무리 직접적이고 단순한 복제라 하더라도 불가능하다는 것을 곧 감지할 수 있다. 반 인치 닳아 없어진 표면을 어떻게 다시 복제할 수 있겠는가? 그러나 그 작품의 완성은 사라져버린 그 반 인치에 기대어 있다. 당신이 원형 그대로를 복구할 수 있다고 주장한다면 그것은 착각일 뿐이다. 당신이 아직 남아 있는 것만을 복제한다면, 그것이 가능하다고 믿더라도 (얼마만큼의 신중함과 주의와 비용이 필요하겠는가) 어떻게 새것이 옛것보다 좋을 수 있겠는가? 옛 작품에는 여전히 오래된 생명체의 *무언가*가 있고, 있었던 것과 잃어버린 것에 대한 신비로운 암시가 존재하며, 비와 해가 만든 부드러운 선에 깃든 사랑스러움이 있다. 새로운 조각의 날카로운 딱딱함에는 있을 수 없는 것들이다. 내가 도판 14에 생생한 작품의 예로서 제시한 동물들을 보고, 이미 닳아 없어진 비늘과 머리카락, 이마의 주름을 상상해보라. 과연 누가 *그것*을 복원하겠는가? 복원을 위한 첫 번째 단계는 (나는 그 과정을 보고 또 보았다. 피사의 세례당에서 보았고, 베네치아의 카사 도로에서 보았으며, 리지외 성당에서 보았다) 옛 작품을 산산조각 내는 것이다. 두 번째 단계는 대체

---

[1] 패러디의 방식으로 보아도 역시 잘못된 것이다. 가장 혐오스러운 어리석음의 일종일 뿐이다.

로 저급하고 값싼 모조가 발각되지 않도록 교묘히 집어넣는 것이다. 그러나 매우 주의하고 애를 쓴 경우에도 그 모조는 여전히 모형이 될 수 있다는 착각에 빠진 생기 없는 모형일 뿐이다. 내 경험상 거론할 만한 예는 아직까지 루앙 대법원Palais de Justice 하나뿐으로, 거기서 도달 가능한 최대치의 충실성이 발휘되었고, 성공적 결과를 낳았다.

19. 우리 이제부터 복원에 대해 이야기하지 말자. 그것은 처음부터 끝까지 모두 거짓이다. 당신은 송장의 모형을 만들듯 건물의 모형을 만들 뿐이다. 그 모형은 주물이 뼈대를 갖듯, 안에 있는 오래된 벽의 껍데기일 뿐이다. 어떤 장점이 있다 해도 나는 그것을 보지도, 신경을 쓰지도 않을 것이다. 그러나 옛 건물은 파괴되고 있다. 먼지구덩이나 진흙탕에 빠지는 것 못지않게 완전히 그리고 무참히 사라지고 있다. 재건된 밀라노에서보다 적막한 니네베에서 더 많은 것을 건질 것이다. 그러나 복원에 대한 필요성이 도래할 것이라 말한다! 인정한다. 눈앞에 있는 필요성을 보라, 그리고 그 경고를 이해하라. 파괴의 필요성이다. 그것을 받아들이고, 건물을 허물어라. 무너져 내린 돌들은 후미진 곳에 던져버려라. 원한다면 자갈로 깔거나 콘크리트에 섞어서 사용하라. 그러나 정직하게 행하고, 그 자리에 거짓된 것을 쌓아올리지 마라. 그런 일이 도래하기 전에 눈앞에 처한 붕괴의 위험을 본다면 그것을 막을 수도 있다. 현 시대의 원리(내가 생각하기론 적어도 프랑스에서는 석공들이 자신의 일을 찾기 위해, *체계적으로 작동시키는* 원리이다. 예를 들면 그곳의 시장은 부랑자에게 일을 주기 위해 생투앙 수도원을 헐어버렸다)는 우선 건물들을 돌보지 않고, 후에 그것들을 복원하는 것이다. 당신의 기념비건축을 제때 돌봐라, 그러면 그것을 복원할 필요가 없을 것이다. 제때에 함석판을 지붕에 얹고, 제때에 배수관에서 낙엽과 나뭇가지들을 치워라. 그러면 지붕과 벽이 낙후되지 않을 것이다. 옛 건물을 마음 졸이며 지켜보라. 당신이

할 수 있는 최선을 다해 *어떤* 대가를 치르더라도 파멸의 위험으로부터 그것을 보호하라. 왕관의 보석을 세듯 그 돌을 세라. 적군이 몰려오는 성곽의 문을 지키듯 경계를 늦추지 말라. 느슨해진 곳은 쇠줄로 단단히 동여매라. 기울어진 곳에는 버팀목을 괴어라. 이런 도구가 보기 싫더라도 신경 쓰지 마라. 사지를 잃는 것보다는 목발을 짚는 것이 낫다. 부드럽고, 정중하게, 끊임없이 이를 행하라. 그러면 수많은 세대가 계속 그 그늘 아래서 태어나고 눈감을 것이다. 재앙의 날은 마침내 올 수밖에 없다. 그러나 그날이 오는 것을 공공연히 모두가 알 수 있도록 하자. 그리고 그 건물을 회상하며 장례의식을 거행하자. 그 건물의 명예를 훼손하는 거짓된 대용품을 세우지 말고.

20. 더 파렴치하고 무식한 파괴에 대해 말하는 것은 쓸데없는 짓이다. 어차피 내 말이 그 일을 저지르는 사람들에게 이르지 않을 테니 말이다.[2] 그렇지만 그들이 듣건 말건 나는 이 진실을 말하지 않고는 떠날 수 없다. 그 진실이란 우리가 지난 시대의 건물들을 보존하고 안 하고는 편리나 감정의 문제가 아니라는 것이다. *어찌됐건 우리에겐 그것을 건드릴 권리가 없다.* 그 건물들은 우리의 것이 아니다. 일부는 그것을 지은 사람들의 것이고, 일부는 우리 뒤를 이을 세대 모두의 것이다. 죽은 자들은 여전히 그에 대해 권리가 있다. 종교적 감정을 표현한 것이든, 업적을 찬양한 것이든 또는 그 건물 안에 영원히 있으리라고 의도한 어떤 것이든, 그들은 그것을 위해 노동을 했고 우리에겐 그것을 말소할 권리가 없다. 우리 스스로 지은 것, 그것은 마음대로 폐기처분할 수 있다. 그러나 다른 사람들이 그들의 힘과

---

2 정말 그렇다! 일생 동안 내 말보다 더 한심한 소리나, 밑 빠진 독에 물 붓기 같은 소리는 한 번도 들어본 적이 없다. 6장의 이 마지막 절은 최고이며, 내 생각에 이 책에서 가장 쓸모없는 것이다.

재력과 인생을 바쳐 이룩한 것은 그들이 죽었다고 해서 그 권리가 소멸하는 것이 아니다. 또 그들이 남겨놓은 것에 대한 사용의 권리가 오로지 우리에게만 있는 것도 아니다. 그들의 후손들 모두가 가지는 권리다. 현재 우리의 편의를 위해 불필요하다고 여기는 건물들을 없애는 것은 앞으로 수백만 사람들에게 비탄의 주제가, 손실의 원인이 될 수 있다. 우리에게 그 비탄과 손실을 부과할 권리는 없다. 아브랑슈 대성당Avranches은 그것을 파괴한 폭도들의 것인가, 아니면 그 잔해 위를 슬픔에 잠겨 걷고 있는 우리의 것인가? 건물에 폭력을 가하는 사람들에게 속하는 건물은 이 세상에 없다. 폭도는 계속 폭도일 것이므로 화가 나서 그랬건 어리석어서 고의로 그랬건 문제가 되지 않는다. 거리에 모인 폭도건 위원회에 모인 어르신이건 이유 없이 무언가를 파괴하는 사람들은 폭도이며, 건축은 항상 이유 없이 파괴된다. 아름다운 건물은 반드시 그 땅을 가치 있게 하고, 중앙아프리카와 아메리카의 인구가 미들섹스Middlesex만큼 많아질 때까지 그 땅에 붙박고 있을 것이다. 그 건물을 파괴해도 될 만한 정당한 이유는 있을 수 없다. 설사 정당하더라도 지금은 확실히 아니다. 불안하고 불만스러운 현재가 우리 마음에 있던 과거와 미래의 자리를 너무 많이 빼앗아 버려 고요한 본성이 점차 사라져가고 있다. 언젠가 장기 여행을 하며 말이 없는 하늘과 휴식 중인 들판을 경험한 사람은 그것이 가진 힘이 익히 듣던 것보다 훨씬 더 강력하다는 것을 느낀 적이 있을 것이다. 바로 그곳에서 그들은 지금 끊임없는 인생의 신열을 견뎌내고 있다. 우리 시골마을의 틀을 깨고 가로지르는 철의 정맥. 거기서 헐떡이는 거센 박동이 매시간 더 뜨겁고 더 빠르게 뛰고 있다. 모든 기운이 이 요동치는 동맥을 지나 중앙의 도시들로 집결한다. 좁은 다리 위로 푸른 바다를 건너듯 시골을 지나쳐 도시 성문으로 향하는 군중의 무리가 점점 늘어나고 있다. 그 속에 우리가 서있다. *그곳에서 나무와 들판의 힘을 대신할 수 있는 유일한 것은 옛 건축의 힘이*

다. 형식적인 광장을 위해, 울타리와 가로수가 심어진 보행로를 위해, 매력적인 거리와 열린 부둣가를 위해 그것을 포기하지 마라. 도시의 자부심은 그런 광장과 거리에 있는 것이 아니다. 그것들은 대중에게 맡겨라. 그러나 숨막히는 도시의 울타리 안에서 어디로 갈지를 묻지 않고, 쉴 수 있는 지점이 어딘지 묻는 사람들이 분명히 있다는 것을 기억하라. 그들은 자신을 편안하게 해줄 다른 형태를 찾기 때문이다. 먼 하늘에 그려진 피렌체 성당의 돔 윤곽선을 바라보기 위해 뜨겁게 내리쬐는 서향의 볕을 맞으며 앉아 있는 여행객들이다. 또는 궁전에 있는 그 여행객들의 주인들이다. 그들은 그 궁전에서 그들의 아버지가 영면해 있는, 베로나의 어두운 거리가 만나는 그곳을 하염없이 바라보고 있다.

7 복종의 등불 The Lamp of Obedience

1. 앞에서 내가 보여주려고 했던 것은 어떻게 고귀한 형태의 건축들이 각 민족의 정치공동체, 삶, 역사, 종교적인 믿음을 구현하는가이다. 바로 그 구현에 영향을 미치는 것들 중 결정적인 자리를 차지하는 것으로서, 나는 앞서 한두 번 이 원리를 거론하였다. 겸손의 성향 때문이기도 하고 또 나머지들과 비교해 최고의 품격을 갖춘 것이기에 마지막 자리를 차지한다. 내가 뜻하는 이 원리는 정치가 안정을 유지하기 위한, 삶이 행복해지기 위한, 믿음이 수락되기 위한, 창조가 지속되기 위한 조건이다 — 복종.

아포리즘 32
자유, 그런 것은 없다.

이는 내가 그동안 어떤 주제를 추적할 때 정말 많은 만족을 주었던 출처에서는 조금도 찾아볼 수 없었던 것이다. 그 주제는 처음에는 인류의 중대한 관심사인 물질적으로 완벽한 상태에 조금이나마 영향을 미치는 것처럼 보였다. 그러나 생각을 깊이 하다 보면 결국 사람들이 자유라 부르는 그 주제가 얼마나 믿을 수 없는 허깨비이며, — 정말로 모든 허깨비 중에서 가장 기만적인 허깨비다 — 얼마나 잘못된 신념이며, 얼마나 부질없는 추종인지를 인식하게 된다. 아주 희미하게라도 이성의 빛이 있다면 우리에게 자유의 획득은커녕 그것의 존재도 불가능하다는 것을 확실히 보여줄 수 있기 때문이다. 우주에 그런 것은 없고, 있을 수도 없다. 별들도 그것을 갖지 못하고, 지구도 그것을 갖지 못하고, 바다도 그것을 갖지 못한다. 그리고 우리 인간들만이 가장 무거운 형벌로서 자유를 가장하고 그것과 비슷한 척하는 것을 갖고 있을 뿐이다.

최근 우리 문학에서 그 표상이나 음률로 보아 가장 고귀한 시[1]

---

1 부록 5를 보라.

에 속하는 것이 있는데, 그 시인은 무생물의 관점에서 자유를 표현하고자 했다. 언젠가 자유를 사랑한 적이 있지만 인간의 무리 속에서 그는 그것의 진정한 어둠의 빛깔을 보았다고 한다. 하지만 이 얼마나 기이한 해석의 오류인가! 왜냐면 매우 고귀한 기도의 대목에서 그는 나머지의 추정과는 대조적으로 복종은 영원하기 때문에 덜 엄격한 것이 아니라고 인정하기 때문이다. 그가 달리 어찌할 수 있겠는가? 눈에 보이는 인간들이 매번 강조하는 그 무엇보다, 그들 세포 하나하나에 각인된 그 무엇보다 더 포괄적이고 엄격한 원리가 있으니 그것은 자유가 아니라 법칙이기 때문이다.

2. 이 열성분자는 자신이 의미하는 자유란 자유의 법칙이라고 대답할 것이다. 그렇다면 특별하고 오해의 소지가 있는 이 단어를 왜 사용하는 걸까? 당신이 자유라는 단어를 격정을 벌하고 지성을 훈육하고 의지를 따른다는 뜻으로 쓴다면, 당신이 누군가 괴롭히는 것을 두려워하고 죄 짓는 것을 부끄러워한다는 뜻으로 쓴다면 그것은 틀렸다. 당신이 권위 있는 자를 모두 존경하고 힘없는 자를 모두 배려한다는 뜻으로 쓴다면, 선을 숭배하고 악에 자비를 베풀며 약자를 연민한다는 뜻으로 쓴다면 그것은 틀렸다. 당신이 모든 사상을 탐구하며 모든 쾌락을 절제하고 모든 고통을 인내한다는 뜻으로 쓴다면, 한마디로 당신이 그것을 영국 교회기도서에서 완전한 자유라고 정의하는 예배라고 쓴다면, 당신은 왜 사치가 방종을 뜻하고 무모함이 변화를 뜻하는 말을 그것과 똑같이 사용하는 것인가? 왜 악당이 약탈을 뜻하고 바보가 평등을 뜻하는 그 말을, 거만한 자가 무정부를 뜻하고 악의 있는 자가 폭력을 뜻하는 그 말을 사용하는가? 이에 다른 이름을 붙인다면 가장 적당하고 진실한 이름은 바로 복종이다. 복종은 실제로 자유를 토대로 한다. 그렇지 않다면 단순한 예속일 뿐이다. 자유가 주어질 때 복종은 더 완벽하다. 그래서 만물이 각자의 에

너지를 표출하는 것이 방종의 척도라면, 모든 아름다움과 기품과 완전성은 그 에너지의 절제로 이루어진다. 제방으로 둘러싸인 강과 어느 한군데가 터져버린 강을 비교해보자. 대열을 갖춰 바람을 따라 행군하는 구름과 하늘 전체에 뿔뿔이 흩어져 있는 구름을 비교해보자. 철저하고 흐트러짐 없는 절제가 결코 어여쁠 수 없을지라도 그것은 그 자체가 악덕이어서가 아니다. 절제가 너무 지배적이면 그것은 절제된 것의 본성을 억압하고, 그래서 그 본성을 구성하고 있는 다른 법칙들을 거스르기 때문이다. 만물의 아름다움을 결정하는 균형은 지배받는 것들의 생명과 존재의 법칙 그리고 그들이 종속되는 보편적 지배권의 법칙 사이에 있다. 따라서 이중 하나의 법칙이 유예되거나 위배되는 것, 한마디로 무질서라는 것은 질병에 상응하는 동의어다. 반면 명예와 아름다움의 증가는 개성(혹은 내재적 법칙의 작동)보다는 오히려 절제(혹은 우월한 법칙의 작동)에서 비롯되는 것이다. 그래서 사회적 덕목에서 가장 고귀한 말은 "충직Loyalty"이고, 인간이 저 황량한 초원에서 배운 가장 달콤한 말은 "양 떼Fold"이다.

3. 이것이 다는 아니다. 하지만 존재의 의미에서 만물의 존엄은 그들에게 부여된 법칙에 복종하는 정도와 정확히 비례한다는 것을 우리는 관찰할 수 있다. 먼지보다 해와 달이 더욱 차분하면서도 즉각적으로 중력의 법칙을 따른다. 대양은 호수나 강이 인식하지 못하는 영향력을 따라 흘러간다. 그래서 인간의 어떤 행위나 일의 위상을 평가할 때, "그 법칙들이 훼손되지 않았는가?"라는 질문보다 더 좋은 척도는 아마 없을 것이다. 그것이 엄격히 지켜졌는지의 여부가 그 일에 노동력을 얼마나 집중시켰는지, 관심을 얼마나 기울였는지의 정도와 십중팔구 맞아 떨어지기 때문이다.

그러므로 이 엄격성이 유별나게 지켜져야 하는 곳은 건축예술처럼 그 생산물이 아주 거대하고 보편적인 경우다. 건축을 시작하기 위해선 여러 사람의 손발이 협력해야 하고, 완성하기 위해선 후대의 끈기가 요구된다. 그래서 이전부터 우리가 종종 고찰했듯이, 건축이 일상의 안락한 감정에 미치는 지속적인 영향력 그리고 이야기와 꿈을 그리는 두 자매예술인 회화와 조각과는 다른 건축의 사실성을 고려한다면, 그것의 건강성과 영향력은 다른 두 예술보다 훨씬 더 엄격한 법칙에 의해 좌우되는 것이다. 또한 그 두 예술이 개인적 감정을 허용함으로써 만연시킨 방종이 건축에서는 배제되어야 한다는 것을 진작부터 깨달았어야 했다. 그리고 건축이 인간에게 중요한 보편적인 모든 것들에 동의하고 인간과 관계 맺기를 주장한다면, 건축은 스스로 그 법칙에 당당히 복종하여 건축이 인간의 사회적 행복과 권리를 좌우하는 정치, 종교, 사회의 규범과 유사하다는 것을 제시했어야 했다. 때문에 우리는 경험이 주는 혜안慧眼이 없어도, 건축은 종교, 정치 그리고 사회적 관계를 규정하는 법만큼 엄밀하고 권위적인 국법에 복종하지 않고는 결코 번창할 수 없다고 결론지을 수 있다. 아니, 심지어 그보다 더 권위적일 수 있다. 왜냐면 그 규범들보다 소극적이기 때문에 더 많은 강제가 있을 수 있고, 이 법이나 저 법이 아닌 모든 것에 해당되는 보편적 권위로서 더 많은 강제를 필요로 하기 때문이다. 그러나 이러한 문제에서는 이성보다 경험의 목소리가 크다. 건축이 발전하는 과정에서 일반적으로 뚜렷하게 나타나는 조건이 있다면, 그리고 우연이나 정황을 떠나서 반증된 성공사례 가운데 논란의 여지없이 항상 도출할 수 있는 결론이 있다면 바로 이것이다. 한 국가의 건축은 그들의 언어만큼이나 보편적이고 확고할 때 그리고 양식의 지역적 차이는 여러 사투리에 다름 아닐 때 위대하다. 다른 조건들은 의심의 여지가 있다. 이를테면 각 나라들은 가난할 때나 부유할 때나, 전시일 때나 평시일 때나, 야만의 시대에나 교양의 시대에나, 가장 자유로운 정권에서나 가장 전제적인 정권에서나 상관없이 그들 건축을 성공시킨 적이 있다. 허나 언제나 변함없는 조건으로서 시대와 장소를 막론하고 명백히 요청되던 것은 어떤 *학파의* 작품이어야 한다는 것이다. 개인적인 기분으로 재료를 마음대로 바꾸거나 이미 승인된 유형과 관례적 장식을 생략할 수 없는 것이다. 그래서 오두막에서 궁전까지, 작은 예배당에서 대성당까지, 마당 울타리에서 성벽까지 그 민족 건축의 모든 구성요소와 특징은 그들의 언어나 동전처럼 현재 흔하고 친숙하며 보편적으로 인정되는 것이라야 한다.

4. 우리의 영국 건축가들이 원형을 창조해야 한다고, 새로운 양식을 발명해야 한다고 외치는 소리를 듣지 않고 지나가는 날이 단 하루도 없다. 그러나 자기 등에 한기를 막을 넝마 한 조각도 없는 사람에게 새로운 코트를 재단하는 방식을 발명하라고 한다면, 그에 대한 현명하고 지당한 충고란 대충 이런 것이 아닐까 한다. 일단 그에게 코트 한 벌을 줘라, 그리고 나중에 생기게 될 코트에 대해서 그가 관심을 갖도록 하자. 우리는 새로운 건축양식을 원하지 않는다. 누가 새로운 양식의 회화나 조각을 원하는가? 그러나 우리는 *어떤* 양식을 원한다. 그것은 놀랍게도 대단한 것이 아니다. 우리가 일종의 법칙을 갖고 있고 그것이 좋은 것이라면 새것이든 헌것이든, 외국의 것이든 토종의 것이든, 로마족의 것이든 색슨족의 것이든, 노르만의 것이든 영국의 것이든 중요치 않다. 그러나 이것이든 저것이든 어떤 법칙을 갖고 있어야 하고, 그 법은 섬의 이편에서 저편까지 인정되고 실행되며 그래서 요크York에서는 이 법이 판단의 근거가 되고 엑서터Exeter에서는 저 법이 판단의 근거가 되는 일이 없어야 한다는 것은 상당히 중요한 문제다. 마찬가지로 새로운 건축이건 옛 건축이건 대리석 한 조각이 문제되는 것이 아니라, 우리가 진정 건축이라고 부를 만한 것이 있느냐 없느냐가 문제다. 다시 말하면 우리가 학교에서 영어의 철자와 문법을 가르치듯이, 콘월Cornwall에서 노섬벌랜드Northumberland에

이르기까지 모든 학교에서 가르칠 만한 법칙을 가진 건축인지 아니면 구빈원이나 교구학교를 지을 때마다 새롭게 발명해야 하는 건축인지이다. 내가 보기에 오늘날 다수의 건축가들은 원형성의 본질과 의미에 대해 그리고 그를 구성하는 모든 것에 대해 놀랄 만한 오해를 하고 있는 것 같다. 어법에서 원형은 새로운 단어의 발명에 매달리지 않는다. 시에서도 원형은 새로운 운율의 발명에 매달리지 않고, 회화에서도 새로운 색이나, 그 색을 사용하는 새로운 방식의 발명에 매달리지 않는다. 음악의 화음도, 색의 조화도, 조각의 구성에 관한 일반적인 원칙도 오래전에 결정되었고, 아무리 가능성을 열어놓더라도 변형이나 추가 이상은 있을 수 없다. 그렇다 하더라도 그러한 추가나 변형은 개인 발명가의 작품이라기보다는 시대와 대중의 작품인 경우가 훨씬 더 많다. 새로운 양식을 도입한 사람으로 알려져 있는 반 에이크Jan van Eyck 같은 사람이 천 년에 한 번 나타날 수는 있다. 그러나 그조차도 자신의 발명을 우연히 건진 것이라거나, 하다 보니 만들어진 것이라 여길 것이다. 그리고 그 발명의 사용은 전적으로 대중의 필요나 시대의 직관에 의존한다. 원형은 이러한 것에 연연하지 않는다. 그 재능을 갖고 태어난 누군가가 지속 가능한 어떤 양식, 그 시대의 양식으로 만들어 그 시대에 작동할 것이고 그 시대에 위대해질 것이며 마치 모든 생각이 하늘에서 떨어진 것처럼 그가 만든 모든 것이 신선해 보일 것이다. 그가 그의 재료나 규칙을 자유롭게 다루지 않을 것이라고 말하지 않겠다. 그의 노력이나 공상 때문에 때로 낯선 변화가 생기지 않으리라고 말하지 않겠다. 그러나 그 변화들은 물론 신기할 때도 있겠지만 자연스럽고 간단하며 쉽게 이해되는 것이다. 자신만의 위상이나 특이성을 위해 이러한 변화가 추구되는 것이 결코 아니다. 위대한 웅변가가 언어를 다룰 때 지니는 그런 종류의 자유로서, 튀기 위해 언어의 규칙에 도전하는 것이 아니라 그러한 위반 없이는 언어가 표현할 수 없는 것을 표현하기 위해 피할 수 없고 계산되지 않은 빛나는 노력의 결과다. 그리고 내가 앞에서 묘사했듯이, 예술의 생애가 옛것의 한계를 거부하고 변화를 선언할 때일 것이다. 곤충의 일생에도 그런 일이 일어난다. 그래서 자연스러운 진화를 거쳐 체질이 바뀌고 변화가 시작되는 시기의 곤충과 예술의 상태는 매우 흥미롭다. 애벌레의 삶에 만족하고 애벌레의 먹이를 섭생하는 대신 가능한 빨리 번데기가 되려고 애쓰는 어리석고 불편한 모충이 있는가 하면, 밤마다 깨어나 그의 누에고치 안에서 쉼 없이 구르며 때 이른 나방이 되려고 정진하는 불행한 번데기가 있을 것이다. 마찬가지로 과거나 현재의 다른 예술을 지원하고 안내할 충분한 관습이 있음에도 이에 만족하고 차려놓은 밥상을 먹는 대신, 자신의 자연적 한계의 수레바퀴 밑에서 몸부림치고 안절부절못하며 자신과는 다른 어떤 것이 되기 위해 애쓰는 불행하고 불건전한 예술이 있다. 그들에게 약속된, 그리고 전부터 그들을 위해 준비된 변화를 기대하고 한편으론 이해하는 것이 영장류 인간의 우월성일지라도, *약속된* 변화가 으레 그렇듯 그들이 더 높은 상태로 도약하고 또한 그러기를 기대하며 그 희망으로 기뻐한다면 변화하건 안 하건 있는 시간 동안 자신의 상태에 만족하면서 바라는 변화를 가져오려고 애쓰며, 그러기 위해 현재의 상태가 약속되고 지속되도록 최선을 다해 의무를 완수하는 것 또한 인간이 가진 힘이다.

5. 따라서 원형도 변화두 아닌 둘 모두이면서 좋은 것, 이것이 대개 양쪽 모두에게 가장 다행스러우며 환영 받는 것이다. 그러므로 언제나 이 양면성은 그 자체로 추구되어도 좋고, 보편적인 법칙에 저항하는 투쟁이나 혁명을 바라는 입장에서도 건전하게 받아들일 수 있는 것이다. 우리는 이쪽도 저쪽도 원하지 않는다. 우리가 이미 알고 있는 건축의 형태들은 우리에게나, 우리보다 훨씬 잘난 사람들에게나 충분히 좋은 것이다. 개선을 위한 변화를 꾀하는 일은 우리가 그

것들을 가능한 만큼이라도 잘 사용할 수 있을 때 해도 늦지 않을 것이다. 그런데 우리가 원하지는 않아도 그것 없이는 살 수 없는 것들이 있다. 이 세상에서 싸우고 소리쳐 얻으려는 것을 다 합쳐도, 아니 영국에 있는 진정한 재능과 해답을 모두 합친다 해도 이것 없이는 결코 살 수 없다. 복종, 화합, 연대 그리고 질서다. 우리의 모든 디자인 학교와 취미협회, 우리의 모든 아카데미와 교과과정 그리고 언론과 비평들, 우리가 감행하려고 하는 모든 희생들, 우리의 영국적 본성이 추구하는 모든 진리들, 영국적 의지가 갖는 모든 힘들 그리고 우리 영국 지성인들의 삶은 바로 이 점에서 일장춘몽과 같은 물거품에 지나지 않는다. 우리가 건축과 모든 예술을 다른 것과 마찬가지로 영국적 법칙에 복종시키는 것을 달가워하지 않는다면 말이다.

6. 나는 건축과 모든 예술이라고 말했다. 왜냐면 건축은 예술의 시작이자 그 밖의 다른 분야들이 시대와 질서의 본보기로서 따라야 하는 것이라고 믿기 때문이다. 그래서 나는 우리의 회화와 조각의 번영은 — 많은 사람들이 두 분야의 건강성을 걱정하지만, 그렇다고 그 생명을 부정하는 사람은 아무도 없을 것이다 — 우리 건축의 번영에 달려 있다고 생각한다. 건축이 이끌어주지 않는 한 모든 것이 시들해질 것이다. 그리고 (이 점은 내가 *생각하는* 것이 아니라, 주장하는 것이다. 또한 사회의 안전과 상식적이면서도 합법적인 강한 지도력을 가진 정부의 안전을 위해서도 필요한 것이라 주장할 만큼 자신도 있다.) 건축이 공통감각이라는 제1원칙에 당당하게 순응할 때까지, 그리고 보편적 체계의 형태와 기술이 어디서든 채택되고 실행될 때까지, 우리 건축은 먼지구덩이 속에서 시들어가고 *있을 것이다*. 이것이 불가능한 일이라고 말할지도 모르겠다. 물론 그럴지도 모른다. 그리고 나는 그럴까봐 두렵기도 하다. 가능한지 그렇지 않은지는 나와 아무런 상관이 없다. 나는 단지 그 필요성을 알고 그래서 주장할 뿐

이다. 그것이 불가능하다면 영국의 예술은 불가능하다. 그렇다면 당장 예술을 포기하라. 당신은 지금 예술에 시간과 돈과 에너지를 낭비하고 있을 뿐이다. 수 세기의 시간을 쏟고 국고를 탕진하며 가슴을 칠지라도, 당신은 결코 단순한 예술애호가를 넘어설 수 없다. 그럴 생각도 하지 마라. 위험한 허영심이며, 천재들을 계속해서 집어삼키고도 끝나지 않을 단순한 늪일 뿐이다. 대담한 보폭의 한 걸음을 내딛지 않는 한 이는 계속될 것이다. 우리는 도자기와 섬유염색 분야에서 예술을 제작해선 안 되며, 철학으로 예술을 추론해서도 안 된다. 또한 실험을 통해 예술을 발견해서도 안 되며, 공상으로 그것을 창조해서도 안 된다. 그저 돌과 벽돌만 가지고 건축을 완성할 수 있다고 말하는 것이 아니다. 그러나 그 안에 우리를 위해 마련된 기회가 있으며, 그 외에는 없다. 그 기회는 건축가와 대중 모두가 한 가지 양식을 선택하고 그것을 보편적으로 사용하기로 동의할 때 비로소 가능하다.

7. 그 원칙이 얼마나 확실하게 지켜져야 하는지, 일반적인 다른 분야의 지식을 가르칠 때 필요한 방식을 생각해보면 쉽게 결론지을 수 있다. 아이들에게 쓰기를 가르칠 때 우리는 완벽하게 베껴 쓸 것을 강요하고 활자의 형태에서도 절대적인 정확성을 요구한다. 그렇게 그들이 기존 문자의 표현방식을 장악하게 되면 우리는 아이들이 자신의 감정과 상황과 성격에 따라 여러 다양성을 구사하게 되는 것을 막을 수 없다. 그래서 한 소년이 라틴어 쓰기를 처음 배울 때, 그는 그가 쓰는 모든 표현을 허락 받아야 한다. 그가 허가증을 받을 만큼 그 언어를 장악하고 허락 없이도 자유롭게 구사할 정도가 되었다고 스스로 느끼면 이윽고 그는 개개의 표현을 빌려 와 쓸 때보다 훨씬 더 능숙해질 것이다. 같은 방법으로 건축가는 보편적으로 인정된 양식을 쓰는 법을 배워야 한다. 우리는 우선 17, 18세기에는 어떤 건물

이 용인될 수 있었는지 알아야 하고, 그들의 구성방식과 비례의 법칙을 아주 예리한 주의력으로 연구해야 한다. 그러면 그 장식의 여러 가지 형태와 사용을 구분하고 체계화할 수 있을 것이다. 독일의 문법학자가 전치사의 쓰임새를 분류했듯이 말이다. 우리는 이와 같은 절대적이고 거부할 수 없는 권위 아래서 일을 시작해야만 있다. 카베토의 깊이나 평연의 너비에 변화를 주는 정도도 허용하지 말아야 한다. 그 후 언젠가 우리의 시야가 그 문법의 형태와 배열에 익숙해지고, 우리의 생각이 그 모든 표현에 친숙해졌을 즈음 우리는 이 죽은 언어를 자연스레 구사하고 우리가 만들어내는 어떤 개념에도, 말하자면 생활의 모든 실제 상황에도 그 언어를 적용할 수 있을 것이다. 그때까지는 허가증이 주어지지 말아야 하며 개인의 견해로 전래된 형태를 변화시키고 추가하는 것을 제한해야 한다. 그때가 되면 특히 장식분야에서 상상력을 발휘한 여러 주제들이 만들어지고, 우리 것이든 남의 것이든 풍부한 개념들이 생겨날 것이다. 그 후 다시 시간이 흘러 민족이동이 발생하면 언어의 변혁이 일어나듯 새로운 양식이 떠오를 수도 있다. 우리는 라틴어 대신 이탈리아어로 말할지도 모르며 오래된 영어 대신 새로운 영어가 등장할지도 모른다. 그러나 이것은 아무래도 상관없는 문제며, 또한 어떤 결정이나 욕구로 재촉하거나 막을 수도 없는 문제다. 우리 힘으로 얻어내야 하고, 우리가 반드시 바라야 하는 것은 오로지 일종의 만장일치의 양식으로서 그 속성이 서로 다른 여러 건물, 즉 크고 작은 주거와 공공건물, 교회건물 등에 적용할 수 있을 정도로 포괄적이고 실용적인 것이어야 한다. 발전시켜도 좋을 만한 원형성을 담보하고 있는 것이라면 나는 어떤 양식이 채택되건 개의치 않을 것이다. 그러나 그렇지 않을 때가 있다. 보편적인 공공의 목적을 위한 시설물을 짓고자 할 때, 대중이 어떤 양식을 특별히 선호하는 경우 우리는 좀 더 중요한 문제들을 고려해야 한다. 매우 특별하고 중요한 공공건물이라면 고전주의나 고딕을

— 여기서 고딕은 아주 광범위한 의미다 — 선택할지 말지는 고민거리가 될 수 있다. 그러나 일반적인 현대적 용도의 건물이라면 고민이 여지가 없다. 그리스 건축의 세속화를 도모할 만큼 제정신이 아닌 건축가를 상상할 수 없기 때문이다. 초기의 고딕을 채택할지 후기의 고딕을 채택할지, 원형적인 고딕을 채택할지 파생적인 고딕을 채택할지도 고민거리가 되지 못한다. 후자가 선택된다면 우리의 튜더 양식처럼 뭔가 무능하고 추한 퇴폐가 될 것이고, 그 밖의 것이 선택된다면 프랑스 플랑부아양처럼 그 문법을 정리하거나 적용하기가 거의 불가능할 것이다. 마찬가지로 근본적으로 유아적이거나 야만적인 양식이 채택되어서도 안 된다. 헤라클레스 같은 씩씩한 모습을 보여주었던 우리의 초기 노르만 건축이나 무법칙성이 두드러지는 롬바르드 로마네스크처럼 말이다. 그래서 내가 생각할 때 선택은 네 가지로 압축된다. 1. 피사의 로마네스크. 2. 만일 우리의 예술이 지오토 고딕을 할 수 있을 정도로 멀리 그리고 빠르게 나아간다면, 서부 이탈리아 공국들의 초기 고딕. 3. 가장 순수하게 발전한 베네치아 고딕. 4. 가장 초기의 영국 고딕의 장식. 가장 자연스럽고 아마도 가장 안전한 선택은 마지막 것일 텐데, 다시 수직으로 뻣뻣해지는 것을 방지할 수 있는 한에서다. 더불어 프랑스 고딕의 뛰어난 장식을 약간만 빌려온다면 아마도 풍성한 장식이 될 것이다. 그렇게 하려면 잘 알려진 몇몇 예들을 받아들일 필요가 있다. 이를테면 루앙의 북문과 트루아Troyes에 있는 생우르맹 교회St. Urbain다. 그 예들이 장식 영역에서 최종적인 기준을 마련했기 때문이다.

8. 무지와 의혹의 현재 상태에서 지성과 상상력이 혜성처럼 갑작스레 나타나고, 능력과 재능이 빠르게 증가하며 더불어 올바른 의미의 자유가 늘어나면서도 즉각 건전한 절제가 예술 전반에 두루 미치리라는 것을

아포리즘 33

절제의 가치와 사용.

상상하기란 거의 불가능하다. 세상에 있는 불편의 반을 일으키는 선택의 자유라는 동요와 곤경에서 벗어나고, 과거, 현재, 심지어 앞으로 일어날 양식들을 모두 연구해야 한다는 강박에서 벗어나 개인의 에너지를 집중하고 다수의 에너지를 합쳐 채택된 양식의 비밀들을 최대한 통찰할 수 있다면, 건축가는 자신의 이해력이 전반적으로 확장되고 확실하게 적용할 수 있는 실무지식이 생기며 동시에 원기 왕성한 상상력을 경험하게 될 것이다. 마치 담장 없는 평원에 홀로 남겨지면 주저앉아 벌벌 떨고 있을 아이가 담이 둘러쳐진 마당에선 힘이 넘쳐 활개를 치듯이 말이다. 단지 예술과 관련된 분야뿐 아니라 민족의 행복과 덕성에 관련된 모든 영역에 걸쳐 그 결과가 얼마나 지대하고 선명하게 나타날지 예견하기 힘들 정도이며, 그래서 말하기가 무색하다. 하지만 그 첫 번째 결과이자 아마도 가장 사소한 것은 우리에게 연대감이 증가하리라는 것이다. 애국적인 결집을 확고히 하고 서로에 대한 애정과 공감을 자랑스럽고 행복하게 인식하며 공동체의 이해를 진척시키는 모든 법에 쾌히 순종할 것이다. 또한 생각할 수 있는 가장 좋은 결과는 주택과 가구와 가재도구를 놓고 벌이지는 상류층과 중산층간의 불행한 경쟁을 차단하는 것이다. 또한 종교적 의식과 관련해서 생기는 무모하고 괴로운 파벌간의 반목이 많이 완화될 것이다. 이것들이 내가 생각하는 첫 번째 귀결이다. 시공이 단순해질 것이므로 공사비가 10배는 감축될 것이다. 자신이 사용하는 양식의 한계를 모르는 건축가들의 번덕과 실수가 사라지므로 가정의 안위가 방해받지 않을 것이며, 대칭과 아름다움으로 조화를 이룬 거리와 공공건물들은 우리가 얻는 이윤목록에서 덤에 불과하다. 이 외에도 장점들을 계속 찾아볼 수 있지만 단순한 열정에 불과한 일이니 여기서 끝맺기로 하겠다.[2] 이 결과가 충족되기에 앞서 당장 해결해야 할 어려운 요

---

2   나의 서른세 가지 아포리즘을 이렇게 가장 포괄적인 것으로 끝맺게 되어

건들이 많겠지만, 그에 대한 의지는 사실 우연히 생겨나는 감정에서 비롯되는 것인지도 모른다. 그러므로 이런 막연한 일에 너무 오래 집중해서 나를 괴롭히고 싶지는 않다. 내가 제안한 일의 어려움을 눈치채지 못하거나, 현 세기의 험난한 여정에서 우리의 관심에 간절히 호소하고 우리의 생각을 붙드는 많은 것들과 비교해볼 때 이 주제 전체가 그다지 중요한 것이 아님을 내가 깨닫지 못한다면 나는 부당한 사람으로 간주되어 마땅하다. 그러나 어려움과 중요성을 판단하는 것은 다른 이의 몫이다. 나는 우리가 건축을 필요로 한다면 우선 *반드시* 해야 할 것과 느껴야 할 것을 단순히 진술할 뿐이다. 그러나 전혀 건축을 필요로 하지 않을 수도 있고, 그렇게 느끼는 사람도 많다. 그로 인해 많은 것을 희생한다고 생각하는 이들이 많다. 나 또한 그들이 에너지를 헛되이 소비하고 불안한 삶을 영위하는 것은 안타깝다. 그래서 나는 진짜 바랄만한 가치가 있는 것이라는 의견을 발설하지 않고, 그 결과를 얻을 수 있는 유일한 방법을 말하고자 한다. 때로 그것을 누설하고 싶은 열정도 소신도 있지만 자신이 없다. 나에게 각인된 건축이라는 대상의 위엄을 믿기 위해 모두가 그 일에 주목하리라 생각할 만큼 과도한 의미부여를 하지는 않겠다. 그럼에도 불구하고 내 말이 완전히 틀렸다고 생각할 수 없는 것이, 건축은 국가적 고용과 관련 있기 때문이다. 나는 지금 유럽의 나라들에서 벌어지는 일들을 보며 확신한다. 신의 의지를 작동시키는 여러 이차적인 원인 중 하나인 아주 단순한 원인으로 인해 외국 여러 나라를 위협하는 공포와 고통과 소요가 일어난다. 바로 사람들이 할 일이 없다는 것이다. 그러한 충돌로 인해 생기는 고통을 내가 보지 못하는 것도 아니고,

---

아주 만족스럽다. 그리고 나의 마지막 주석을 현대의 독자들을 위해 훨씬 더 압축적인 이 문장으로 요약할 수 있어서 기쁘다. 아무쪼록 피할 수 있는 것은 건설하지 마라 — 그리고 건물을 짓는 곳에 땅을 임대하지 마라.

그보다 더 밀접하고 직접적인 원인들을 부정하는 것도 아니다. 요컨대 반란의 우두머리들이 저지르는 무모한 악행, 기본적인 도덕성마저 결핍된 상류층, 정부의 수장들에게 결여된 보편적인 용기와 정직 등이다. 그러나 이러한 원인들이 결국 더 심오하고 단순한 원인을 규명할 수 있게 해준다. 선동정치가의 경솔함, 중산층의 부도덕 그리고 귀족의 우유부단함과 변절은 내정內政의 모든 불행을 양산하는 가장 보편적인 원인 — 게으름에서 기인한다는 것을 모든 나라에서 확인할 수 있다. 전문가의 조언과 교육으로 인간들을 개선시킬 수 있다는 헛된 생각이 날이 갈수록 커지고 있고, 이를 위한 자선사업에의 노력 또한 점점 늘어나고 있다. 이를 유익하게 흡수하는 사람은 아주 소수다. 그러나 그들이 필요로 하는 첫 번째 것은 직업이다. 나는 밥벌이라는 의미의 노동을 말하는 것이 아니라, 정신적 관심사라는 의미에서의 노동을 말한다. 밥벌이를 위한 노동 이상의 것을 원하는 사람이나 자신이 할 만한 일을 하지 않으려는 사람 모두에게 해당되는 관심사다. 지금 이 시간에도 유럽에는 엄청난 양의 빈둥거리는 에너지가 있다. 그들은 수공업으로 향해야 한다. 다수의 빈둥거리는 한량들, 그들은 제화공이 되거나 목수가 되어야 한다. 그러나 그들은 피할 수 있는 한 일을 하려고 하지 않을 것이기에 독지가들은 정부를 훼방하는 일 말고 다른 일을 찾아봐야 할 것이다. 그들에게 그들이 바보이며 다른 사람은 물론 결국에는 자신들마저도 비참해질 것이라고 말하는 건 아무 소용이 없다. 그 밖에 아무 할 일이 없다면 그들은 나쁜 짓을 저지를 것이다. 노동을 하지 않으려는 사람과 지적 만족을 느낄 방법이 없는 사람은 마치 사탄에게 몸을 판 것처럼 악의 도구가 될 것이 자명하다. 나는 프랑스와 이탈리아의 교육 받은 젊은이들의 일상을 충분히 보았고, 나라가 극심한 어려움에 빠지고 악화되는 이유를 나에게 충분히 설명하였다. 상거래와 산업에 대한 우리의 본능적인 노력이 그와 유사한 정체상태에 빠지는 것을 대충 막아줄지라도, 우리가 주로 채택하고 진척시키는 고용의 형태가 정말로 우리를 개선시키고 향상시킬지는 여전히 생각해볼 문제다.

예를 들어 우리는 단지 한 곳에서 땅을 파 다른 곳으로 옮기는 대가로 1억 5천 만에 가까운 돈을 낭비하고 있다. 우리는 특히 난폭하고 다루기 힘든 위험한 집단, 철도군단이라는 거대한 계층을 만들었다. 그 밖에도 우리는 건강을 해치고 고생스러운 고용의 형태로 철강업자들을 배출하고 있다(될 수 있으면 공정하게 그 이득에 대해 따져보자). 우리는 또한 아주 많은 양의 기계를 발명하고 있고(적어도 이는 좋다), 마침내 한 장소에서 다른 장소로 빨리 이동하는 동력을 성취해냈다. 그러는 동안 우리는 발을 딛는 과정을 통해 경험할 수 있는 정신적 흥미와 관심을 잃은 대신 우리 자신에 대한 일상적인 허영과 근심에 빠져 있다. 달리 생각해보자. 우리가 그 액수를 아름다운 집과 교회를 짓는 데 투자했다면! 우리는 어차피 같은 수의 사람들을 먹여 살려야 한다. 지적인 노동이 아닌 한, 마차를 운전하진 않더라도 분명 기계적인 일이 될 것이다. 그리고 그들 중 좀 더 영리한 사람이라면 자신의 상상력을 발휘할 여지가 있고 아름다움을 관찰할 수 있는 업무에 특히 행복해할 것이다. 그 아름다움은 현재 자연과학과 연계한 좀 더 지적인 제작공정의 노동자들이 향유하는 것이다. 상상컨대 기계적인 발명 중 적어도 터널을 뚫거나 기관차를 설계하는 것은 성당을 짓는 것만큼이나 많은 것을 요구할 것이다. 목공에 지적인 예술성을 보태는 것도 중요하시만 과학 또한 그에 못지않게 발전시켜야 한다. 그러는 사이 우리는 자신이 관여하고 있는 노동에 흥미를 가질 것이고, 그로 인해 더 행복해지고 더 지혜로워질 것이다. 이 모든 것이 이루어진다면 여기에서 저기까지 빨리 이동하는 동력의 매우 미심쩍은 장점 대신, 집에 왔을 때 커다란 만족을 느끼는 보다 확실한 장점을 갖게 될 것이다.

9. 그들의 수입과 비교했을 때 과도하진 않지만 지속적인 지출을 해서 상당히 의심스러운 구석들이 있는 사람들이 많다. 우리는 특별한 사치가 무엇이고 일상적인 살림살이가 무엇인지 묻는 습관이 없는 듯하다. 어떤 곳에 지출한 비용이 건전하고 적절한 다른 곳에 사용하는 만큼 효과적이고 꼭 필요한 것인지에 대해 묻는 습관이다. 사람들에게 절대적인 생존을 보장하는 것으로는 부족하다. 우리는 우리의 욕구를 충족하는 삶의 방식을 생각해보아야 한다. 가난한 자에게 식량을 주는 동시에, 가능하다면 그들을 고양시킬 수 있는 모든 필요를 공급하도록 노력해야 한다. 노동 위에 있는 인간을 만들기 위해 교육을 시키는 것보다, 그 인간 위에 있는 노동을 제공하는 편이 훨씬 더 좋다. 예를 들어 긴 줄로 늘어선 하인들을 필요로 하는 사치습관이 건전한 소비의 형태인지 의심해봐야 할 것이다. 나아가 마부와 하인 계급을 늘리려는 행태가 박애정신에서 비롯된 것인지 되짚어 봐야 할 것이다. 문명국가에서 많은 사람들이 그의 인생을 보석 깎는 일에 바치는 것에 대해 다시 한번 생각해보자. 거기에 쏟은 정교한 수작업과 인내심과 독창성을 한낱 왕관의 광채로 날려버리는 것이다. 내가 아는 한 왕관은 그것을 쓴 사람이나 쓰고 있는 것을 보는 사람이나 그 누구에게도 기쁨을 주지 못하며, 노동자가 거기에 소모한 생애와 정신적 힘 또한 전혀 보상받지 못한다. 그가 돌을 깎을 수 있다면 훨씬 더 건강하고 행복해질 것이다. 지금의 작업을 통해서는 전혀 이룰 수 없는 것으로서, 그의 정신의 어떤 성질이 자동적으로 더 고귀하게 발전할 것이다. 그래서 내 생각으로는 대부분의 여자들도 결국은 그들의 이마 위에 얹은 금강석의 무게로 뿌듯해하기보다는 교회를 짓는 기쁨이나 성당장식을 위해 기부하는 기쁨을 더 선호하게 될 것이다.

10. 나는 이 주제에 대해 기꺼이 계속 이야기할 수 있지만 제때에 그

만하는 것이 아마도 더 현명할 것이라는 약간은 이상한 견해를 갖고 있다. 나는 마지막으로 앞에서 말한 모든 내용들이 대관절 무엇인지, 이 주제가 어떤 위상에 속하며 어느 정도의 중요성을 내포하는지 재차 강조하는 데 만족하려 한다. 우선 우리가 추구하는 것이 결국은 우리 자신을 보여주는 자화상이라는 점에서 적어도 가치가 있다. 그리고 우리 모두는 매시간 그루터기와 돌이 쌓이는 것을 보고 있는 건설자라는 점에서 강력한 보편적 법칙의 필요성을 자주 언급하는 것은 교훈적이다.

나는 이 글을 쓰는 와중에 한두 번이 아니라 여러 번 집필을 중단했다. 한편으론 손으로 만든 건축이 얼마 못 가서 헛된 것으로 여겨질 것이란 생각이 줄곧 엄습했고, 그 때문에 다른 한편으로는 이 글이 끈질긴 설득이 될 수 있도록 그 방향을 검토하곤 했다. 우리가 산책하는 길에는 각 시대마다의 아름다운 발자취가 남아 있지만, 우리는 과거를 뒤돌아보며 그것들을 업신여기곤 한다. 그 업신여김을 가능케 하는 저 빛에는 뭔가 불길한 징조가 있다. 나는 세계의 과학이 새로운 목적지에 도착해 드디어 세계의 노력이 효력을 발휘할 때, 그래서 많은 이들이 희망찬 웃음을 터트릴 때 비로소 웃을 수 있을 것이다. 마치 우리가 다시 이 세상의 시작에 서게 된 것처럼. 수평선에선 동이 트기도 하지만 천둥이 치기도 한다. 롯이 소알에 이르렀을 때 태양은 이미 땅 위로 떠오르고 있었다.

부록 1

감탄의 네 가지 방식.

이것은 1855년 출간된 2판 서문에 있었던 분석으로, 내가 전적으로 정확하다고 여기는 것이다. 첫머리에 놓을 때보다 좀 더 명확하게 이해되기를 바라는 마음에서 다른 주제와는 별개로 이 글을 책의 말미에 싣는다.

좋은 건축에는 여러 가지 형태가 있는데, 양질의 교육을 받은 사람들이 그에 대해 일반적으로 느끼는 감정을 주의 깊게 연구한 결과 대략 네 가지 제목으로 분리될 수 있다는 것을 알게 되었다.

> 1. 감성적인 감탄. — 이런 종류의 감정은 대부분의 여행객들이 횃불조명이 있는 성당에 처음 발을 들여 놓을 때 그리고 보이지 않는 성가대의 노래를 들을 때 경험하는 것이다. 혹은 달빛이 비추는 폐허가 된 수도원을 방문하거나 어스름한 어둠이 깔릴 때 특별한 추억과 관련된 건축물을 보며 느끼는 것이다.
> 2. 자랑스러운 감탄. — 이 기쁨은 세속적인 사람들 대다수가 볼품 있고 크고 완성도가 높은 건물에서 느끼는 것이다. 건물의 위풍 덕에 사람들은 스스로 소유주나 숭배자가 된 듯한 느낌을 받는다.
> 3. 장인적인 감탄. — 훌륭하고 깔끔한 석공을 볼 때 느끼는 기쁨으로, 취미가 발전하기 시작하는 초기 단계다. 예를 들어 선, 크기, 쇠시리의 비례를 인지한다.
> 4. 예술적이고 이성적인 감탄. — 이 기쁨은 벽, 주두, 프리즈 등에 있는 조각이나 회화를 이해할 때 느끼는 것이다.

좀 더 연구해본 결과 이 네 종류의 감정 중 첫 번째 것, 즉 감성적이거나 낭만적인 감탄은 직관적이고 단순하다는 것을 발견했다. 약간 어둡고 거기에 느린 단조 음악이 수반될 경우 거의 모든 사람이 이와 같은 감정에 빠진다. 이 느낌이 몇몇 감수성을 잘 건드리면 고귀한 정신으로 나타나지만, 전체적으로 볼 때 연극적인 효과에 머무르는 경향이 있다. 그래서 <악마 로베르Robert le Diable 역주83>에 나오는 마법의 장면처럼 붕대와 유령만 충분하다면 랭스 성당에도 쉽게 만족할 수 있을 것이다. 일반적으로 서로 다른 두 가지 예술양식의 영향력을 비교하는 장점으로는 호소력이 있지만, 가식적인 스타일에서 진실을 구별해낼 수는 없다. 이를 가장 고귀하게 표현한 것이 월터 스콧의 위대한 정신이다. 그는 정말 소설 속 장면을 세인트폴 대성당이나 세인트피터스 대성당St. Peter's이 아닌 멜로즈 수도원Melrose과 글래스고 성당Glasgow으로 설정했다. 그럼에도 불구하고 그는 글래스고의 진정한 고딕과 자신의 집인 아보츠포드 하우스Abbotsford의 거짓된 고딕의 차이를 구별할 수 없었다. 이는 문제가 있는 능력으로, 건축의 보다 높은 가치를 판단할 수 있는 바탕이라고 생각하기 어렵다.

2. 자랑스러운 감탄. — 고상한 건축가라면 이런 종류의 찬사는 받으려 하기는커녕 오히려 전적으로 거부해야 한다. 가난한 사람이 감탄할 수 없는 건물은 진정한 감탄의 대상일 수 없다. 그래서 르네상스(현대 이탈리아와 그리스의 양식이다)에 내재한 근본적인 저급함은 자만의 다른 이름이고, 고딕에 내재한 근본적인 고귀함은 겸손의 다른 이름일 뿐이다. 나는 단순히 큰 것과 *대칭*을 사랑하는 것은 거의 예외 없이 상스럽고 협소한 정신과 관련 있다고 생각한다. 그 때문에 한 예를 들면 르네상스 건축의 주요 동력이었던 군주의 정신을 아주 깊이 체득한 인물은 종교적 견해를 이렇게 서술한다. "예수 그리스도가 미천한 자와 가난한 자의 언어로 말했다는 것을 들었을 때 그는 깜짝 놀랐다." 그리고 건축에 대한 그의 취향을, "그는 장엄,

화려 그리고 대칭 외에는 아무 것도 생각하지 않았다"고 서술한다.[1]

3. 장인적인 감탄. — 이는 물론 일정 범위 내에서는 옳지만, 전반적으로 비판의 정신이 없기 때문에 모르타르가 매끈하게 발라져 있으면 최고의 건물이건 최악의 건물이건 쉽게 만족한다. 이것과 대체로 함께하는 감정은 바로 크기의 비례를 지성적으로 관찰할 때 오는 환희인데, 이는 일상생활에서 아주 유용하다. 저녁상에 접시를 배열할 때나[2] 드레스에 장식을 달 때, 현관에 기둥을 배열할 때다. 그러나 시의 운율을 알아듣는 좋은 귀를 가졌다고 해서 좋은 시를 짓는 것은 아니듯이, 이것이 진정한 건축가의 힘을 구성하지는 않는다. 탁월함이 단지 매스의 비례에만 있는 건물은 모두 건축적 운율연습이거나 엉터리 시로 간주하면 된다.

4. 예술적이고 이성적인 감탄. — 마지막으로 이것은 내가 생각하기에 유일하게 할 만한 가치가 있는 감탄으로, 건물에 있는 조각과 색채의 의미와 *전적*으로 결부되어 있다. 일반적인 형태나 크기는 전혀 개의치 않고 인물상이나, 꽃 쇠시리, 모자이크나 여타 장식들을 면밀히 관찰한다. 이에 따라 조금씩 내 머릿속에 분명해진 생각은 조각과 회화가 사실 행해진 모든 것이라는 점이다. 경솔하게도 내가 오랫동안 건축에 종속된 것이라 여겼던 것이 실은 건축의 진짜 주인이었다. 건축가는 조각가도 화가도 아니며, 큰 틀에서 골격을 만드는 사람 이상도 이하도 아니었던 것이다. 이 진실의 실마리를 푸는 순간, 건축에 대한 모든 의문이 더 이상의 어려움 없이 즉시 해결되었

---

[1] 맹트농 부인Madame de Maintenon이 계간지Quarterly Review(1855. 3. 423~428쪽)에서 지적한 것이다. 그녀는 후에 말하길, "그는 그들이 둘씩 마주보고 서서 문의 한기를 막아주는 것을 좋아했다 — *너희들은 대칭으로 죽어야 한다.*"

[2] "마담 5세의 성에서 백발의 집사가 부인에게 식탁 중앙에 놓인 꽃바구니 때문에 용서를 빌었다. '그는 구성을 공부할 시간이 없었군.'"— 스토Harriet Beecher Stowe 여사의 『빛나는 기억들Sunny Memories』에서.

다. 내가 보기에 건축이라는 직업이 독립적이라는 생각은 현대의 단순한 공상일 뿐이며, 과거의 위대한 민족과 건축가의 머릿속엔 한순간도 들어있지 않은 생각이었다. 그러나 파르테논 신전이 있기 위해선 먼저 페이디아스Phidias 역주84가 있어야 했고 피렌체 성당이 있기 위해선 먼저 지오토가 있어야만 했으며, 로마의 산피에트로가 있기 위해선 먼저 미켈란젤로가 있어야 했다는 것은 최근까지도 줄곧 당연시되었다. 그런데 내가 이 새로운 시각으로 우리의 고귀한 고딕 성당들을 조사했을 때 명백해진 것은 장인의 수장은 포치에 얕은 돋을새김을 새기는 사람일 수밖에 없으며, 그에게 다른 모든 것은 부차적이고 그에 의해 성당의 나머지가 본질적으로 조율되어야 했다는 것이다. 하지만 실제로 장인조합은 늘 규모가 컸기 때문에 석공과 조각가 두 부류로 크게 나누어지곤 했다. 나아가 조각가의 수는 많았고 그들의 평균 재능은 상당한 수준이었으니, 건축가가 그 장인이 조각상을 새길 능력이 있는지 또는 각을 재고 곡선을 칠 수 있는지에 대해 말할 필요성을 못 느꼈을 것이다.[3]

독자들도 이러한 상황을 곰곰이 생각해본다면 이는 실제 사실이며 많은 문제들에 대한 열쇠임을 알게 될 것이다. 사실 인간이라는 종족에게 가능한 예술은 두 가지에 불과하다. 조각과 회화. 우리가 건축이라고 부르는 것은 단지 이들을 고귀한 매스와 결합시키거나, 알맞은 위치에 배치하는 것이다. 이외의 모든 건축은 사실 단순한 *건물이다*. 그 건물이 때로는 수도원 지붕의 궁륭처럼 우아하거나 국경 경계탑의 총안처럼 숭고할지라도 그와 같은 예에는 잘 꾸며진

---

[3] 쾰른 성당Kölner Dom의 건축가는 그 일에 대한 계약서에 "magister lapicida," 즉 "수석 석공master stone—cutter"이라는 이름으로 서명했다. 이것은 중세시대에 일반적으로 통용되던 라틴 용어였으리라 생각된다. 14세기에 파리 노트르담을 맡았던 건축가는 프랑스어로 단순하게 "제1 석공premier masson"이라 불렸다.

방의 우아함이나 잘 만든 전함의 아름다움처럼 지고한 예술이 주는 고투의 힘이 없다.

지고한 예술은 모두 자연의 대상을, 그것도 주로 독립적 형상을 조각하거나 그리는 것이다. 그러나 항상 주제와 의미가 있으며 단순히 선이나 색을 배열하는 것이 아니다. 그 예술은 항상 보고 믿는 것만을 새기고 그린다. 실재하지 않거나 믿지 않는 것은 거기에 없다. 대부분의 경우 주위에 보이는 인간과 사물을 그리고 새긴다. 그래서 우리 성당의 파사드에 그 성당에서 현재 복무하고 있는 주교와 사제, 참사회 회원과 성가대원들의 초상을 새기고, 우리 공공건물의 파사드에 그곳에서 주로 활동하는 사람들의 초상을 새기고, 우리의 일반적인 건물에 주변에서 흔히 지저귀는 새들과 만발하는 꽃들을 새길 수 있다면, 또 그럴 의지가 있으면서 영국의 대중이 허락하는 조각가 집단을 우리가 소유한다면 그때 비로소 우리는 영국 건축학파를 가지게 될 것이다. 그때까지는 아니다.

현재 건축을 위해 할 수 있는 가장 위대한 봉사는 12세기 초부터 14세기 말까지의 디테일을 사진으로 찍어 남기는 것이다. 나는 특히 아마추어 사진작가가 이 일에 관심 갖길 바란다. 풍경 사진은 단순히 재미있는 놀이지만, 초기 건축 사진은 귀중한 역사적 사료임을 명심해야 할 것이다. 픽처레스크한 전체 모습 자체를 담아내는 것도 중요하지만 돌 하나, 조각 하나까지도 남겨야 한다. 비계를 설치하거나 건축에 가까이 갈 수 있는 모든 수단을 동원하여 조각을 제대로 담을 수 있는 위치를 포착해야 한다. 어쩔 수 없이 수직선이 왜곡되더라도 개의치 말자. 그 디테일을 온전히 확보할 수만 있다면 그러한 왜곡은 언제라도 용인될 수 있다.

건축애호가에겐 훨씬 더 애국적인 일이 있는데 바로 13세기 조각의 주물을 확보하는 것이다. 어디서건 기회가 주어진다면 그 주물을 일반 노동자들도 접근하기 쉬운 곳에 전시하면 좋을 것이다. 웨스

트민스터에 있는 건축박물관이 이러한 방식으로 내실을 기하기에 가장 바람직한 곳이라고 생각한다.

부록 2

다음은 초판의 네 번째와 다섯 번째 주석이었는데 보존할 가치가 있다.

42쪽. "*각 구획마다 다른 문양의 트레이서리로 장식되어 있다.*"— 나는 똑같은 것이 없다는 것을 확인하기 위해 704개의 트레이서리(벽감마다 4개씩)를 모두 조사하지는 않았다. 그럼에도 연속성 있는 변화의 양상을 보인다. *심지어 벽감의 작은 궁륭지붕에 있는 장미 펜던트조차 모두 다른 문양이다.* (나는 마지막 문장을 이탤릭체로 썼는데, 이 문장이 이 책 전체에서 그동안 자주 언급한 종교적 사랑과 노동을 가장 잘 예증하기 때문이다.)

55쪽. "*그 플랑부아양 트레이서리는 최후이자 최대의 타락한 형태다.*" — 이 트레이서리는 프랑스 왕실의 백합문장을 형태화한 것이라는 휴얼William Whewell 역주85 씨의 지적 이후, 그 무늬가 트레이서리에 들어가면 가장 저급한 플랑부아양의 특징으로 여겨졌다. 이는 바이외의 교차부탑뿐 아니라 팔레즈 생제르베의 버트레스에 아주 풍성하게, 그리고 루앙의 몇몇 주거건물의 작은 벽감에서 나타난다. 또한 생투앙의 탑만 과대평가된 것이 아니다. 생투앙의 네이브는 초기 고딕 배열을 속되게 모방한 플랑부아양 시대의 것이고, 그 기주의 벽감들은 야만이다. 거대한 사각기둥이 네이브 기주를 지지하기 위해 아일의 천정을 지나가는데, 이는 내가 본 고딕 건물 중에서 가장 추한 기형이다. 네이브의 트레이서리들은 가장 무미건조하고 낡아빠진 플랑부아양이며, 트랜셉트 클리어스토리의 트레이서리는 유난히 왜곡된 수직의 상태를 보여준다. 훌륭했던 시대에 지어진 것이라 추정되는 남쪽 트랜셉트조차 현관이 과도하게 장식되어 있고, 그 나뭇잎장식과 펜던트에 이르면 사치스럽다 못해 거의 기괴할 정도다. 교회에서 정말로 아름다워야 할 것은 이것뿐이다. 성가대석, 가벼운 트리포리움, 높은 클리어스토리, 동쪽의 원형 예배실, 조각의 디테일, 전반적으로 경쾌한 비례. 이러한 우수성은 네이브가 거추장스러운 모든 것을 벗어던질 때 최고점에 이른다.

부록 3

58쪽. "*철을 구조체로 허용하지 마라.*" — 제프리 초서Geoffrey Chaucer 역주86의 『캔터베리 이야기The Canterbury Tales』에 나오는 고귀한 마르스Mars의 신전을 제외하고.

예전 판본에서 초서가 마르스의 신전에 대해 묘사한 것을 인용하면서 철의 구조적 사용에 관해 지적한 부분이다. 그러나 초서의 영어는 독자들 대부분이 이해하지 못하고, 나 또한 항상 이해하는 것은 아니다. 그래서 약간의 설명을 덧붙여 그것을 가능한 친숙한 요즘의 문체로 다시 써보겠다.

"And downward from a hill under a bent
There stood the temple of Mars armipotent,
Wrought all of burnëd steel; of which th' entree
Was long, and strait, and ghastly for to see.
5 And thereout came a rage, and such a vise
That it made all the gatës for to rise.
The Northern light in at the door shone,
For window on the wall ne was there none,
Through which men mighten any light discerne.
10 The door was all of adamant eterne,
Yclenched overthwart and endelong
With iron tough, and for to make it strong,
Every pillar, the temple to sustene,
14 Was tun—great, of iron bright and sheene."

"굽은 길을 따라 언덕을 내려오니
용맹한 전쟁의 신 마르스의 신전이 나타난다.
전체적으로 두 번 단련시킨 철의,
입구는 깊고, 좁고, 보기에도 섬뜩하다.
안에서 거센 열기가 몰아치자, 순식간에
문이 올라간다.
북녘의 차가운 빛이 반짝이는 문을 비추고,
벽의 창에는 아무것도 없으니,
어떤 빛이라도 알아챌 것이다.
문은 모두 불변의 금강석으로,
저 위 끝까지 굳게 닫혀 있고,
거친 철을 강하게 달구니,
신전을 지탱하는 모든 원주들은,
찬란히 광채를 발하는 거대한 철의 통이 되었다."

(『캔터베리 이야기』중, 기사의 이야기 1)

1행. "Bent." 사전에 따르면, 언덕의 "굽이" 또는 "내리막길"이다. 내가 생각하기에 사실은 개울의 흐름에 따라 우묵하게 패인 곳일 듯하다. 바로 그곳에서 그들은 총검을 갈기 위해 셰필드Sheffield 역주87 위의 개울에 연못과 화로를 들였다.

3행. "Burnëd steel." 불에 두 번 담금질한 철.

5행. "Vise." 이 단어가 뜻하는 바를 정확히는 모르겠지만, 감으로 말하자면 건물에서 강한 바람이 나오면서 쇠창살의 성문이 올라가듯 아래서부터 문이 올라가는 것을 말하는 것 같다.

7행. "The Northern light." 맹렬하지만 명멸하는 그래서 쓸쓸한, 전쟁을 준비하는 영혼만이 볼 수 있는 불빛이다.

10행. "Adamant." 다이아몬드. 문장紋章의 검정을 의미하는 보석으로, 북녘의 빛이 그것을 통과하여 비추리라 상상한다.

 14행. "Tun—great." 포도주 통처럼 큰 원통.

마지막으로, 위대한 시인들은 그들의 이미지가 평범하건 그렇지 않건 전혀 신경을 쓰지 않는다는 것을 주목하라. 다만 분명할 뿐이다.

그 밖에도 위의 구절 바로 앞에 건축의 *색채와* 관련하여 훌륭한 대목이 있다:

> " And northward, in a turret on the wall
> Of *alabaster white, and red corall,*
> An oratorie riche for to see,
> In worship of Diane of Chastitee."

> "그리고 북쪽으로, 옹벽 위 포탑에서 보면
> *하얀 설화석고와 빨간 산호로 된,*
> 아름다운 예배당이 있어,
> 순결의 디아나를 숭배한다."

부록 4

118쪽. "*밋밋한 커스프*." — 도판 4는 포스카리 궁전 4층 측면에 있는 창의 하나다. 베네치아 대운하 반대편에서 그렸기 때문에 트레이서리의 선들이 약간은 원근감을 보인다. 중앙창의 특징적인 네잎장식의 일부분이다. 나는 측량을 하면서 그들의 구조가 대단히 단순하다는 것을 알았다. 4개의 원들이 커다란 원 안에 접하고 있다. 자신의 짝인 마주한 원과 접점을 이루면서, 구멍 난 십자모양으로 네 원이 만난다. 교차부분과 내부의 원을 없애면 뾰족한 커스프만 남는다.

부록 5

249쪽. *"가장 고귀한 시에 속하는"* — 콜리지Samuel Taylor Coleridge의
<프랑스에 부치는 송시Ode to France>역주88

> "Ye Clouds! that far above me float and pause,
> Whose pathless march no mortal may control! a
> Ye Ocean-Waves! that wheresoe'er ye roll,
> Yield homage only to eternal laws! b
> Ye Woods! that listen to the night—birds singing, c
> Midway the smooth and perilous slope reclined, d
> Save when your own imperious branches swinging, e
> Have made a solemn music of the wind!
> Where, like a man beloved of God, f
> Through glooms, which never woodman trod, g
> How oft, pursuing fancies holy,
> My moonlight way o'er flowering weeds I wound,
> Inspired, beyond the guess of folly, h
> By each rude shape and wild unconquerable sound!
> O ye loud Waves! and O ye Forests high!
> And O ye Clouds that far above me soared!
> Thou rising Sun! thou blue rejoicing Sky! i k
> Yea, every thing that is and will be free!
> Bear witness for me, wheresoe'er ye be,
> With what deep worship I have still adored
> The spirit of divinest Liberty."

"오 구름이여! 저 멀리 나의 위를 떠다니고 멈춰서는 것,
그 정처 없는 행진을 어떤 인간도 막지 못하리! a
오 대양의 파도여! 어디라도 굴러가는 것,
오직 영원불변의 법칙에 경의를 표하는구나! b
오 나무여! 밤새들의 노랫소리를 듣는 것, c
부드럽고 위험한 경사지 중턱에서, d
너의 오만한 가지를 흔들며, e
장중한 바람의 음악을 만드는구나!,
그곳에서 나는, 신에게 사랑 받는 인간처럼, f
나무꾼도 지나간 적이 없는 어둠을 지나, g
얼마나 자주, 성스러운 상상을 좇으며,
피어나는 들꽃 위로 쏟아지는 달빛을 따라 방랑했던가,
저 모든 날것의 모습에서 그리고 정복할 수 없는 야생의 소리에서
어리석은 망상을 넘어, 영감을 받는다!,h
오 소리치는 파도여! 오 드높은 숲이여!
저 높이 내 위에 솟아오른 구름이여!
그대 떠오르는 태양이여! 푸르게 웃음 짓는 하늘이여! i k
그래, 모든 것이 자유롭고 자유로울지어다!
어디에 있든, 나를 위해 증인이 되어주오,
내가 여전히 깊은 경배를 보내는 것은,
가장 신성한 자유의 정신이라고."

고귀한 시, 그러나 잘못된 생각 : 조지 허버트와 비교하자면,

"Slight those who say amidst their sickly healths,
Thou livest by rule. What doth not so but man?
Houses are built by rule, and Commonwealths.

Entice the trusty sun, if that you can,

From his ecliptic line; beckon the sky.

Who lives by rule then, keeps good company."

"병든 이들이 말하는 것을 무시하라,

규칙대로 살아라. 그리 하지 않는 것이 인간 외에 누구더냐?

규칙대로 집을 지어라, 그래서 영국공화국이다.

당신이 할 수 있다면, 성실한 태양을 꾀어내라,

그 태양의 황도黃道에서, 하늘을 유혹하라.

그러면 규칙대로 사는 자, 좋은 동반자를 얻을 것이다."

a 신이 막는다면, 그들은 더 자유로울까?

b 파도가 배를 따르면 고귀하지 못한 것인가? 그렇다면 배의 선장은 어떤가? 배가 선장의 모자를 따르지 않으면 위엄을 얻게 되는가?

c 순전한 헛소리.

d 왜 중턱인가, 꼭대기나 바닥이 아니고?

e 순종하지 않고 오만하다는 것은 명예로운 것인가, 그러면 그 나뭇가지는 무엇을 명령하고, 무엇을 위해 명령하는가?

f 다시금 헛소리. 우리는 더 이상 "신에게 사랑 받는 인간"이 아니다. 우리가 숲속을 거닐 때나 숲 밖을 거닐 때나.

g 나무꾼은 당연히 세속의 사람들인가?

h 신성함과 추정할 수 없는 높이에 대한 영감을, 아마도 너무 자신 있게 확신하는 것 같다. 왜냐면 달빛 아래서 산책하는 망상은 날 것의 모습이자 극복할 수 없는 소음이기 때문이다.

I k 떠오르는 태양은 예전에는 언급된 적이 없다. 왜 작가는 내려앉는 태양보다 떠오르는 태양에서 더 "자유"를 생각하는지 드러

나지 않는다. 모든 창조 중에서 태양은, 합리적인 사람이라면 "가장 신성한 자유의 정신"으로 움직이는 마지막 대상이라 여길 것이다. 또는 그렇게 되기를 바라야 하는 대상이다.

"Who keeps no guard upon himself is slack,
And rots to nothing at the next great thaw;
Man is a shop of rules; a well—truss'd pack
Whose every parcel underwrites a law.
Lose not thyself, nor give thy humours way;
God gave them to thee under lock and key."

"자신을 경계하지 않는 자는 게으르므로,
다음에 올 위대한 해빙기에 아무 것도 썩히지 못할 것이다.
인간은 규칙의 가게, 규칙으로 묶은 꾸러미다
그는 법칙을 배달하는 모든 소포에 서명한다.
스스로를 풀어놓지도 말고, 유머에 굴복하지도 말라.
신이 당신을 위해 그것을 열쇠와 자물쇠로 잠갔으니."

역주

1. 쇠거스러미burr는 바늘로 동판을 긁었을 때 금속이 얇게 일어나 올라오는 것을 말한다.
2. 다게레오타입은 프랑스의 화가 루이 다게르Louis Daguerre(1787~1851)가 1839년 개발한 초창기 은판사진술이다.
3. '그림 같은'이라는 의미의 이 개념에 대해서는 6장에서 자세히 서술된다.
4. 윌리엄 멀레디(1786~1863). 아일랜드에서 출생하여 런던에서 활동한 화가이다. 가볍고 산뜻한 색조로 매우 고즈넉하고 차분한 풍경화를 그려 이름을 알렸다. 대표작으로 <소네트Sonnet>, <첫 여행The first voyage> 등이 있다.
5. 조지 허버트(1593~1633)는 영국의 목사이자 시인이며 존 녹스(1514~1572)는 영국 스코틀랜드의 종교개혁가이자 역사가이다.
6. 이 책에서 '사용성', '사용목적' 등의 의미는 건축의 예술성과 대비되는 건축의 기능 혹은 용도로 생각할 수 있다. 러스킨은 그것을 아래의 다섯 가지로 분류해서 정리하고 있다. 예를 들어 세부적인 용도 분류 — 병원, 학교, 상가, 사무실 등 — 로 건축의 예술성 혹은 정신성을 제한할 수 없다는 의미이다. 그 개별 조건을 건축적 요소로 수용할 경우 건축의 보편성(이 책 7장 참고)을 저해하고, 오랜 기간을 유지하며 여러 기능을 소화해야 하는 건축의 유연성을 상실할 뿐만 아니라, 그러한 특별한 조건은 대부분 건축적 요소가 아닌 기계적 요소로 해결되는 것이기 때문이다.
7. 샤프트는 주신柱身을 말한다. 주두나 애버커스, 주추를 제외한 기둥의 몸체이다.
8. 아둘람은 유다 남부에 있던 가나안 사람들의 성읍이었다. 역대기상 11장 참고.
9. 존 플랙스먼(1755~1826)은 요크 태생의 영국 고전주의 조각의 대표자로서, 초상조각을 많이 제작하였다.
10. 오더에는 순서, 질서라는 의미가 있지만 건축에서는 기둥과 관련된 질서나 배열, 비례의 형식을 뜻한다. 주식柱式이라고도 한다.
11. 캉은 프랑스 북부 노르망디의 도시로 석회암 산지다. 중세시대에 성당과 수도원을 지으며 이곳의 돌을 많이 사용했는데, 영국의 경우 캔터베리

대성당과 런던타워Tower of London가 대표적이다.
12 스팬드럴은 아치, 천장, 기둥 사이의 벽면을 말한다. 공복拱腹이라고도 한다.
13 포치는 돌출한 궁륭의 지붕과 그 지붕을 받치는 기주로 둘러싸여 있는 현관을 말한다. 비바람을 막아주기도 하지만, 서양의 옛 교회에선 주 출입구의 위상을 나타내기 위해 여러 가지 장식을 했던 부분이다.
14 산타마리아델피오레 대성당Santa Maria del Fiore의 종탑을 말한다. 유명한 만큼 명칭도 다양하다. 성당은 플로렌스 돔 또는 피렌체 두오모로, 종탑은 지오토 종탑, 두오모 종탑, 피렌체 종탑 등으로 불린다.
15 쇠시리는 모서리나 교차부의 연결부분, 창의 둘레 등에 두르는 요철이 있거나 평평한 띠를 말한다.
16 트레이서리는 서양 중세 건축에서 창이나 창의 윗부분에 짜 넣는 장식적인 골조骨組다.
17 여기서 후기라 함은 중세 말기 15세기 이후의 후기 고딕과 르네상스 건축을 말한다.
18 체르토자 수도원은 파비아에 있는 카르투시오Carthusio 교단의 수도원이고, 콜레오니 예배당Capella Colleoni은 베르가모의 지도자였던 바르톨로메오 콜레오니Bartolomeo Colleoni(1400~1475)의 무덤이 있는 예배당이다. 둘 모두 고딕 양식을 배제하고 르네상스 양식을 시도한 이탈리아의 건축가이자 조각가인 조반니 아마데오Giovanni Antonio Amadeo(1447~1522)의 작품으로, 밀라노 대성당과 더불어 그의 대표작으로 꼽힌다.
19 커스프는 아치의 두 곡선이 만나는 세모꼴의 뾰족한 끝을 말하고, 정식은 커스프, 피너클, 박공벽의 끝에 붙이는 장식을 말한다.
20 피너클은 뾰족하고 작은 첨탑을 말하는데, 교차부탑이나 서쪽 파사드에 있는 탑의 첨탑 부분spire과 구분하여 칭한다.
21 성당의 교차부는 빛이 이르지 않는 곳이므로 교차부탑을 이용하여 채광을 할 수 있다. 그러므로 채광탑은 교차부탑의 동의어이다.
22 브루넬레스키(1377~1446)는 피렌체 성당의 돔을 설계한 건축가이다. 1420~1434년에 건조된 내경 42미터의 8각형 돔은 벽돌을 쌓아 만든 조적조 돔으로서 수평 인장력이 없기 때문에 돔의 기초에 철과 나무로 만든 사슬을 수평으로 엮어 깁있다고 한다.
23 매스는 크기, 부피, 형태의 의미를 모두 포함하지만, 하나의 덩어리 또는 뭉침을 연상시키는 개념이다.

24 시편 15장 4절.
25 그리자유는 회색 또는 채도가 낮은 한 가지 색으로 명암과 농담을 조절하여 그리는 단색화를 말한다. 특히 르네상스시대의 화가들이 조각과 같은 입체감을 표현하기 위하여 많이 사용하였다.
26 코레조의 방은 코레조(1489~1534)가 1518년 벽화로 장식한 파르마의 산 로도비코 수도원San Lodovico의 사도 바울의 방Camera di San Paolo을 가리킨다.
27 멤논은 그리스 신화에 나오는 에티오피아의 왕이다. 티토노스와 여신 에오스의 아들로, 트로이 전쟁 때 숙부인 트로이 왕 프리아모스를 도와 용감하게 싸우다가 그리스의 영웅 아킬레우스의 손에 죽지만 뒤에 제우스의 배려로 불사의 존재가 된다.
28 스투코는 석회를 주재료로 대리석가루와 점토를 섞어 벽에 바르는 화장도료이다. 이 위에 부조를 새기거나 채색을 해서 장식한다.
29 설화석고는 대리석의 일종으로 백색과 황색의 결이나 문양이 있다.
30 로비아 가家는 15, 16세기에 이탈리아 피렌체에 거주하던 조각가 가문으로 유명하다. 특히 테라코타 부조로 이름을 널리 알렸다.
31 카라라는 대리석으로 유명한 이탈리아의 도시이다. 중세부터 뛰어난 품질의 대리석을 채석하였으며, 미켈란젤로와 같은 유명한 조각가들이 그 돌을 이용해 작품을 제작하였다.
32 로버트 윌리스(1800~1875). 영국의 건축사학자이자 구조역학자로 중세 건축과 영국 성당의 역학구조에 대한 저서를 다수 남겼다.
33 외는 프랑스 북서부 오트 노르망디 지역의 작은 도시이며 외 성당은 Collégiale Notre—Dame et Saint—Laurent d'Eu을 말한다.
34 로마네스크 양식과 고딕 양식 교회의 네이브는 수직적으로 세 부분으로 나뉜다. 맨 아래 회랑과 아치로 이루어진 부분이 아케이드, 그 위 중간부분이 작은 아치들로 구성되는 트리포리움, 맨 윗부분이 빛이 들어오는 클리어스토리이다. 참고도면 참조.
35 그림에서 위에 있는 스팬드럴은 문의 머리 부분이고, 그 밑에 있는 아치들과 샤프트는 그 문을 감싸는 측면의 일부다. 두 부분을 겹쳐 그린 것이다.
36 카베토는 단면이 약 원의 4분의 1이 되게 중앙을 비우면서 둥글게 말아놓은 오목한 쇠시리를 말한다.
37 아브빌의 생불프랑 성당St. Wulfran을 말한다. 15~17세기에 세워진 고딕 플랑부아양 양식의 대표적 성당이다.

38 애버커스는 서양 고전건축의 주두 최상부에 있는 정사각형 또는 원형의 판이다. 그 위에 아키트레이브가 얹혔다. 서양의 중세 건축에서는 정사각형, 팔각형, 원형인 것이 보통이나, 14~15세기에 이르러 가끔 주두와 함께 생략되기도 한다.
39 뇌문雷紋이란 아시아의 건축 장식에서 많이 볼 수 있는 만자卍字무늬, 또는 갈고리형, 미로, 구불구불한 곡선 등의 기하학적 무늬를 말한다.
40 앞은 아름다움의 이미지를, 뒤는 힘의 이미지를 비유한 것이다.
41 아키트레이브는 고전 건축에서 열주列柱 위에 얹는 수평의 대들보이다. 위에 프리즈와 코니스가 얹혀 엔타블러처를 이룬다. 또는 출입문이나 창문 주위를 장식하는 쇠시리 모양의 가장자리를 말하기도 한다.
42 큰 아치 안에 2개의 작은 아치가 들어가는 형태.
43 존 밀턴(1608~1674). 런던 출생의 시인으로 대서사시 『실낙원 Paradise Lost』의 저자이다. 셰익스피어에 버금가는 영국 시인으로, 다른 영국시인의 추종을 불허하는 라틴어 시의 대가로 평가받는다. 시 외에도 성서, 교육, 출판의 자유, 정치제도에 관한 많은 논문과 산문을 썼다.
44 찰스 이스트레이크 경(1836~1906)은 건축가이자 가구 디자이너로, 빅토리아시대에 초기 영국 양식과 근대 고딕 양식을 부활시켜 유명해졌다.
45 트리글리프는 도리스 양식 오더의 프리즈 부분으로, 세로로 세 줄의 볼록면이 오고 그 사이와 양 끝에 네 줄의 오목한 홈이 파이는 장식이다. 중앙 두 줄은 완전한 반원의 홈이 오고, 양 끝에는 4분의 1 원의 홈이 붙는다. 메토프와 번갈아 오며 프리즈를 형성한다. 참고도면 참조.
46 산탄젤로 성은 로마에 있는 둥근 원통형의 건물로, 명칭에는 성城이 들어가 있으나, 원래는 로마 황제의 무덤이었다. 체칠리아 메텔라의 묘 또한 아피아가 Via Appia에 있는 로마시대의 묘지로 지름 20미터의 원통형 건물이다.
47 이 그림은 영국의 시인인 새뮤얼 로저스(1763~1855)가 기증한 티치아노(1488~1576)의 <나를 만지지 말라 Noli me Tangere>를 말한다.
48 오르카냐(1308~1368)는 이탈리아에서 활약한 화가이자 조각가, 건축가이다. 고딕 양식의 영향을 받은 오르산미켈레 성당의 부조 <성모의 죽음과 승천 Morte e Assunzione della Vergine>이 그의 대표작인데, 조형적인 면에서 르네상스를 예고했다는 평가를 받는다.
49 3장의 앞부분이 힘과 아름다움에 대한 상위의 개념에 대한 내용이었다면, 지금 이 부분에서는 그 개념을 보조하는 하위의 장식에 대해 말하고 있다.

50 평연은 폭이 좁고 긴 장방형에 표면은 평평한 띠형의 쇠시리나 장식을 말한다.
즉 장식이 절제되고 변화하지 않으므로 상위 개념 — 표면의 크기와 매스의 무게, 빛과 그림자의 넓이 — 의 힘과 아름다움만이 남았다는 뜻이다.
51 도버해협을 사이에 두고 켄트는 영국의 남동쪽 지역이고 피카르디는 프랑스의 북부 지역이다.
52 열왕기상 19장 참고.
53 길로슈는 가느다란 선으로 이루어진 지그재그, 부채꼴, 햇살무늬 등의 금속돌기를 말한다.
54 아르고스는 그리스 신화에 나오는 눈이 많이 달린 괴물로, 헤라의 명으로 제우스를 감시하다 죽음에 이른다. 아르고스의 죽음을 안타깝게 여긴 헤라가 그의 눈을 자신이 아끼는 공작의 깃털에 달았다고 한다.
55 백합모양은 1147년 이래 프랑스 왕실의 문장으로 사용되었다.
56 텔루르와 장석은 활자를 새기는 금속과 돌을 말한다.
57 로도비코 카라치Lodovico Carracci(1555~1619), 안니발레 카라치Annibale Carracci(1560~1609), 아고스티노 카라치Agostino Carracci(1557~1602). 모두 이탈리아의 화가로 형제지간이거나 사촌지간이다. 르네상스시대에 베네치아에서 공부했고, 볼로냐에서 활동했다. 5장 14절에서 다시 거론된다.
58 니네베는 고대 아시리아의 수도이다.
59 이 문장은 바로 이전 문장을 설명하고 있다. 앞의 예는 공통감각이 없는 볼품없는 장식은 어디서건 사용해서는 안 된다는 점을, 그리고 뒤의 예는 훌륭한 장식이라 하더라도 일과 휴식의 공간에 맞게, 즉 시간과 장소에 적절하게 사용해야 한다는 것을 말한다. 삼위일체교는 피렌체 아르노 강에 있는 아름다운 다리로 유명하다.
60 월터 스콧(1771~1832). 영국의 역사소설가, 시인, 역사가. 원래 직업은 변호사였으나 전설이나 민요에 관심을 가져 이를 수집, 출판하면서 시를 쓰기 시작했다. 1805년 『최후의 음유 시인의 노래The Lay of the Last Minstrel』, 1808년 『마미온Marmion』, 1810년 『호수의 여인The Lady of the Lake』의 3대 서사시로 시인의 명성을 얻었고 다수의 역사소설을 남겼다.
61 이 책에서 순수함이란 법칙을 엄격히 따른, 그래서 군더더기가 없는 추상적이고 단순한 모습을 뜻하고, 완벽한 조각은 그와는 달리 매우 사실적인 완성도를 가진 조각을 말한다.
62 그리스 아이기나Aigina 섬에 있는 아파이아Aphaia 신전의 박공벽 조각을

역주

말한다.
63 영국의 엘진 경 브루스Thomas Bruce(1766~1841)가 그리스 주재 영국대사로 있을 때 매입하여 영국에 운반한 파르테논의 조각품을 말한다. 현재 영국박물관에 있다.
64 코레조의 <비너스와 머큐리>에 나오는 화려한 혼합색의 공작의 깃털을 말한다.
65 토르첼로는 베네치아 북쪽에 있는 섬으로 그곳의 대성당Santa Maria Assunta을 말한다. 639년에 창건되었으며, 12세기 작품으로 알려진 성모상 모자이크가 있다.
66 파도바에 있는 스크로베니 예배당Cappella degli Scrovegni을 말하는데, 지오토가 그린 프레스코화로 유명하다.
67 도판 9에서 보듯 지오토 종탑 최상부의 셋으로 나뉜 개구부를 말한다.
68 사무엘하 7장 8절.
69 니콜라 피사노(1220~1284)는 이탈리아의 조각가로, 피사 대성당을 비롯하여 여러 성당의 설교단을 제작했다.
70 브라챠braccia는 팔의 길이로 24인치에 해당하고, 팔미palmi는 손의 길이로 4인치에 해당한다.
71 4장 28절에서 언급한 수직 분할에 대한 규칙을 말한다.
72 존 우드(1704~1754)는 영국의 건축가로, 주로 고향인 바스Bath에서 활동하며 많은 거리 디자인과 건물을 남겼다. 대표작으로 서커스The Circus와 프라이어 파크Prior Park가 있다.
73 팀파눔은 아치에서 문이나 창의 아랫부분을 제외한 박공모양의 머리 부분을 말한다.
74 호가스(1697~1764)는 영국의 화가, 판화가로서, 당시의 시대상을 풍자한 작품들로 이름을 알렸다. 변화가 풍부한 전개와 생생한 표현이 특징적이다.
75 미노 다 피아솔레(1429~1484)는 이탈리아의 조각가로, 주로 흉상을 제작했다. 당시의 피렌체 조각가들과 달리 날카롭고 각진 선들이 특징적이다. 디테일이 정교하며 종교적 느낌이 강하다.
76 마리아의 달은 5월이 주는 자연의 아름다움과 성모 마리아의 정신성을 연관시켜 마리에게 기도하도록 권하는 달이다. 성모성월聖母聖月이라고도 한다.
77 주 성은 12세기에 지어진 프랑스의 성이고, 그랑송 성은 11세기 경 건축된

스위스의 성이다. 인간의 힘으로 만든 건축이 자연과 함께할 때 자연의 위엄과 아름다움이 더욱 커진다는 의미다.

78 문서의 문Porta della Carta을 말한다.

79 트라야누스(53~117). 98~117년 재위한 로마 황제다. 겸손과 소통의 자세로 로마 원로원을 포용하고 빈민을 위한 부양정책을 실행하였으며 도시를 정비하고 영토를 확장시켜 로마제국을 번영시킨 황제로 기록되었다. 특히 이전 황제였던 도미티아누스(51~96, 재위 81~96)가 부당하게 감옥에 가뒀던 사람들을 석방하고, 몰수한 재산을 돌려줘 대중의 열렬한 지지를 받았다.

80 이 절부터 16절까지 아름다움과 숭고의 차이 그리고 숭고의 종류에 대해 말하고 있다 (3장 2절에서도 언급하였다). 예를 들어 시와 소설의 차이점을 꼽자면 형식 이외에도 시는 대상이나 현상의 본질을 보고자 한다면, 소설은 역사적 의미나 윤리적 지향 등을 동반한다. 음악으로 비유하자면, 순수한 음의 조합과 배열로 이루어지는 바흐의 음악과 장중함과 비극적인 감흥을 주는 베토벤 음악의 차이점이 아닐까 한다. 그런 한에서 시와 바흐의 음악은 아름다움을, 소설과 베토벤의 음악은 숭고를 지향한다고 볼 수 있다. 그러나 숭고가 그 대상의 본질에 가까이 있으면 본질적 숭고가, 그 본질에서 점점 멀어져 주객이 전도되듯 본질에서 벗어나면 '기생적' 숭고인 픽처레스크가 된다 (물론 문학과 음악과는 다른 시각적 대상에 국한된 표현이다). 이 점을 구분하는 이유는 앞서 러스킨이 예찬한 건물의 오래됨이 주는 숭고함과 유럽의 후기 낭만주의 시대에 등장한 이른바 '폐허건축architecture of ruins'의 차이를 규명하기 위해서다(16절 참조). 폐허건축은 쇠락한 건물이나 건물의 잔해가 남은 장소를 인위적으로 만들어 그 낭만성을 추구하는 경향으로 오늘날 남조된 빈티지vintage 인테리어와 같은 맥락이다.

81 여기서 서사적인 학파란 문맥상 인물의 본질을 묘사하는(아름다움) 순수한 조각가들로 픽처레스크 학파의 조각가들과 대비되고 있다. 당시 건축에서 조각의 기능은 역사의 서술 즉 역사적 이야기의 묘사를 담당하고 있었기 때문에, 서사적인 학파는 그 기록에 충실한 학파로, 픽처레스크 학파는 기록이라는 본질에서 벗어난 조각 자체의 숭고를 지향하는 학파로 구분하고 있다.

82 기원전 480년에 스파르타의 왕 레오니다스 1세가 인솔하는 그리스 군이 페르시아 군과 싸워 전멸한 그리스의 옛 싸움터이다.

83 독일의 작곡가 자코모 마이어베어Giacomo Meyerbeer(1791~1864)가 1831년 작곡한 오페라이다.
84 피디아스라고도 불리며, 고대 그리스의 조각가로 B.C. 5세기 중반 고전전기의 미술을 대표한다. 파르테논 신전의 조각 장식을 제작하는 데 주도적 역할을 했다고 알려져 있다.
85 윌리엄 휴얼(1794~1866)은 다방면의 학문을 연구한 영국 성공회교의 신부이자 신학자이며, 자연철학자, 과학역사학자이기도 하다. 1830년 고딕 건축과 관련해서 발표한『독일 교회에 관한 건축주석Architectural Notes on German Churches』은 과학적 토대에서 건축의 양식을 바라본 연구서이다.
86 제프리 초서(1343~1400)는 중세 영국의 시인이다. 그의『캔터베리 이야기』(1393~1400)는 중세 유럽의 설화문학을 대표하는 작품으로 꼽힌다.
87 셰필드는 영국 사우스요크셔 주South Yorkshire의 도시로 돈 강River Don과 시프 강River Sheaf의 합류점에 위치해 있다. 풍부한 수자원 덕에 일찍이 제강업이 발달하였으며, 14세기부터 칼을 생산한 것으로 알려져 있다. 셰필드 박물관에는 러스킨의 자료실이 있다. 이 자료실은 1875년 러스킨이 생전에 수집한 자료를 기증하여 만든 것으로, 셰필드의 노동자들이 좀 더 나은 여가시간을 보내고 자신의 일에 영감을 얻고 독창적인 사고를 할 수 있도록 북돋기 위해 기획된 것이라고 한다.
88 콜리지(1772~1834)는 영국의 시인이자 평론가이며 <프랑스에 부치는 송시>는 1789년 프랑스혁명에 대한 자신의 느낌과 견해를 담은 시다.

역자의 말

존 러스킨은 다방면의 글을 쓴 사상가로 알려져 있다. 특히 젊은 시절엔 예술관련 비평에 열중했으며, 1860년을 전후해선 정치, 경제, 사회에 관한 글을 쓰며 사회사상가로 이름을 알렸다. 이렇게 시기별로 주된 저술의 방향이 바뀌기는 하지만 어떤 분야가 됐건 그의 글은 당연하게도 그의 총체적인 사상을 바탕으로 하고 있으며, 그래서 각 분야의 독자적인 지식만으로는 이해하기 어려울 수도 있다. 이 책 또한 건축을 주제로 하여 건축의 미학적 개념과 사례를 말하고 있지만 그의 도덕관, 종교관, 경제관을 바탕으로 하고 있기에 다소 건축과 무관해 보이는 내용들이 등장하곤 한다. 하지만 이러한 종합적 사고는 우리에게 인간의 삶을 총체적으로 들여다볼 수 있게 하고, 건축 자체에 대해서도 깊이 있는 성찰을 유도한다. 아마도 이런 점이 그의 글이 오랫동안 읽히는 이유일 것이다.

그래서 이 글은 건축을 정치적 도구나 경제적 수단으로 바라보는 다수 일반과 순수하게 미학적 대상으로만 바라보는 건축가들 모두에게 의미 있을 뿐 아니라, 이렇게 분리된 시각이 심화되고 있는 우리나라의 건축계에 근본적이고도 총체적인 성찰을 제공함으로써, 문제의 뿌리를 깨닫고 현실적으로도 바람직한 해답을 찾는 데 보탬이 되지 않을까 기대해본다.

다면적 방향을 염두에 두고 있는 이 글을 이해하기 위해 간략하게나마 그의 사상을 훑어보는 일이 필요할 것이다. 분야는 매우 다르지만 그의 글을 관통하는 일관된 흐름은 '윤리성'이라 할 수 있는데, 그 윤리성의 근간은 기독교적 윤리관이다. 그러나 기독교의 정신이나 교리를 펼쳐 보이는 것이 러스킨의 목적은 아니다. 오히려 그가 말하고자 하는 바는 결국 모든 인간 활동을 지배하는 것은 인간의 정신이라는 것, 그래서 그 활동이 제대로 작동하기 위해선 우선 고귀한 정신이 전제되어야 하며, 그 역할을 하는 것은 도덕과 종교와 예술이라는 것이다.

> 인간의 노동이 행해지는 분야에는 불변하는 법칙이 있으며, 그 법칙은 인간 활동을 지배하는 다른 모든 분야의 법칙과도 밀접한 유사성을 갖는다는 것이다. 그러나 이보다 더 중요한 사실은 우리가 어떤 한 분야의 실제적인 법칙을 아주 단순하고 확실하게 압축한다면 그것은 각각의 법칙들과의 상호 유사성과 일치성을 넘어서서, 도덕적 세계를 관장하는 저 강력한 법칙의 중추신경과 관절을 실제적으로 보여주게 된다는 것이다. - 머리말 중에서

> 내가 인간의 행위와 즐거움에 희생의 정신이 표현되어야 한다고 주장했던 이유는 그 행위가 종교적 동기로 발전할 수 있기 때문이 아니라, 인간 자신이 그 안에서 무한히 고귀해질 수 있다는 것이 매우 확실하기 때문이었다. - 2장 2절

그래서 이 책의 내용을 단순하게 정리하면 '타인에 대한 사랑으로 행하는 노동이 아름다운 세상, 아름다운 건축을 만든다' 정도로 압축될 수 있다. 하지만 오늘날 타인(공동체)에 대한 사랑(윤리성)이 노동(경제적 행위)을 통해 건축(예술)으로 드러나는 과정을 보기란 쉬운 일이 아니고 심지어 완벽하게 유리된 상황이라 할 수 있기 때문에, 이 내용을 이해하기 어려울 수도 있으며, 옛날 옛적 먼 나라의 고리타분한 이야기로 들릴 수도 있고, 아니면 러스킨의 한탄대로 아주 쓸모없는 헛소리로 들릴 수도 있다. 그도 그럴 것이 건축가들조차도 건축을 '디자인'만으로 이해하거나 단순한 생계수단으로 여기는 경우가 많고, 건설이라는 경제 행위는 기업이윤의 증대 또는 부동산의 소

역자의 말

유나 투자로 이해될 뿐이며, 정치공동체를 꾸려나가야 할 정치인들에겐 개인적 욕망을 성취하기 위한 정치적 도구가 되었기 때문이다.

이와 같은 현상은 이미 러스킨의 시대에도 시작되고 있었으며, 단지 지금은 그 상황이 완벽하게 고착되고 당연시되는 상황이라 할 수 있다. 현재 우리가 봉착하고 있는 많은 문제들, 예를 들면 경제적으로 아무런 도움이 되지 않을뿐더러 후세에게 엄청난 부채만을 떠넘길 각종 토건사업과 행사-전시 사업들, 현세대는 물론이고 앞으로 올 세대 모두에게 근본적인 삶의 터전이자 공동체의 역사적 기록인 도시의 건설을 일회적이고 폭압적으로 진행하는 소위 재개발, 재건축 사업들, 또한 무엇보다 부동산투기와 그와 연관된 금융상품들로 한탕주의가 만연하고 그 결과 산업과 노동이 경시되어 경제 기반이 흔들리는 것은 물론, 인간 노동의 가치가 상실되어 인간의 존엄마저도 경시되는 윤리적 수준에 도달하는 것을 러스킨은 이미 예견하고 있었고 그것이 건축을 주제로 한 이 책을 쓰게 된 동기였다. 그리고 윤리, 정치, 경제, 예술을 넘어 이러한 사회에서는 근본적으로 인간이 행복할 수 없다는 것이 러스킨의 생각이었고 그의 경제관이었다.

당시 영국은 지금에서 바라보면 경제학의 산실이었다. 이른바 정통파 경제학을 구축한 당시의 애덤 스미스(1723~1790)와 맬서스(1766~1834), 리카도(1772~1823), 존 스튜어트 밀(1806~1873) 등에 의해 자본주의 경제학이 번성하고 있었다. 그러나 러스킨은 대부분 생산과 소비(시장)에 방점을 찍는 그들의 논리를 격렬히 비판하며 노동에 방점을 찍는 경제론을 펼쳤다. 또한 노동에 방점을 찍지만 과학적으로 분석하려 했던 마르크스(1818~1883) 경제학과 달리 윤리적, 예술적 개념으로 접근한 러스킨 경제학은 경제 또한 고귀한 인간성이 바탕이 되지 않고는 어떤 경제 원리도 제대로 작동할 수 없으며, 결국 인류의 안녕에 기여하지 못할 것이라 주장하는 것이었다.

> 나는 장식과 관련된 모든 질문 중에서 결정적인 것은 단지
> 이것뿐이라고 생각한다. 그것은 즐겁게 행해졌는가?
> 그 조각가는 이를 행하는 동안 행복했는가? - 5장 24절

> 나는 밥벌이라는 의미의 노동을 말하는 것이 아니라, 정신적
> 관심사라는 의미에서의 노동을 말한다. - 7장 8절

이는 애덤 스미스가 말하는 '보이지 않는 손'에 의해 개인의 이기적 욕망이 결국 합리적 시장을 작동시킬 것이라는 절대적 신념이 전 세계에서 깨져나가고 있는 지금 특히 시사하는 바가 크며, 그래서 현재진행형의 글이라 할 수 있다. 또한 이러한 경제 위기 속에서 우리가 경제와 도덕을 얼마나 무관한 범주로 구별했는지 반추하게 한다. 사리사욕으로 한 사회에 치명적 상해를 입히는 경제사범에게 얼마나 관대하며, 이런저런 사소한 타인의 행동은 도덕성을 문제 삼아 신랄하게 비판하면서 나의 작은 경제적 이익을 위해서는 양심과 윤리는 뒷전에 두는 것이 일반적인 행태가 아닌가 한다.

이러한 윤리적, 경제적 연관관계 속에서 러스킨이 하필 건축을 논하는 것은 예술이 윤리와 더불어 고귀한 인간성을 함양하는 데 결정적이기도 하지만, 그중에서도 건축이 인간의 삶과 가장 밀접하면서도 앞서 말했듯이 정치, 경제적으로 광범위한 영향권을 형성하기 때문이다. 예컨대 미술이나 음악 작품은 한 개인의 예술가가 완성할 수 있다. 그러나 건축은 건축가 개인의 결정으로 완성될 수 없고 정치공동체의 여러 이해관계와 그 이해를 판단, 결정하는 그 공동체의 시대적 정신성에 따라 완성될 수밖에 없다. 따라서 건축이 여러 국면에서 총체적으로 드러나는 그 공동체 정신성의 바로미터가 되기 때문에 건축이라는 결과물을 생산하기 위한 정신(등불)을 그 사회를 이끌어가는 정신으로 상정하고, 그것이 과연 어떤 정신이어야 하는

지 이 책에서 일곱 가지로 정리하는 것이다.

물론 그 일곱 가지 정신이 각 장의 제목처럼 칼로 자르듯 분명하게 나뉘는 것은 아니다. 앞에서 말한 연관관계 안에서 씨실과 날실처럼 서로 교차하고 넘나드는데, 주요한 테마로 구분하자면, 첫 번째 희생의 정신은 공공선公共善을 지향하는 정신이고, 두 번째 진실의 정신은 개인의 정직과 양심을 함양하는 정신이다. 러스킨답게 윤리적 상태가 전제되어야 한다는 것을 보여주고 있다.

> 그러니 이제 우리의 헌납이 교회에 무슨 쓸모가 있는지 묻지 말도록 하자. 최소한 우리 자신을 위해 간직하는 것보다 우리를 위해 더 좋다. 다른 사람들을 위해서도 더 좋을 것이며, 적어도 그럴 가능성이 있다.
> - 1장 8절

또한 예술적 상상력을 사기와 구별하면서 다음과 같이 이야기하고,

> 있지 않는 것을 떠올릴 수 있고 볼 수 있다는 사실은 정신적인 창조물로서의 우리의 지위를 위해 필수적이며, 동시에 그것이 있지 않다는 것을 알고 고백하는 것은 도덕적 창조물로서의 지위를 위해 필수적이다. - 2장 3절

> 이러한 사기가 광범위하게 묵인된 곳은 예외 없이 예술의 퇴보가 일어났다. 철저한 정직이 전반적으로 결여되는 것보다 더 나쁜 징조는 없다는 것을 이해하려면 우선, 수 세기 동안 예술을 그 밖의 다른 지적 활동과 분리시킨 이상한 현상은 양심의 문제와 관련 있다는 것을 설명해야 한다. - 2장 5절

구조적인 정직함을 논하면서 다음과 같이 말한다.

따라서 돌과 모르타르를 그저 있는 그대로 사용하고 그 무게와 강도에
가능한 만큼만 행하는 것, 그리하여 오히려 때로는 우아함을 버리고
허약함을 고백하는 것이 정직하지 못한 방법으로 우아함을 얻고
허약함을 감추는 것보다 늘 더 명예로운 일이며, 그 건축양식 또한 더
당당하고 과학적인 모습으로 다가오게 된다. - 2장 11절

개인의 탐욕을 버리고 공공선을 지향하는 것, 거짓, 사기, 가식과 결탁하지 않고 진실을 말하고 행하는 것이 정신과 예술이 진보하는 바탕이며, 이는 곧 정치적 정의와 경제적 풍요로 이어짐을 설명한다. 이제 이러한 윤리적 기반盤 위에서 심미적 건축美은 어떤 것인가를 말하는 장이 3~5장의 힘, 아름다움, 생명의 등불이다. 많은 건축가들이 말하는 일반적인 이야기들이 있는가 하면, 러스킨만의 독특하면서도 매우 심오하고 설득력 있는 미학적 사상이 있는데, 이를 세 가지로 정리할 수 있겠다. 하나는 앞에서도 말한 '노동' 자체에 대한 가치이고, 다른 두 가지는 어둠과 불완전성에 대한 의미다.

(…) 모두 가난하고, 부족하고, 삶에 지친 인간의 노동이라는 것을
자각하는 데서 비롯된다. 그에 대한 진정한 환희는 우리가 그 안에서
생각과 의지, 시행착오와 절망, 그리고 재발견과 성공의 기쁨에 대한
기록을 발견할 때다. - 2장 19절

이 그림자의 실제적인 역할 (…) 일종의 인간적 공감을 표현하는
것이다. 인생의 어두움과 같은 깊은 어두움으로. 위대한 시와 위대한
소설에서처럼 그림자의 크기가 주는 장중함은 우리 대부분을
감동시키고, 서정적 흥분이 지속되면 때로 스스로를 주체할 수 없을
만큼 심각해지거나 우울해지기도 한다. 그렇지 않다면 그 문학은 이
험한 세상의 진실을 표현하는 것이 아니다. 그러므로 놀라운 인간의

역자의 말

> 예술인 건축에는 인생의 갈등과 분노에 그리고 그것의 비애와 오묘에 상응하는 표현이 있어야 한다. 이는 오직 우울의 깊이와 발산으로, 찌푸린 전면과 후퇴한 음영으로 주어질 수 있다. - 3장 13절

> 이 단계에서 위대한 민족의 작품과 아이들의 작품, 또는 무지無知에서 나오는 작품 사이에는 유사점이 있다. 경솔한 관찰자라면 이 작품들을 보고서 뭔가 조롱하고 싶다는 생각이 들 수도 있다. 니네베 조각에 있는 나무형태는 약 20년 전에 나온 수예견본에 있는 것과 상당히 비슷하다. 그리고 초기 이탈리아 예술에 나오는 얼굴과 몸의 유형은 대충 그린 캐리커처라고 생각할 수 있다. (…) 우리 영국의 초기 작품들과 같이 순수한 추상적 방식은 아름다운 형태를 완성하기 위한 여지를 주지 않으며, 눈이 오랫동안 거기에 익숙해지면 그 일관된 엄격함이 싫증난다는 것이다. - 4장 31절

> 무심한 노동이 매끄럽게 분배된 평온, 이는 규칙적인 쟁기 자국이 새겨진 평활한 들판이다. 그 오싹함은 사실 다른 어디서보다 완벽한 작품에서 더욱 두드러진다. 완벽한 인간일수록 냉정하고 피곤한 것처럼. 완벽함은 갈고 닦는 것이라고, 사포의 도움으로 얻을 수 있는 것이라고 생각한다면 우리는 즉시 선반旋盤에 그것을 올려놓기만 하면 될 것이다. - 5장 21절

어둠(그림자)을 설명하면서 러스킨은 '인간적 공감의 표현'이라 말하며 문학의 예를 드는데, 오늘날 우리가 이 내용을 이해하기에는 음악가들이 종종 언급하는 '예술의 본질은 슬픔'이라는 표현이 더 적합할지도 모르겠다. 마음이 울적할 때 슬픈 음악을 들으면서 위로를 받거나 매우 아름다운 음악이라 느낀 경험들이 있을 것이다. 이러한 것이 바로 인간적 공감인데, 그 공감은 밝고 화려한 것보다 갈등과

분노와 비애와 오묘의 어둠에서 온다는 것이다. 어둠은 우리가 흔히 '인생은 고苦'라 말하는 세상의 진실, 인생의 본질과 더 가깝기에, 같이 느낄共感 수밖에 없고 그 결과 타인을 이해하는 계기가 되는 것이다. 이는 인간이 사회에서 살아가는 데 필수적인 공통감각共通感覺의 단초로서, 최초로 민주적 정치공동체를 실현했던 그리스인들에게 그리스 비극이 있었다는 것이 그 예가 될 것이다. 그래서 건축이 공동체의 예술인 한, 어둠의 표현은 건축의 예술성을 표현하는 데 본질적이다.

그러나 불행히도 그러한 건축을 경험해보지 못한 이들에게는 가장 이해하기 어려운 부분이기도 하다. 더군다나 건축은 어떤 식으로든 화려하고 밝고 산뜻해야 한다는 기이한 유행이 지금 이 시대를 휩쓸고 있기 때문에 더욱 낯선 이야기일 수 있다. 굳이 해석을 하자면 암울한 시대일수록 코미디가 부흥하는 이치라 하겠다. 그래서 '아는 만큼 보인다'는 말은 다른 무엇보다 건축에 해당하는 말일 수도 있다.

> 건축은 인간 정신 외의 다른 생명체를 온전히 받아들일 수도 없고,
> 그렇다고 기분 좋은 소리의 음악이라든지 흠잡을 데 없는 색의 그림과
> 같이 본질적으로 자신 안에 즐거운 것들을 구성하지도 못하는, 즉
> 자력으로 행동할 수 없는 물체이다. 때문에 건축은 자신의 위엄과
> 즐거움을 위해서는 상당부분 그 생산에 관여하는 인간의 지성을
> 생생하게 표현하는 수밖에 없다. - 5장 1절

이렇듯 건축은 스스로 즐길 수 있는 것을 내포하지 않으므로 오로지 인간의 지성에 기댈 수밖에 없는데, 지성을 이해하는 것은 감각적인 판단만으로는 어렵기 때문에 많은 훈련을 필요로 한다. 독자들을 위해 우리 주변에서 쉽게 경험할 수 있는 어둠의 건축을 꼽자면 종묘와 석굴암을 들 수 있을 것이다. 그러나 석굴암 또한 내부 공간을 경

역자의 말

험할 수 없고, 현재 가로막은 유리벽이 그 공간감을 매우 훼손하고 있기 때문에 아쉽게도 적절한 예라 보기 어렵다.

어둠이 고단한 인간 삶에 대한 고백이라면, 불완전성 또한 불완전한 인간에 대한 고백이다. 인간은 모두 불완전한 존재라는 점에서, 그에 대한 고백 또한 인간사이의 공감을 이끌어내는 요소가 될 수도 있다. 하지만 러스킨에게 불완전함은 조금 다른 의미를 갖는다. 어둠이 수평적인 인간사이의 공감이라면, 불완전함은 신을 향한 인간의 고백으로 신에 대한 존경을 표시하는 수직적인 정신이며, 7장에서 말하는 복종(겸손)의 정신이기도 하다. 그리고 이 정신을 갖추고 있느냐의 문제가 러스킨이 이 저술을 통틀어 고대 그리스 건축과 르네상스 건축을 비난하고 중세 초기 고딕 건축을 옹호하는 근거다.

고대 그리스의 정신은 무엇보다 완전성의 추구라 할 수 있고, 르네상스 정신은 이 계보를 잇고 있으며 그 정신은 당연히 건축에도 투영된다. 그러나 이와 같은 인간의 능력에 대한 절대적 신뢰, 혹은 이성적 규칙에 대한 맹목은 러스킨에게 아름답지도 진실하지도 못한 것이었다. 오히려 불완전함을 고백하는 진실의 정신과 신과 신이 만든 자연의 법칙에 복종하는 겸손한 자세야말로 아름다운 건축을 위한 필수적인 전제였다.

그래서 마지막 7장뿐 아니라 이 책 곳곳에서 러스킨은 신의 법칙, 그리고 신이 만든 자연의 법칙을 어떻게 따를 것인지 이야기하고 있다. 이때 노예적인 겸손과 복종을 주장하는 것이 아니라, 마지막 두 장에서 드러나듯 신과 인간의 힘을 융화시키고자 하는 남다른 관점을 드러낸다. 3장에서 이미 건축을 정의하며 신과 자연 법칙, 그리고 그 지배를 떠난 자율적인 인간 정신을 구분하면서 그는 이렇게 말한다.

건축은 기품 있는 것이든 아름다운 것이든 모두 자연의 형태를

모방한다. 하지만 그렇게 해서 파생된 것 말고, 인간의 정신에서
나온 배치와 지배로서 건축의 품위를 좌우하는 것은 그 정신적 힘의
표출이며, 또한 그 정도에 비례하여 숭고함도 높아지게 된다. 그러므로
모든 건물은 인간이 수집한 뭔가를, 또는 인간이 지배한 뭔가를
보여주는 것이다. 그래서 성공의 비결은 그가 무엇을 모으고 어떻게
지배할지를 아는 데 있다. 이것이 건축의 위대한 두 지성의 등불이다.
하나는 지상에서 신이 행한 일들에 대해 그에 합당한 존경을 표하는
것이고, 다른 하나는 그 일들에 대한 지배권이 인간에게 귀속되었다는
것을 이해하는 것이다. - 3장 2절

이 책의 결론 부분이라 할 수 있는 6장 기억의 등불과 7장 복종의 등불에서는 그렇게 수평, 수직적으로 융화된 힘이 발휘하는 실제적인 사회적 역할에 대해 설명한다. 즉, 개인의 정신만으로는 그 공동체의 정신을 기록하는 역사의 서술이 가능하지 않으며, 합의된 공동체의 정신을 갖기 위해서는 보편적 법칙에 복종해야 한다는 것이다. 전반적으로 토지와 건물이 오로지 개인의 사유재산으로 이해되고, 그래서 공동체의 역사서술은커녕, 건축(부동산)이 계급갈등을 부추기고 조장하는 핵심이 되는 한국의 상황에서 근본적으로 성찰해야 되는 부분이기도 하다.

먼저 6장 기억의 등불은 건축이 인간의 삶을 서술하는 서사의 기능에 대해 말하고 있다. 역사는 종이에만 기록하는 것이 아니다. 또한 건축의 역사 서술 기능이 몇몇 공공건물에만 해당되는 것도 아니다. 내가 10년, 20년을 산 집에는 그 시간 동안의 나의 역사가 기록될 수밖에 없다. 그런데 우리는 20년마다 우리의 기록을 지우는 것을 재건축이라는 명목으로 대수롭지 않게 행하고 있다. 자신의 삶의 기록을 없애는 것이 대수롭지 않은 사람들이 어떻게 자신의 삶을 사랑할 수 있고, 타인의 삶을 존중할 수 있으며, 심지어 공동체의 기

역자의 말

록이란 것이 가능하겠는가?

> (…) 안락하지도 공경할 만하지도 않은 주거지는 대중의 불만족이 널리 확산되는 계기가 된다. 그 조짐이 나타나는 시기는 모든 사람의 목표가 지금 자신의 위치보다 훨씬 더 높은 곳에 있을 때 그리고 과거의 인생에 대해 습관적으로 냉소할 때이다. 사람들이 자신이 건설한 장소를 떠나길 희망하면서 건설할 때, 그리고 그들이 살아온 시간을 잊기를 희망하면서 살 때이다. 가정의 안락, 평화, 신성이 더 이상 느껴지지 않을 때이다. - 6장 3절

건축과 도시는 이렇게 공간과 시간이 공존하는 틀이다. 시간과 공간이 공기처럼 산재하는 것이 아니라, 그것들을 어떤 틀 안에 담아냄으로써 그 기록을 인식하도록 하는 작업이다. 물론 어떤 틀을 선택할지는 우리의 정신으로 규정되고, 그러므로 그 기록은 우리의 정신을 드러낸다. 이와 같은 이유로 러스킨은 그 공동체의 구성원이 언어나 동전처럼 모두 동의할 수 있는 보편적 법칙이 건축에 필요하다고 말하는 것이다. 그 법칙에 복종하는 것이 건축이 필요로 하는 마지막 정신이다.

> 건축이 일상의 안락한 감정에 미치는 지속적인 영향력 그리고 이야기와 꿈을 그리는 두 자매예술인 회화와 소각와는 다른 건축의 사실성을 고려한다면, 그것의 건강성과 영향력은 다른 두 예술보다 훨씬 더 엄격한 법칙에 의해 좌우되는 것이다. 또한 그 두 예술이 개인적 감정을 허용함으로써 만연시킨 방종이 건축에서는 배제되어야 한다는 것을 진작부터 깨달았어야 했다. 그리고 건축이 인간에게 중요한 보편적인 모든 것들에 동의하고 인간과 관계 맺기를 주장한다면, 건축은 스스로 그 법칙에 당당히 복종하여 건축이 인간의

> 사회적 행복과 권리를 좌우하는 정치, 종교, 사회의 규범과 유사하다는 것을 제시했어야 했다. - 7장 3절

여기서 보편적 법칙이란 건축양식을 일컫는데, 쉽게 말해 겉모습이 유사해 보이는 것, 공동체의 구성원이 비슷한 옷을 입고 있는 것을 말한다. 유럽의 도시들에서 많이 볼 수 있는 현상으로 도시의 건축물들이 비슷한 모습으로 늘어서 있는 것을 연상하면 된다. 겉모습이 왜 그렇게 중요한지는 우리의 처지를 생각해보면 쉽게 이해될 것이다. 고가의 고층아파트에 사는 나의 친구와 판잣집에 사는 나를 생각해보자. 건널 수 없는 긴 다리가 놓인 것 같은 심리적 괴리감뿐 아니라, 직접적인 사회적 차별까지 존재한다. 일순간에 인간의 가치가 순위 매겨지고, 그 순위를 한 단계라도 높이기 위해 무한경쟁에 돌입한다. 그런데 무한경쟁을 한들 순위가 높아지기는커녕, 가진 자는 점점 더 많이 가지게 되고, 그만큼 못 가진 자는 자기 몫을 더 내놓아야 한다. 이는 오늘날 신자유주의 경제의 결과물인 세계적인 경제위기로 입증되고 있다. 러스킨은 그것을 알고 있었다. '보이지 않는 손'은 보이지 않는 게 아니라 없다는 것을.

> 그 주제는 처음에는 인류의 중대한 관심사인 물질적으로 완벽한 상태에 조금이나마 영향을 미치는 것처럼 보였다. 그러나 생각을 깊이 하다 보면 결국 사람들이 자유라 부르는 그 주제가 얼마나 믿을 수 없는 허깨비이며, — 정말로 모든 허깨비 중에서 가장 기만적인 허깨비다 — 얼마나 잘못된 신념이며, 얼마나 부질없는 추종인지를 인식하게 된다. 아주 희미하게라도 이성의 빛이 있다면 우리에게 자유의 획득은커녕 그것의 존재도 불가능하다는 것을 확실히 보여줄 수 있기 때문이다. 우주에 그런 것은 없고, 있을 수도 없다. 별들도 그것을 갖지 못하고, 지구도 그것을 갖지 못하고, 바다도 그것을

갖지 못한다. 그리고 우리 인간들만이 가장 무거운 형벌로서 자유를 가장하고 그것과 비슷한 척하는 것을 갖고 있을 뿐이다. - 7장 1절

러스킨의 관심사는 관념적인 철학도, 잘 먹고 잘 살기 위한 경제도, 아름다움에 취한 예술도 아니었다. 그의 관심사는 우리 모두가 고귀한 인간성을 갖는 것이었고 아름다운 세상을 만드는 것이었다. 정글에서 무한 경쟁을 벌이는 동물의 세계가 되지 않도록 하는 것이었다. 그러나 선한 정신 외에는 그 무엇도 개인의 탐욕을 제어할 수 없다는 것을 알았고, 그러기 위해 절대선인 신을 닮으려고 하는 것, 그럼으로써 인간의 지위를 획득하려고 하는 것이었다.

러스킨이 30살의 약관에 당시의 상황에 격분하여 『근대 화가론』의 집필을 중단하고 6개월 만에 완성한 이 글은 보는 이에 따라 난해하고 복잡하며, 종종 개연성 없는 내용들이 등장하는 것처럼 보일 수도 있다. 그래서 불필요해 보일지라도 본문을 반복하며 바탕이 되는 주요 생각들을 짚어보았다. 이외에도 다양한 예술 개념과 그 사례에 대한 세밀하고 흥미로운 관찰도 많이 등장한다. 관련 자료나 사진들을 찾아서 읽다 보면 아주 참신한 사례와 생각들을 접하게 될 것이다. 특히 초기 고딕 건축의 사례들은 눈여겨보기를 권한다.

러스킨의 심원한 생각을 따라가기에는 얄팍한 정신이기에 아직도 미흡한 부분이 많은 번역이지만, 아무쪼록 러스킨의 생각이 잘 전달되어 강퍅한 이 시대를 사는 이들에게 조그만 도움이라도 되기를 바란다. 그 전제로서 출판계의 어려운 현실에도 불구하고 이 책의 출간을 감행한 마로니에북스에 감사의 뜻을 전한다.

2011년 11월 명륜동에서
현미정

The Seven Lamps
of Architecture

by John Ruskin

Korean Translation Copyright © 2012
by Maroniebooks
THE SEVEN LAMPS OF ARCHITECTURE was
originally published in England in 1880.
This edition published by Maroniebooks Publisher,
521-2, Paju Book City, Munbal-dong, Paju-si,
Gyeonggi-do, 413-756, Republic of Korea.
www.maroniebooks.com

All rights reserved. No part of this book may
be reprinted or reproduced or utilized in any
form or by any electronic, mechanical, or other
means, now known or hereafter invented,
including photocopying and recording, or in any
information storage or retrieval system, without
permission in writing from publisher.

The second volume in Maroniebooks
Visual Culture Series
ISBN 978-89-6053-224-3 (04600)